Ulrich Lindner – Probleme und Anforderungen von Bildungsbedarfsprozessen

Erfurter Materialien und Berichte zur Entwicklung des Bildungswesens

Band 3

Schriftenreihe der Lehrgebiete für
Allgemeine Erziehungswissenschaft und Empirische Bildungsforschung
der Universität Erfurt

herausgegeben von
Horst Weishaupt und Peter Zedler

Bei den im Rahmen der Schriftenreihe herausgegebenen Bänden handelt es sich um Qualifikationsarbeiten, die aus unserer Sicht für die wissenschaftliche Diskussion gewinnbringend sind und deshalb Interessierten zugänglich gemacht werden sollten. Außerdem werden in der Buchreihe Materialien für die Forschung, Aufbereitungen statistischen Materials etc. veröffentlicht.

Erfurter Materialien und Berichte zur Entwicklung des Bildungswesens
Band 3

Ulrich Lindner

Probleme und Anforderungen von Bildungsbedarfsanalysen in prozeßorientierten Veränderungsprozessen ausgewählter Unternehmen

Universität Erfurt 2001

Die Deutsche Bibliothek - CIP-Einheitsaufnahme

Probleme und Anforderungen von Bildungsbedarfsanalysen in prozeßorentierten Veränderungsprozessen ausgewählter Unternehmen / Universität Erfurt. Ulrich Lindner. Erfurt: Univ., 2001

(Erfurter Materialien und Berichte zur Entwicklung des Bildungswesens ; Bd. 3)
ISBN 3-9807056-6-8

Druck nach Typoskript (DTP)

Institut für Allgemeine Erziehungswissenschaft und Empirische Bildungsforschung
Nordhäuser Str. 63, 99089 Erfurt

Printed in Germany

ISSN 0944 - 2847
ISBN 3 - 9807056 - 6 - 8

Inhalt

Eine Meinungsäußerung

Die folgenden Zeilen sind die sinngemäße, möglichst getreue Wiedergabe einer Äußerung eines „guten Bekannten". Auf die Frage des Freundes nach dem Thema dieser Arbeit und einigen einleitenden Sätzen meinerseits, sagte er:

„NUR WER DAS GANZE SIEHT, VERSTEHT DAS DETAIL."

Nur wer die Zusammenhänge kennt, kann stolz auf seinen Leistungsbeitrag sein. Das Haupthindernis in deutschen Unternehmen stellt die Organisation der Arbeit mit hoher Arbeitszerlegung dar, so daß jeder an seinem Platz nur wenige Handgriffe oder Aktenbearbeitungen verrichtet. Dadurch geht der Blick für das Ganze und für den Sinn der Arbeit verloren.

Besonders kontraproduktiv wirkt sich dann noch die unselige Trennung von Planung und Ausführung aus. In vielen Unternehmen werden die Menschen behandelt wie unmündige Kinder, die von ihren Vorgesetzten und Chefs dressiert werden. Die von Taylor und Ford übernommenen Prinzipien der Arbeitsteilung waren bei uns in den 50er und 60er Jahren gedacht und gemacht für angelernte und ungelernte Menschen in Fabrik und Büro. Eine derartige Arbeitsorganisation war damals ebenso angebracht wie bei Taylor und Ford für die ungelernten Einwanderer aus Europa. In den 70er und 80er Jahren haben dann aufstrebende Computerfirmen diese Arbeitsorganisation in entsprechender Computersoftware betoniert. Zu allem Überfluß wurde sie dann auch noch mit Hilfe und durch die Gewerkschaften zur Basis unserer Tarif- und Bezahlungssysteme gemacht: mit Stellen, Stellenbeschreibungen, Stellenbewertungen, mit der Bezahlung nach der „Drehzahl" des Menschen, seiner Handbewegungen, seiner Anschläge, seiner Aktenbewegungen.

Denken ist verboten - bis 17.00 Uhr. Nach 17.00 Uhr werden die Menschen zu Unternehmern in der Schattenwirtschaft oder Vorstand im Karnevals- oder Kaninchenzüchterverein. Dann tun sie endlich das, was sie im Betrieb nicht unternehmen dürfen, sondern unterlassen müssen. Viele Unternehmen sollten eigentlich „Unterlassen" heißen. Arbeitsplatzwechsel zur Erweiterung von Know - How wird vom Management boykottiert, weil sie „ihre" Mitarbeiter oft als persönlichen Besitz und Leibeigene ansehen. Tarifparteien blockieren neue Bezahlungssysteme, die das individuelle Know -

How, die Leistung und die Persönlichkeit eines mündigen Mitarbeiters zur Grundlage der Bezahlung machen und nicht die Dauer seiner körperlichen Anwesenheit.

Aber vielleicht wollen viele Vorstände, Unternehmensleitungen, Gewerkschaftsfunktionäre und unzählige Führungskräfte den unmündigen Mitarbeiter, den sie dann managen, steuern, anweisen, kontrollieren und manipulieren können. Über mangelnden Mißerfolg brauchen sie sich dann nicht zu beklagen, aber dann hilft immer noch „cost - cutting“, oder „Outsourcing“, mangelnde Phantasie zu kaschieren. Den Erfolg dieser Denkweise kann man an den aktuellen Arbeitslosenzahlen ablesen.

1 Problemstellung

„Wenn wir bewahren wollen, was wir haben, werden wir vieles ändern müssen"

JOHANN WOLFGANG VON GOETHE

Ganzheitliches Prozeßmanagement lautet die Quintessenz aus den vielfältigen Managementkonzepten - z.B. Business Process Reengineering (BPR), Total Quality Management (TQM), Geschäftsprozeßoptimierung, Lean Management, Benchmarking, mit denen seit Anfang der 90er Jahre deutsche Unternehmen für den globalen Wettbewerb fit gehalten bzw. wieder fit gemacht werden. Diese Entwicklung ist gleichermaßen in Industrie und Dienstleistung, insbesondere bei Banken und Versicherungen, und auch im öffentlichen Dienst zu beobachten. Die konsequente Umsetzung dieser Ansätze setzt eine umfassende Kompetenz bei denjenigen voraus, die traditionell mit der Gestaltung von Prozessen, Strukturen und Rahmenbedingungen für das Unternehmen befaßt sind, besonders Mitarbeiter in den betroffenen Fachabteilungen, die Geschäfts- bzw. Abteilungsleitung selbst und nicht zuletzt die der Bildungs- und Personalabteilungen.

Die Herausforderung liegt nun darin, gleichzeitig die drei folgenden Grundorientierungen in die Strukturen, Prozesse und Kultur von Geschäftseinheiten oder ganzen Unternehmen zu implementieren:

Kundenorientierung: Die Wertschöpfung für den externen und internen Kunden stellt den grundlegenden Maßstab der inhaltlichen Gestaltung aller Aktivitäten und Abläufe im Unternehmen dar.

Prozeßorientierung: Bei der Gestaltung von Strukturen und Abläufen im und zwischen Unternehmen steht die Integration von Prozeßschritten und Vermeidung von Schnittstellen im Vordergrund. Die klassische funktionale Spezialisierung und Arbeitsteilung verliert damit ihre dominante Bedeutung.

Mitarbeiterorientierung: Die Mitarbeiter werden in die Verantwortung für die Realisierung ihrer Aufgaben und für die Entwicklung ihrer Arbeitsprozesse genommen. Damit wird das gesamte Leistungs- und Kreativitätspotential der Mitarbeiter aktiviert.

Die Tragweite einer konsequenten Implementierung dieser Grundorientierungen kann kaum zu überschätzen sein. Um künftig Prozesse nach diesen Orientierungen managen und überprüfen zu können, sind die Führungskräfte und Mitarbeiter auf diese Herausforderung vorzubereiten. Das bedeutet, sie sind systematisch, bedarfs- und tätigkeitsorientiert sowie praxisnah im individuellen und betrieblichen Prozeßmanagement zu unterstützen und gegebenenfalls auszubilden. Dazu muß einerseits ein breites Feld an Grundkenntnissen vermittelt, vielfältige Methoden, Werkzeuge und Instrumente trainiert und über Fallstudien und Praxisbeispiele eine breite Erfahrungsbasis, falls noch nicht vorhanden, aufgebaut werden. Andererseits sind die bewährten funktionalen Denk- und Verhaltensmuster aufzubrechen, um den „Change" erfolgreich zu bewältigen. Daß dieser Veränderungsprozeß nicht ohne vorherige Bestandsaufnahme, auch bei den Menschen, die den Wandel tragen, in Form einer umfassenden Bildungsbedarfsanalyse gelingen kann, scheint selbstverständlich zu sein.

Aber dieser wichtige Schritt wird, wenn überhaupt erwähnt, eher stiefmütterlich behandelt oder als selbstverständlich angesehen. Entsprechend „honoriert" wird er deshalb gern „vergessen"; man weiß, was die Mitarbeiter brauchen und fragt sie erst gar nicht; ein kostspieliger Irrtum, wie die vielen wenig erfolgreichen Change, Business Process Engineering - Vorhaben zeigen (vgl. SCHIRACH/WITTE, 1997). Hier schließt die Frage an, ob die Methoden, Verfahren und Instrumente einer Bildungsbedarfsanalyse geeignet sind, in den anstehenden Veränderungsprozessen die Bedarfe zu ermitteln, die bearbeitet werden sollten, um einen solchen Wandlungsprozeß gelingen zu lassen. Oder ergeben sich aus einer solchen Analyse die Bedarfe, deren Deckung genau jene Verhaltensweisen und Denkmuster unterstützen, die es zu überwinden gilt, um in einem „chaotischen" Umfeld anschlußfähig zu sein.

Ausgehend von den Bedingungen, denen sich die Organisationen stellen müssen, werden ausgewählte Aspekte ihrer Umwelt sowie ihrer internen Funktionen, und Ressourcen im Hinblick auf Lernprozesse und Personalentwicklung angerissen und in Ansätzen diskutiert. Daran schließt sich eine generelle Darstellung der Methoden, Anforderungen und Verfahren der Bildungsbedarfsanalyse an, die im Anschluß einer kritischen Würdigung unterzogen wird. Die generelle Betrachtung einer Prozeßorientierung wird am Beispiel des Business Process Reengineering, als ein Umsetzungskonzept für einen prozeßorientierten Veränderungsprozeß, aufgegriffen und beleuchtet.

In prozeßorientierten Veränderungen werden vielfältige und wechselnde Aufgaben von der Belegschaft, den „Change - Agents", „Prozeßmanagern", Führungskräften und Geschäftsleitungen bearbeitet werden müssen. Dazu sind Kenntnisse und Kompetenzen in unterschiedlichen Bereichen unabdingbar. Die harten, quantitativ faßbaren Fakten und technischen Aspekte werden zumeist umfassend beachtet und gelöst. Die „weichen Faktoren" hingegen werden, weil oft nicht direkt und exakt meßbar, „weich" gehandhabt und bergen entsprechendes Risikopotential in sich, wie die Praxis zeigt (vgl. o.V. GABLERS Magazin, 10/97, S. 49). Das Handlungskompetenzmodell beinhaltet den Ansatz, den „ganzen Menschen" mit seiner Handlungskompetenz als Voraussetzung für erfolgreiches Arbeiten in den Unternehmen insgesamt und in organisationalen Lern- und Veränderungsprozessen zu sehen.

Die Erfahrungen, Potentiale und Kompetenzen der an Veränderungsmaßnahmen Beteiligten sind erwartungsgemäß sehr unterschiedlich, so daß jeder „seine" Vorstellungen und individuellen Sichtweisen besitzt. Mit diesen Sichtweisen gilt es im Rahmen einer offenen Lernkultur zu arbeiten und sie zu reflektieren, um in einer lernenden Organisation selbst mit anderen Unternehmensmitgliedern davon zu profitieren. Als Schlüsselgröße gilt somit das Lernen und die Entwicklung der Unternehmensmitglieder. Dabei spielt eine entscheidende Rolle, daß für die Organisationsmitglieder ein Sinnbezug in ihrer Arbeit erkennbar wird, mit dem sie sich identifizieren können. Das verlangt Partizipation an Entscheidungen und entsprechende Handlungs- und Gestaltungsspielräume.

Die Frage, welche Beiträge eine Bildungsbedarfsanalyse im Rahmen von Veränderungsprozessen liefert, ist losgelöst von dem Verständnis der Personalentwicklung (PE) nicht zu beantworten.

Dem Wandlungsprozeß stehen auf operativer Ebene die Methoden, Instrumente und Verfahren der Personalentwicklung zur Seite. Aus dem Spektrum des zur Verfügung stehenden Werkzeugkastens (der Personalentwicklung) kommen die Module zum Tragen, die sich aus der Vision, dem Führungsverständnis, der Kunden-, Mitarbeiter- und Prozeßorientierung als Ansatzpunkte für zukünftig prognostiziertes „richtiges" Verhalten ableiten lassen.

Die Bereichs- oder Organisationsentwicklung erweitert den Fokus der PE auf die Entwicklung von Gruppen und der gesamten Organisation.

Den normativen Ausführungen zur Bildungsbedarfsanalyse, zur Prozeßorientierung und des Handlungskompetenzmodells folgt die Darstellung eines Change - Management Prozesses in einem ausgewählten Unternehmen der IT - Branche mit seinen eigenen, ganz spezifischen Ausgangsbedingungen.

Den Weg und die Marksteine zu einem prozeßorientierten lernenden Unternehmen beschreibt Kapitel 7 anhand eines Praxisbeispiels. Aufgrund spezifischer Erfahrungen, Sichtweisen und Erfolgen dieses Unternehmens in der Vergangenheit werden verschiedene Ansatzpunkte angerissen, die den künftigen Erfolg sichern sollen.

Abschließend sollen unter Bezugnahme auf die untersuchten und diskutierten Punkte, Empfehlungen zur Gestaltung eines lernenden Unternehmens zusammengefaßt werden. Ziel von Bildungsbedarfsanalysen in prozeßorientierten Veränderungsprozessen muß es sein die angestrebten Veränderungen zu unterstützen.

2 Veränderte Rahmenbedingungen

Das Eingangszitat von Goethe beschreibt treffend die Situation, in der die meisten Unternehmen und Beschäftigten sich heute befinden. Die vergangenen Jahre haben dramatische Verschiebungen der Markt- und Wettbewerbsverhältnisse gebracht.

2.1 Unternehmenswandel

Technologische Entwicklungen, verstärkte Konkurrenz auf den Märkten, der Wandel vom Anbieter- zum Käufermarkt, schwankendes Wirtschaftswachstum, gesellschaftlicher Wertewandel führen zur Notwendigkeit eines permanenten Anpassungsprozesses der Unternehmen auf veränderte Rahmenbedingungen.

2.1.1 Externe Unternehmenseinflüsse

Eine hohe Sicherheit für das Überleben von Unternehmen determiniert die Fähigkeit, diesen permanenten Wandel zu vollziehen. Es scheint als sei der Wandel die Konstante der Zukunft. Diese auf die Unternehmen wirkenden externen Kontextfaktoren - Hilb nennt hier Gesellschaft, Ökonomie, Ökologie, Technologie (vgl. HILB 1995, S. 13) -, in der Grafik symbolisiert durch die nach innen gerichteten Pfeile, werden betriebliche Konzepte und Überlegungen entgegengestellt, die das Veränderungsmanagement unterstützen. Dies manifestiert sich in der Formulierung einer Vision, dem Management, der Struktur und der Kultur der Unternehmen.

In einschlägiger Managementliteratur, Artikeln und Buchveröffentlichungen ist in letzter Zeit viel die Rede von Change - Management, lernenden Unternehmen und Prozeßorientierung. Diese Begriffe tauchen auf in Kopplung mit Schlagworten wie Kunden- und Serviceorientierung, Prozeß-optimierung und -reorganisation, aber auch in Verbindung vermehrten Beachtung der Mitarbeiterorientierung.

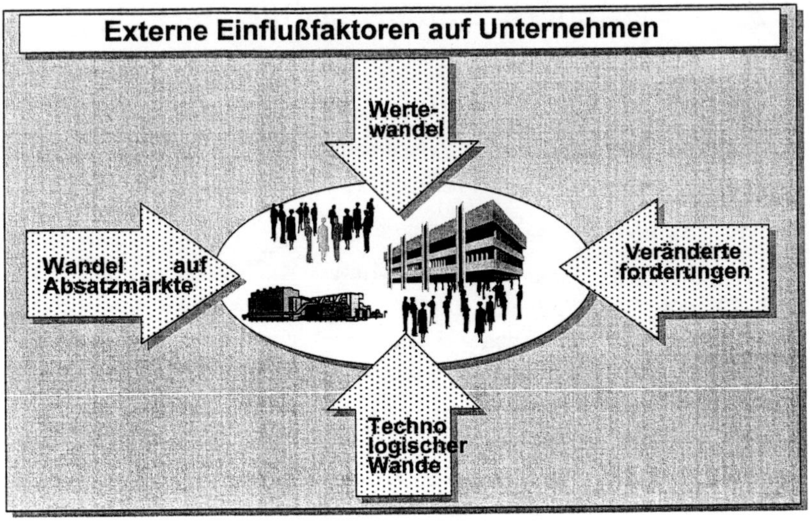

Abb. 1: Externe Einflußfaktoren auf Unternehmen

2.1.2 Aufgaben im Unternehmen

Organisationen sind per se nicht in der Lage zu lernen und Veränderungen und Anpassungen vorzunehmen, sondern es lernen und agieren verantwortlich immer nur die Menschen, die Gruppen der Organisation angehören. Veränderungen, Ziele, Verbesserungen und Wettbewerbsvorteile werden also durch die aktiv handelnden Menschen im Unternehmen erreicht.

Im Zusammenhang mit den Bemühungen um Verschlankung von Prozessen und Effizienzsteigerungen der Unternehmen kommt es demnach ganz wesentlich darauf an, die Ressource Mensch angemessener in der Arbeitsorganisation zu berücksichtigen. Bisher war der Mensch oft „notwendiges Übel“ oder „Kostenträger“ oder schlimmer „Kostenverursacher“ und manchmal die Restgröße, die man noch nicht technologisch bewältigen konnte. Nachdem die technischen Möglichkeiten weitgehend ausgereizt sind, findet eine Neubestimmung des „Faktors“ Mensch statt. Er wird entdeckt als derjenige, der das Funktionieren der Prozesse und des Systems Arbeit zu garantieren hat, von dem die Effizienz von technischen und organisatorischen Prozessen abhängt.

In den Unternehmen beginnt man nun verstärkt unter den verschiedensten Schlagworten nach Konzepten und Wegen zu suchen, die „ganze“ Arbeitskraft der Beschäftigten, nicht nur der Führungskräfte, zu gewinnen und ihre „kreativen und innovativen Potentiale“ (FELBERT 1997, S. 16) zur Entfaltung zu bringen und zu nutzen, und sie nicht durch organisatorische Barrieren zu bremsen.

Ausgehend von den Unternehmensleitlinien, den zu erreichenden Zielen (Soll), sind auf der Seite der Arbeitsorganisation die Aufgaben und Anforderungen zu bestimmen, die der dort Beschäftigte erfüllen soll. Alle Erkenntnisse im Rahmen komplexer Arbeitszusammenhänge weisen darauf hin, daß es hierbei nötig ist, ganzheitlich Anforderungen folgendermaßen zu spezifizieren:

- Fachlich (Wissen, Kennen und Können innerhalb der Fachgebiete),
- Methodisch (Systematik, Anwendung von Instrumenten),
- Sozial (Kommunikation, Kooperation),
- Persönlich (in seiner individuellen Ausprägung, Entwicklung)
- Firmenbezogen (Identität, Kultur, Branche, Mitarbeiterschaft),

Die Anforderungen aus den oberen Bereichen an einen Menschen finden seine konkrete Anwendung und Umsetzung in dem jeweils spezifischen Unternehmensumfeld, dem fünften Bereich. Diese Einstellungen und Werte zu kennen und zu teilen, machen erst einen handlungskompetenten Mitarbeiter im jeweiligen Firmenkontext aus.

Auf der Seite des Menschen ist damit eine angemessenere Erfassung seiner Fähigkeiten, Potentiale und - modern - seiner Skills und seiner Bedarfe vonnöten. Es gilt, aus einer ganzheitlichen Perspektive all das zu berücksichtigen, was der Mensch hat und kann, und was er in das Arbeitsleben in einer Organisation einbringen kann und möchte, um das Unternehmen in der Realisierung seiner Ziele verantwortlich zu unterstützen (Handlungskompetenz).

Dabei ist der Mensch als Persönlichkeit zu würdigen, und es sind auch seine Bedürfnisse, Neigungen und Interessen zu berücksichtigen. Ziel ist es, den Anteil des Menschen relevant zu machen, der beiträgt zu seiner optimalen Selbstverwirklichung in der Arbeitsorganisation. Nur so wird der Mitarbeiter zufrieden und engagiert und zugleich für die Organisation von höchstem Nutzen sein.

Den eingangs beschriebenen externen Einflüssen auf ein Unternehmen müssen sich auch die dort arbeitenden Menschen stellen. An sie werden durch sich ständig verändernde Rahmenbedingungen, verstärkte Kundenorientierung, die Ausrichtung aller Wertschöpfungsketten am Kundennutzen, neue Anforderungen gestellt, auf die sie sich möglichst flexibel einstellen müssen, um für das Unternehmen attraktiv zu bleiben. Die Menschen in diesem Wandel zu unterstützen, bildet einen Schwerpunkt betrieblicher Personal- (entwicklungs)- und Bildungsabteilungen, aber auch externer Trainer- und Beratungsunternehmen.

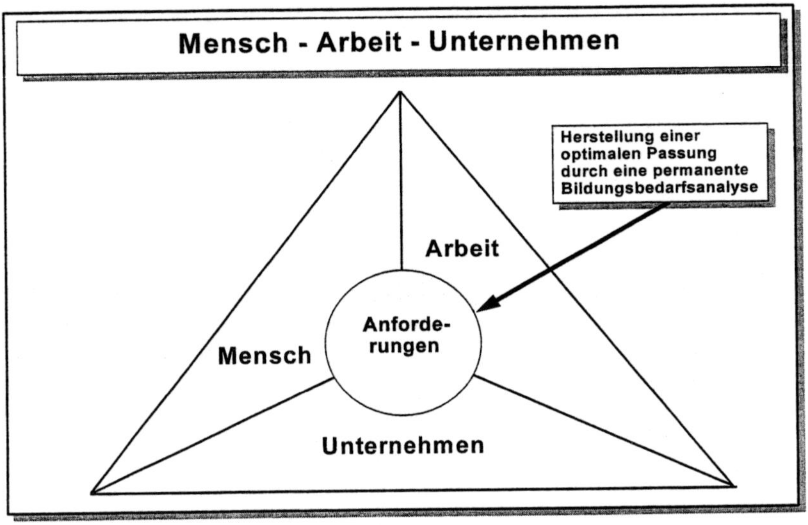

Abb. 2: Anforderungen an Mensch - Arbeit - Unternehmen

Die Einbettung des Handlungskompetenzmodells (Kapitel 5) in ein integriertes Personalmanagement ist deshalb zwingend. Die Bedarfsanalyse muß selbst als Prozeß verstanden werden. Personal- und Organisationsentwicklung sind selbst wiederum eingebunden in die Unternehmensentwicklung und damit untrennbar mit dem Bemühen der Unternehmen verbunden, sich auf ihre Kernprozesse, auf ihre Kundenanforderungen und Qualitätsmaßstäbe zu konzentrieren, um auf den jeweiligen, zunehmend instabilen Märkten erfolgreich zu sein. Diese Prozeßorientierung erfordert ein permanentes Anpassen und Wandeln des Unternehmens und natürlich der in ihm arbeitenden Menschen.

2.1.3 Bedeutung von Bedarfsanalysen

Systematische betriebliche Personal- und Bildungsarbeit sollte auf einer professionellen Bildungsbedarfsanalyse basieren. Hierbei ist momentan noch unerheblich, welchen Ausgangspunkt es gibt, auf welcher Ebene sich ein Bedarf konkretisiert oder welches Ziel ins Auge gefaßt wird und erreicht werden soll. Aber ohne den Status, den Ist- Zustand zu kennen, dürfte es relativ schwierig sein, einen wie auch immer gearteten Soll- Zustand, so er denn überhaupt formuliert werden kann, zu erreichen. Mit der Analyse und der Berücksichtigung aller Seiten des Systems Arbeit sind demnach die unterschiedlichen Ansprüche zu erfassen und zu einer optimalen Passung zu bringen.

Über die Bedeutung von Bildungsbedarfsanalysen herrscht weitgehend Einigkeit. Auch in der Praxis ist die Analyse des Bedarfes keine neue „Masche". Nur vollzieht sie sich häufig mehr beiläufig als gezielt, weniger systematisch als es möglich wäre, eher mit der heißen Nadel gestrickt als methodisch fundiert. Besonders in Publikationen zum Wandel der Unternehmen, dem Prozeßmanagement und der lernenden Unternehmung wird der Punkt der Bedarfsanalyse nicht oder nur unscharf explizit berücksichtigt.

Probleme und Anforderungen ergeben sich durch die Notwendigkeiten des permanenten Wandels der Unternehmen und der Mitarbeiter. Es liegt nahe, die Bedarfsanalyse selbst in die Prozesse der Betroffenen zu integrieren und ihr selbst einen Prozeßcharakter zu verleihen. Ansätze existieren im Rahmen der betrieblichen Weiterbildung und Personalentwicklung, wo die Bildungsbedarfsanalyse zumeist von professionellen Personal- oder Bildungsmitarbeitern für die Betroffenen erledigt wird. Doch auch hier macht der Wandel nicht halt. Veränderte Arbeitsorganisation, die Arbeit in übergreifenden Projekten und Teams, stellt auch an eine Bildungsbedarfsanalyse sich ändernde Anforderungen. Damit wandeln sich die Aufgaben der Führungskräfte und Fachpädagogen; weg von fertigen Konzepten und Angeboten in Form von dicken Katalogen und Broschüren, hin zu individuellen Lösungsansätzen und Konzepten, die gemeinsam erarbeitet und formuliert werden und in die alle Beteiligten ihr spezifisches Know - How einbringen. Damit liegt der Erfolg oder Mißerfolg in der Verantwortung aller. Der Trainer, Personal- oder Bildungsmitarbeiter wird so zum Berater oder Coach möglicherweise wechselnder Projektteams oder auch fester Arbeitsgruppen. Der Vorgesetzte wird zum Prozeßmanager und Coach seiner Teamkollegen.

Daraus leiten sich Forderungen nach geeigneten Methoden und Instrumenten der Erfassung des Bildungsbedarfs, seiner Analyse, abzuleitender Maßnahmen und entsprechender Erfolgskontrolle ab.

2.2 Weiterbildung - Investition in die Zukunft

Unter Investition können wir die Verwendung von Produktionsfaktoren verstehen, die eine Erhaltung, Verbesserung und Vergrößerung des bestehenden Produktionsapparates eines Unternehmens bewirken sollen. Wichtige Grundlage der Investitionsplanung sind die Verfahren der Investitionsrechnung, in denen verschiedene Investitionsobjekte im Hinblick auf den zu erwartenden Gewinn miteinander verglichen werden. Investitionen, die nicht zu dem jeweils erwarteten Erfolg führen, nennt man Fehlinvestitionen. Unter dieser betriebswirtschaftlichen Betrachtung wird auch eine verstärkte betriebliche Prozeßorientierung mit notwendigen Wandlungsbestrebungen, die Ermittlung relevanter Bildungsbedarfe und Durchführung entsprechender Umsetzungsmaßnahmen, immer häufiger als „notwendige Investition“ gesehen.

Erst die Investitionen in die Menschen (das Humankapital) werden den Erfolg von „Sachinvestitionen“, z.B. in geänderte Informationstechnologien sicherstellen. Eine Bildungsbedarfsanalyse wird so zur Investitionsbedarfsanalyse. Es wird konsequenterweise nur dann in Bildung (natürlich sind hier die Menschen gemeint) investiert, wenn die (stets knappen) Mittel erfolgs- und gewinnversprechend in ihr angelegt (sind) und eine Fehlinvestition möglichst ausgeschlossen sein wird.

Eine Organisation investiert in

- die **nicht vorhandenen** Fähigkeiten,
- die **teilweise vorhandenen** Fähigkeiten oder
- die **vorhandenen** Fähigkeiten

einer Person, die in einer organisatorischen Einheit eine Leistung innerhalb definierter Prozesse zur Sicherung der Ertragskraft des Unternehmens erbringt. Die Abbildung 3 veranschaulicht diesen Zusammenhang.

Von einer Investition erwartet sich das Unternehmen eine Wertschöpfung, die über der getätigten Bildungsinvestition liegt. Das Interesse an betrieblicher Bildung aus Unternehmer- und Eigentümersicht gilt ihrem Beitrag zur Sicherung des Unternehmens. Aus dieser Förderung erwartet aber sowohl die Person als auch das Unternehmen Nutzen.

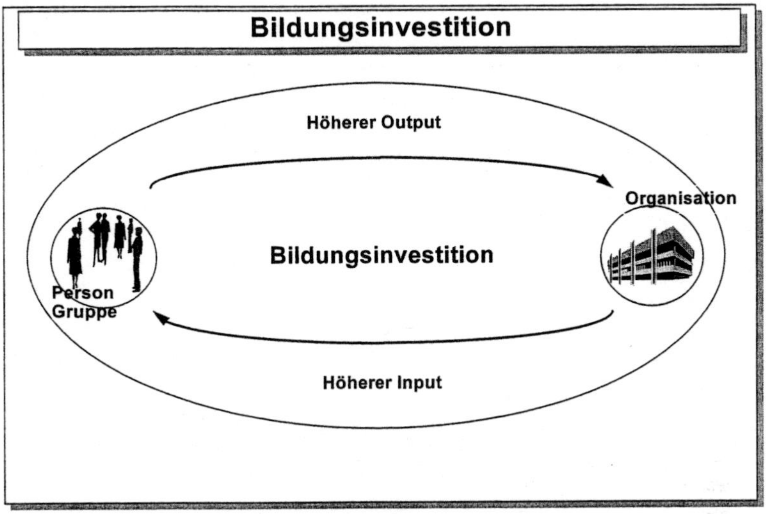

Abb. 3: Investition in Weiterbildung

Jeserich fordert in diesem Zusammenhang, daß Weiterbildung auch unter betriebswirtschaftlichen Rentabilitätsaspekten gesehen werden muß (vgl. JESERICH 1988, S. 105). Wird dieser Aspekt ausgeschlossen, „besteht immer die Gefahr, daß sie eine Art Alibifunktion erhält, sozusagen als Sozialleistung geduldet wird, die man sich eben erlaubt wie ein Schwimmbad, eine zusätzliche Kantine, Blumensträuße auf dem Tisch. Weiterbildung so betrachtet zeigt sich in Angebotskatalogen an jahrelangen Standardveranstaltungen und Programmen, die sozusagen auf Zuruf konzipiert und eingeführt werden. Solche Weiterbildung wird, wenn es dem Unternehmen schlechter geht, genauso bedenkenlos - im eigentlichen Sinne des Wortes - abgesetzt wie sie ursprünglich eingesetzt wurde. Eine so verstandene Weiterbildung kann niemals eine strategische Funktion erfüllen in dem Sinne, daß sie zum Erreichen der Unternehmensziele langfristig beiträgt" (JESERICH 1988, S. 105), und damit ist sie eine Fehlinvestition.

2.2.1 Woran soll sich Weiterbildung orientieren?

Weiterbildung soll den an sie geknüpften Erwartungen, d.h. individuellen Bildungs- und Lernbedürfnissen der Teilnehmer, gerecht werden, konkrete Fähigkeiten entwickeln, innerbetriebliche Probleme lösen und zum Erreichen unternehmensstrategischer Ziele beitragen. Wenn Weiterbildung dies nicht nur zufällig erfüllen, sondern tatsächlich die Weiterbildungsprobleme bearbeiten soll, die vordringlich einer Lösung bedürfen, dann genügt es nicht, aus dem breiten Programmspektrum des Weiterbildungsangebots, diejenigen Kurse und Seminare auszuwählen, die vermutlich zur Lösung des anstehenden Qualifizierungsproblems beitragen. Wesentlich wirksamer ist es, die Weiterbildungsmaßnahme von vornherein bedarfsorientiert zu planen (vgl. CRAMER 1987, S. 41). Münch unterscheidet drei Arten von Weiterbildungsplanung:

- angebotsorientierte Weiterbildung
- nachfrageorientierte Weiterbildung
- bedarfsorientierte Weiterbildung.

Der Nachteil der angebotsorientierten Weiterbildung liegt darin, daß Bedarf induziert wird. Es besteht die Gefahr, am tatsächlichen Bedarf vorbeizuqualifizieren.

Nachfrageorientierte Weiterbildung folgt subjektiven Bedarfseinschätzungen und erfaßt damit nicht den „objektiven" Bedarf.

Nach Münch ist die bedarfsorientierte Weiterbildung das Ergebnis eines „über subjektive und situative Wahrnehmungen hinausgehenden komplexen Findungs- und Gestaltungsprozeßes" (MÜNCH 1993, WSB - Skript, Baustein 133). Die Forderung nach einer bedarfsorientierten Weiterbildung scheint auf den ersten Blick selbstverständlich. Fragt man jedoch in Unternehmen nach, in welcher Form eine Bedarfsorientiertheit vorliegt, so stellt man fest, daß diese eher die Ausnahme denn die Regel ist.

Weit verbreitet, insbesondere in Unternehmen, welche die Weiterbildung ihrer Mitarbeiter selber durchführen, sind sogenannte Angebotsbroschüren oder Seminarkataloge. Aber auch Anbieter auf dem „freien Markt" warten weniger mit tragfähigen Konzepten denn mit einer Allgemeinlösung in Form eines Katalogs auf. Dieser wird zu einem festen Zeitpunkt, meist zu Beginn oder Ende eines Jahres an die Mitarbeiter oder Kunden herausgegeben, damit sie sich geeignete Maßnahmen heraussuchen und buchen können. Häufig ist mit der Bezeichnung „Seminartourismus" eine solche Art der angebotsorientierten Weiterbildung verbunden. Ein häufig übersehener Vorteil allerdings liegt darin, daß der Mitarbeiter, der sich für eine Bildungsmaßnahme entscheidet, in der Regel auch sehr gut über seine Defizite Bescheid weiß. Darüber hinaus ist die Akzeptanz einer aus freiem Antrieb ausgesuchten Bildungsmaßnahme, ungleich höher, als einer Bildungsmaßnahme, die nach „objektiven“ Kriterien ermittelt wurde, und zu welcher der Mitarbeiter delegiert wird. Allerdings orientieren sich diese Angebote selten an den zukünftigen oder tatsächlichen Anforderungsprofilen der Mitarbeiter und berücksichtigen auch nicht die unterschiedlichen Qualifikationsprofile der Teilnehmer.

2.2.2 Veränderung bedingt Lernen

Das Lernen in Weiterbildungsmaßnahmen im Unternehmen hat immer eine

- individuelle
- eine gruppenorientierte und
- eine unternehmensorientierte Komponente

und soll gleichzeitig

- ökonomisch
- sozial und
- kundenorientiert

erfolgen (vgl. NEUBERGER 1994, S. 18-21). Lernprozesse, z.B. in geplanten Weiterbildungsmaßnahmen von und für Menschen, verändern deshalb immer gleichzeitig das Verhalten der beteiligten Individuen und Gruppen in der Organisation und damit die Organisation in ihrem jeweiligen Kontext selbst, unter der Voraussetzung, daß aus dem geänderten Verhalten Maßnahmen innerhalb der Organisation abgeleitet werden, die auf diese selbst wieder zurückwirken (vgl. GEIßLER, 1994, S. 91f.).

Die Lernprozesse sind zweckmäßigerweise abgeleitet aus den Strategien des Unternehmens und den daraus formulierten Zielen. Es wird von einem Bildungsverständnis ausgegangen, das die individuellen Kompetenzen der Mitarbeiter, deren Praxiserfahrungen am Arbeitsplatz und deren Förderung durch gezielte Aus- und Weiterbildung als notwendig für das individuelle Lernen ansieht. Die klassische betriebliche Bildung und die moderne Personalentwicklung bzw. das Personalmanagement stehen damit immer im Spannungsfeld von Organisation, Kunde, Umwelt und Person.

Hier schließt sich jetzt der Kreis. Die Unternehmensentwicklung vollzieht sich über die Entwicklung der Organisation durch die Person(en), als Mitglied(er) der Organisation und deren Persönlichkeitsentwicklung innerhalb der fünf Kompetenzbereiche des Handlungskompetenzmodells und deren Austausch in einem permanenten Dialog und Prozeß.

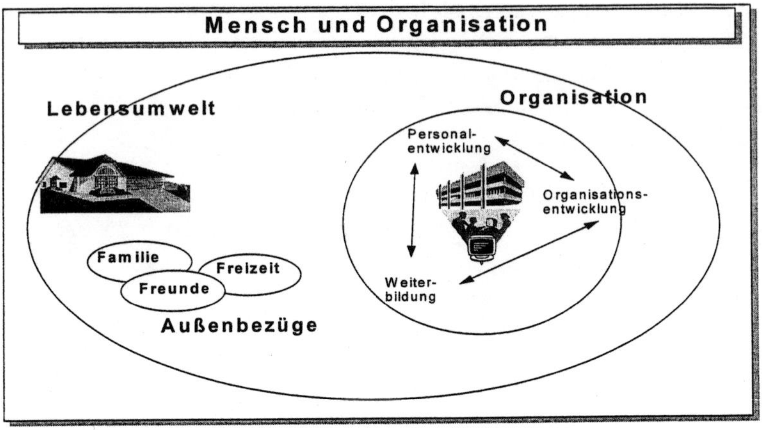

Abb. 4: Mensch und Organisation

Nach Sattelberger ermöglicht das lernende Unternehmen das Lernen aller Organisationsmitglieder und transformiert sich dadurch kontinuierlich selbst. Der Kern liegt aber nicht in Maß und Umfang an Schulung, sondern in der Selbstentwicklung von Individuen (vgl. SATTELBERGER 1994).

Mit Hilfe der Bildungsbedarfsanalyse kann ein Ausgleich der möglichen divergierenden Interessen erfolgen.

2.3 Wandel betrieblicher Organisationskonzepte

Der Grad der Durchsetzung und Verbreitung neuer Rationalisierungs- und Organisationskonzepte und mehr noch die Frage ihrer Vor- und Nachteile in arbeitswissenschaftlicher und berufspädagogischer Hinsicht sind nicht auf analytisch und empirisch abgesicherter Basis zu beantworten. Es ist davon auszugehen, daß weite Bereiche zukünftiger Arbeit durch die Ablösung tayloristischer Arbeitsstrukturen (zur Arbeitsauffassung im Taylorismus und Lean Management, vgl. MÜNCH 1995(b), S. 27) geprägt sein werden. Eine auftragsbezogene Produktion mit hoher Flexibilität und relativer Autonomie unterer Hierarchieebenen, vor allem als qualifizierte Gruppenarbeit, setzt sich seit den 70er Jahren zunehmend durch (KERN/SCHUMANN 1984). Es scheint sich die grundsätzliche Einschätzung einer Ablösung des Taylorismus zugunsten ganzheitlicher Arbeitsformen in vielen Arbeitsbereichen zu bestätigen (SCHUMANN u.a. 1994).

In den Arbeitsstrukturen tritt an die Stelle arbeitsteilig organisierter Produktion die flexible Spezialisierung. Die sich abzeichnende hochentwickelte Arbeitsorganisation ist mit veränderten Qualifikationsanforderungen verbunden. Wie LUTZ feststellt, werden „in den meisten Produktionsprozessen ... erhöhte Flexibilität und erhöhte Innovativität, gefordert" (LUTZ 1990, S. 427), ebenso im Dienstleistungssektor. Die Arbeit wird nicht nur durch die wiedergewonnene Breite der Tätigkeitsbereiche belebt, sondern ebenso durch Möglichkeiten, die in offenen Handlungsabläufen, ganzheitlichen Arbeitsaufgaben der Arbeitsorganisation liegen. In diesen Aufgaben gewinnen die Fachkräfte die Reintegration bisher getrennter Arbeitsfunktionen sowie ein hohes Maß an Selbststeuerung und Eigenverantwortlichkeit. Qualifizierte Tätigkeiten sowie Gruppenarbeits- und Selbstlernkonzepte nehmen zu. Danach gilt, daß damit nicht nur „qualifizierte Arbeit" entsteht, sondern auch ein Arbeitsplatz, „der offen ist für eigene Initiativen und für eine selbständige Einflußnahme auf den Arbeitsinhalt" (SCHUMANN u.a. 1990, S. 68). Diese positive Einschätzung des neuen Arbeitstyps wird unterstrichen, indem im Trendreport von 1994 auf eine „hohe Selbständigkeit", auf „wachsende individuelle Handlungsspielräume" und die Notwendigkeit hingewiesen wird, „das eigene Arbeitshandeln vor dem Hintergrund wechselnder Anforderungen eigenständig zu organisieren" (SCHUMANN u.a. 1994, S. 649).

Neue Organisationskonzepte und veränderte Qualifikationsanforderungen fordern aber auch ein verstärktes Lernen im Prozeß der Arbeit. Ob in diesen modernen Arbeitsprozessen jedoch erhöhte Lernpotentiale und Lernchancen enthalten sind, ist umstritten (vgl. DEHNBOSTEL 1993, S. 4). In der Diskussion hierzu wird auf der einen Seite von einer Verminderung von Lernchancen und für das Lernen geeigneter Arbeitsplätze gesprochen. Auf der anderen Seite werden Belege für die Zunahme von Lernchancen in der Arbeit angesehen. Die angesprochenen Organisations- und Qualifikationsveränderungen erhöhen die Lernpotentiale in der Arbeit und erfordern ein verstärkt wissensbasiertes und informationstechnologisches Handeln, das sich gerade durch die Verschmelzung von Arbeiten und Lernen auszeichnet (DEHNBOSTEL u.a. 1992).

2.3.1 Organisationslernen

Der Begriff „Organisationslernen" scheint in der Organisationsentwicklung bisher definitorisch nicht präzise gefaßt, ebenso besteht kein ausgewiesenes

Konzept zum Organisationslernen, allerdings eine Reihe von Ansätzen dazu (vgl. GEIßLER 1994, S. 10ff.). „Organisationslernen ist als Oberbegriff für solche Prozesse anzusehen, die für die kontinuierliche Entwicklung und Gestaltung von Organisationen, für ständiges Lernen und Optimieren von Arbeitsvollzügen, Planungs- und Ablaufprozessen konstitutiv sind. Dabei geht es um die Wissensbasis von Organisationen und darum, wie diese Wissensbasis nutzbar gemacht, verändert und weiterentwickelt wird, und zwar bei turbulenter Umwelt" (JÜRGENS/NASCHOLD 1994, S. 267).

Organisationslernen ist als Wechselprozeß von Lernen der Organisation und individuellem sowie gruppenbezogenem Lernen und Handeln zu verstehen. Individuelles und kollektives Lernen wirken auf Entwicklungen und Konfigurationen des Organisationssystems ein, welches in veränderter Form und verbunden mit übergeordneten Zielsetzungen wiederum auf individuelle und gruppenbezogene Lernentwicklungen rückwirkt. Zielsetzungen der „lernenden Organisation" wie Selbstorganisation, Selbstqualifizierung, kontinuierliche Verbesserungsprozesse und Prozeßoptimierungen sind nur dann durchsetzbar, wenn Organisationslernen als Einheit von lernender Organisation und lernenden Mitarbeitern besteht und vor allem von den Mitarbeitern seinen Ausgangspunkt nimmt (vgl. GEIßLER 1994(b), S. 81-83). Dies bedeutet, daß die bildungstheoretische Orientierung des Lernens und darauf bezogene didaktisch - methodische Ziele auch im Organisationslernen als Kriterien anzulegen sind, was im Unterschied zu „Typen" und „Wegen organisatorischen Lernens" steht, die, bei aller Offenheit und Transformationsfähigkeit, an kategoriale Zielsetzungen der Organisation gebunden sind (SATTELBERGER 1994, S. 11-55). Die bildungstheoretische Dimension bleibt auf das Individuum bezogen und findet über den Wechselprozeß von Mitarbeitern und Organisation in das Organisationslernen Berücksichtigung. Ein anderes Verständnis drückt sich in der Sichtweise von „Organisationen als menschliche Systeme" (PULLIG 1991, S. 37) oder von „Organisationen als bildungsfähige Lernsubjekte" aus (GEIßLER 1991, S. 24).

Das Spezifische des Organisationslernens bezieht sich im wesentlichen auf „kognitive Landkarten", worunter „die von allen Mitgliedern geteilten Beschreibungen der Aufbau- und Ablauforganisation der Organisation" zu verstehen sind (ROLFF 1993, S. 139). Die kognitiven Landkarten sind als die eigentlichen „Medien des Organisationslernens" zu verstehen, wobei ihnen ein Organisationsbegriff zugrunde liegt, der in Abgrenzung zu herkömmlichen Organisationen durch folgende Merkmale charakterisiert ist:

- Perspektivität statt Objektivität;
- Heterarchie statt Hierarchie;
- Komplexität statt Simplizität;
- Holographie statt Mechanik;
- wechselseitige Beeinflussung statt linearer Determination;
- Gestaltwandel statt Statik (vgl. ROLFF 1993, S. 139f.).

Der betriebliche Zweck der Organisation wird mit diesen Merkmalen nicht verändert, aber es bestehen für die Humanitätsorientierung bessere Ausgangsbedingungen.

2.3.2 Gruppenlernen

Gruppenlernen ist das Lernen einer Gruppe als soziales System, d.h. Lernen wird von einem individuellen zu einem kollektiven Vorgang. Die kollektiven Lernprozesse werden entscheidend durch individuelle Lernpotentiale und -prozeße beeinflußt. Gruppenlernen impliziert einen Prozeß, der sich im veränderten „Gruppenwissen", in veränderten Wirkungen nach außen und veränderten Wahrnehmungen als soziale Identität nach innen niederschlägt (vgl. GEIßLER 1994(b), S. 83-85). Die für Gruppenarbeit wichtigen sozialen Fähigkeiten wie Kommunikation, Kooperation und Interaktion stehen in einem Spannungsverhältnis zu individuellen Orientierungen. Dieses Spannungsverhältnis, besonders in den ersten Phasen einer Gruppenentwicklung ausgeprägt, bleibt darüber hinaus aber eine Grundkonstante von Gruppenarbeit (SEYFRIED 1994).

Das Gruppenlernen bezieht sich prinzipiell auf fachliche, methodische und soziale (kommunikative und personale) Kompetenzen, die sich sowohl selbstreferentiell auf die Gruppe als auch auf den Arbeitsprozeß beziehen. Für die didaktische Ausrichtung sind die für Gruppenarbeit maßgeblichen Merkmale wichtig. Bei aller Definitionsvielfalt von Gruppenarbeit haben genereller Bedeutung:

- Aufgabenbearbeitung und -verantwortung,
- regelmäßig stattfindende Gruppengespräche,
- interne Abstimmung und Rotation,
- Vertretung der Gruppe durch einen Sprecher
- hohe Selbststeuerung und Dispositionsfreiräume (ANTONI 1994, S. 35-39).

Nach LUTZ (1988, S. 71) birgt „qualifizierte Gruppenarbeit" idealerweise folgende Struktur in sich:

- Arbeitskräfte mit gleich hoher Qualifikation;
- hohe wechselseitige Ersetzbarkeit;

- Verantwortlichkeit für einen größeren Aufgabenbereich;
- innere Autonomie der Aufgabenverteilung und Arbeitsplanung;
- Eingliederung in die übergeordneten Aufbau- und Ablaufstrukturen.

Die dynamische Entwicklung der Arbeitsprozesse über Produktinnovationen, Verbesserungsvorschlägen und Organisationsentwicklung ist als notwendige Voraussetzung für ein kontinuierliches Lernen anzusehen. Die in diesen Prozessen, in erweiterten Arbeitsumfängen und kommunikativen Sozialbeziehungen möglichen persönlichkeitsfördernden Lernpotentiale sind zu entwickeln und zu nutzen. Gruppenlernen kann damit nicht zuletzt zu einer humanorientierten Entwicklung der Arbeit beitragen, die erweiterte Möglichkeiten der Aus-, Weiter- und Fortbildung zuläßt bzw. erfordert. Andererseits bestehen beim Gruppenlernen ebenso wie beim Organisationslernen Gefahren der Institutionalisierung und Entsubjektivierung von Handlungswissen, die für innovations- und persönlichkeitsförderndes Handeln gegenläufig sind.

Organisationslernen und Gruppenlernen sind Ausdruck des Wandels der Organisation zur „lernenden Organisation“ und der Einbeziehung der Mitarbeiter an der Organisationsentwicklung über partizipative und lernende Gruppenformen. Sie sind gerade für den Erwerb solcher Qualifikationen wichtig, die die qualifizierte, flexible Facharbeit in der hochentwickelten Arbeitsorganisation auszeichnen. Ein entscheidender Vorteil der neuen Arbeitsorganisation besteht neben der Arbeitsplatzsicherheit und Mitarbeiterpartizipation im ständigen Training aller Mitarbeiter, wobei eine systematische betriebliche Weiterbildung von Beschäftigten sowohl im Training-on-the-Job einschließlich Job-Rotation als auch in Seminaren und Lehrgängen erfolgt. Letzteres bietet sich an, um Fragen der Qualitätssicherung, der Problemlösefähigkeit, der kontinuierlichen Verbesserungsprozesse zu erarbeiten sowie um Kenntnisse von Methoden und Techniken zu erlangen, um Fragen stellen zu können, um Ursachen von Fehlern und Problemen aufzuspüren, Überlegungen und Gedankengänge visualisieren und darstellen zu können usw..

Ob Organisationslernen und Gruppenlernen unter dem Zweck ökonomischer Rentabilität und den zuvor formulierten Investitionsgesichtspunkten und technischer Rationalität nicht einseitig qualifikationsorientiert im Sinne einer „Lean Qualification“ wirken, kann ohne empirische Untersuchungsergebnisse an dieser Stelle nicht beantwortet werden.

2.4 Konkretisierung im Unternehmen

2.4.1 Geänderte Qualifikationsanforderungen

Einmal in Studium und/oder Ausbildung Gelerntes ist für die Erfüllung der täglichen Aufgaben zukünftig nicht mehr ausreichend und muß permanent aktualisiert und erweitert werden. Vester merkt zu diesem Punkt an, daß die Gültigkeit unseres „heutigen Schulwissens, soweit es statisch ist, von Jahr zu Jahr immer kürzer wird und die Ausgebildeten von unseren Schulen und Hochschulen zu einem Zeitpunkt in die Praxis entlassen werden, an dem der Lernstoff zum großen Teil schon wieder überholt ist". (vgl. VESTER 1993, S. 470). In der betrieblichen Praxis entsteht dieser Effekt z.B. durch die Einführung neuer oder zusätzlicher Informationstechnologie, mit der bisher erfolgreiches „Wissen" und Fertigkeiten in dieser Form nicht mehr benötigt werden. Dies führt zu Qualifikationsdefiziten, zu Unsicherheiten bei den Beschäftigten mit entsprechenden Ängsten und Nachteilen für das Unternehmen.

Früher und auch heute klagen die Unternehmen, nicht die richtigen Leute für die Aufgaben von heute und geschweige denn für die Aufgaben von morgen in ausreichender Anzahl und/oder mit den richtigen Qualifikationen zu haben oder auf dem Arbeitsmarkt akquirieren zu können. Welche Qualifikationen mit Sicherheit in Zukunft benötigt werden, wissen wir nicht. Es werden jedoch im Durchschnitt höhere Qualifikationen sein als heute.

Das durchschnittliche Qualifikationsniveau der benötigten Arbeitskräfte wird sich bereits durch veränderte Sektoren- und Tätigkeitsstrukturen erhöhen, also selbst dann, wenn sich innerhalb der einzelnen Tätigkeitsfelder die Qualifikationsanforderungen an die Beschäftigten nicht ändern sollten und die Tätigkeitsfelder wie in der Vergangenheit besetzt werden. Die Qualifikationsstruktur ändert sich jedoch nicht nur aufgrund des Strukturwandels. Sie wandelt sich zudem, weil z.B. neue Techniken - allen voran die Organisations- und Kommunikationstechniken sowie die Steuerungs- und Automationstechniken - neue und höhere Anforderungen an die Beschäftigten stellen:

Manuelle Tätigkeiten in Produktion, Lagerung und Transport werden weiter an Bedeutung verlieren, ebenso einfache Tätigkeiten in Büro und Verwaltung. Dafür werden dispositive sowie kontrollierende, überwachende und regelnde Tätigkeiten an Bedeutung gewinnen und insbesondere in den

Dienstleistungsbereichen beratende und betreuende Tätigkeiten verstärkt in den Vordergrund treten (vgl. FRANKE 1991 S. 35-39).

Hat man bislang in der Technik, den finanziellen Mitteln, den Strukturen und Systemen die entscheidenden Potentiale gesehen, rücken nun die Mitarbeiter immer stärker in den Blickpunkt. Die Mitarbeiter verfügen über Fähigkeiten und Fertigkeiten, die dem Unternehmen als wichtige Ressourcen zur Verfügung stehen und die genutzt werden sollten. Nicht erst seit Peters und WATERMANS Untersuchungen hat der Stellenwert des Faktors Personal gegenüber anderen betrieblichen Ressourcen erheblich zugenommen (vgl. PETERS/WATERMAN 1991). Werden die Menschen in einem Unternehmen so gesehen, ist es nur folgerichtig, daß zum einen die Fähigkeiten und Fertigkeiten der Mitarbeiter gefördert werden, um die unternehmerischen Ressourcen zu erweitern, und zum anderen Bemühungen anstehen, diese Ressourcen tatsächlich zum Vorteil aller auch zu nutzen. Dazu braucht es die Bereitschaft derer, die diese Ressourcen ausmachen, also die der Mitarbeiter.

Für das Unternehmen ist es unabdingbar, die Mitarbeiter zu gewinnen, ihr Können für das Unternehmen in der Gegenwart voll einzusetzen und für die zukünftigen Aufgaben weiter zu entwickeln. Dies aber kann nur gelingen, wenn man versucht, Unternehmensziele und Mitarbeiterinteressen, in eine Balance zu bringen. Dabei darf das, was von den Mitarbeitern als Wünsche und Bedürfnisse eingebracht wird, nicht auf die Höhe der Entlohnung eingeengt gesehen werden. Es geht um weit mehr, um all die Dinge, die unter dem Begriff „Authentizität in der Arbeitswelt" zusammengefaßt werden können (vgl. SCHÄFFNER 1991 S. 12).

Mitarbeiter, die in ihrer Arbeitswelt nach ihren Vorstellungen leben können, werden für das Unternehmen leistungsfähiger sein als die, die das von sich aus nicht können oder denen dies verwehrt wird. Humanität und Ökonomie rücken zusammen, auch wenn nicht geleugnet werden kann, daß sie in einem andauernden Spannungsverhältnis bleiben, das von Situation zu Situation nach immer neuen Kompromissen verlangt.

Nicht immer wird betriebliche Weiterbildung bezeichnet als durch Unternehmen oder aus Unternehmen heraus für deren Mitarbeiter initiierte Lernprozesse. Sie haben das Ziel, die Mitarbeiter für ihre Arbeit zu qualifizieren, sei es als Anpassung an gegenüber dem Stand der Erstausbildung veränderten Anforderungen, als Vermittlung von Fähigkeiten, die in der Erstausbildung keine Berücksichtigung fanden oder als Vorbereitung für neue Tätigkeiten. Betriebliche Weiterbildung beschränkt sich demnach darauf, Mitarbeiter für die fachlichen Anforderungen kompetent zu machen. Betriebliche Weiterbildung im Sinne eines verstärkten Fördern von „weichen Faktoren" (HILB 1995, S. 17), fördert die „Human Ressources" dergestalt, daß Mitarbeiter Handlungskompetenzen entwickeln, die zur weiteren Selbstregulation, Selbstqualifikation und Selbstbestimmung befähigen. Hier sind alle Facetten miteinzubeziehen. Dies reicht von Klausuren eines berufsbegleitenden Studiums weitab vom Betrieb bis zur Instruktion am Arbeitsplatz von dem individuell „verschriebenen" Spezialtraining bis zur kooperativen Selbstqualifikation, vom klassischen Seminar mit Klassenraumtraining bis zur Organisationsentwicklung und der Mitarbeit in Arbeitsgruppen, Projekten und Zirkeln, Verbänden, usw..

Die Maßnahmen können dabei von internen Mitarbeitern, Trainern und Pädagogen durchgeführt oder externen Trainern in Auftrag gegeben werden. Externe Institutionen werden genutzt, indem einzelne Mitarbeiter oder geschlossene Gruppen an deren Maßnahmen teilnehmen. Dementsprechend variieren die Rollen der Trainer, Pädagogen im Betrieb. Sie fungieren als Lehrer, als Moderatoren oder als Organisatoren. Diese unterschiedlichen Rollen sind eng verbunden mit der Lernkultur und dem vorherrschenden Menschenbild im Unternehmen. Sind sie lediglich Vermittler von Inhalten und Methoden, zwischen unterschiedlichen Positionen (innerhalb eines Betriebes) oder schlicht Vermittler von externen Angeboten? Oder organisieren sie das Lernen in dem Spannungsverhältnis von Humanität und Ökonomie, indem sie im Unternehmen Prozesse anstoßen und begleiten, um beiden Anforderungen zu entsprechen und die Mitarbeiter sich in diesen Lernprozessen individuell entwickeln zu lassen? Nur dann werden diese „Human Ressourcen" auch der strategische Erfolgsfaktor sein (vgl. SCHÄFFNER 1991, S. 14), den die Unternehmen für die Gestaltung ihrer Zukunft brauchen.

2.4.2 Veränderte Unternehmensumwelt

Eine Vielzahl von Rahmenbedingungen beeinflussen, wie bereits angedeutet, die Unternehmen. Einige sollen im folgenden skizziert werden. Im wesentlichen sind es (vgl. SCHÄFFNER 1991, S. 19-20) konkrete externe Umfeldfaktoren:

- Gesellschaft, z.B. Bevölkerungsstruktur, Wertewandel wie geänderte Ansprüche an die Arbeit, Freizeitorientierung
- Politik, z.B. Arbeitsgesetze, Ausbildungsverordnungen, Tarifverträge,
- Technologie, z.B. Kommunikationstechnologie und Maschinenautomation,
- Wirtschaft, z B. allgemeine Marktlage, Globalisierung der Märkte, Wachstum, Bedarf, Konkurrenz, Kunden, Lieferanten.

Diese Umfeldfaktoren wirken nun auf die Organisation ein durch:

- wirtschaftliche, technische oder menschliche Ressourcen;
- Informationen über Bedarf, Konkurrenz, allgemeine Lage, Kunden, Bevölkerungsstruktur;
- Regeln im Sinne von Gesetzen, Normen, Verfahren;
- Werte als Leitideen, grundsätzliche Orientierung, Menschenbilder.

Die Umfeldbedingungen treffen auf Unternehmen, die gekennzeichnet sind durch Aufgaben, Ziele, Strategien sowie eine Unternehmenskultur und -philosophie. Eine Aufgabe kann z.B. darin bestehen, daß man Kunden im informations- und kommunikationstechnologischen Umfeld (IT) berät, Menschen versichert oder sonstige Produkte des täglichen Bereiches herstellt. Das Ziel kann zum Beispiel darin liegen, weltweit als Anbieter für besonders hohe Beratungsqualität in einem bestimmten Markt zu gelten.

Die Strategie zur Zielerreichung kann darin bestehen, höchstes Experten Know - How für die Bereitstellung dieser Dienstleistung im Unternehmen zu sammeln. Die Unternehmensphilosophie kann bezwecken, im Hause ein Klima (samt notwendiger Ressourcen) zu pflegen, das die Entwicklung von Spitzenkräften aus dem eigenen Nachwuchs fördert.

Der Aspekt der Organisation von Arbeit ist im Hinblick auf die Probleme und Anforderungen einer Bildungsbedarfsanalyse und dem Selbstverständnis des Personalmanagements präziser zu fassen. Es ist zu überprüfen, wie sich die Aufgaben, Ziele, Strategien und Philosophie eines Unternehmens durch die Art und Weise, wie Arbeit organisiert und unterstützt wird, konkretisieren. Die Organisation der Arbeit wiederum läßt sich beschreiben über die

- Arbeitsabläufe, die Prozesse und Organisation,
- Führungsstruktur,
- eingesetzte und tatsächlich genutzte Technik und die
- Qualifikationsanforderungen heute und zukünftig.

Konkret bedeutet dies:

- Wie sieht der Grad der Arbeitsteilung aus? Gibt es Gruppenarbeit, Job-Rotation, job - enlargement, job - enrichment?
- Gibt es viele Hierarchiestufen oder eine „flache Organisation"?
- Welche der Möglichkeiten, die moderne Technologien bieten können, werden tatsächlich genutzt?
- Wie sehen die zukünftigen Qualifikationsanforderungen aus, welche werden abverlangt? Steigen die Anforderungen oder sinken sie? Gilt dies generell oder für bestimmte Mitarbeitergruppen?

2.4.3 Auswirkungen der Arbeitsorganisation

Aus der so beschriebenen Organisation der Arbeit werden bestimmte Anforderungen und Aufgaben abgeleitet. Mit diesen Anforderungen und Aufgaben hat sich ein Unternehmen unter unterschiedlichen Aspekten mit Hilfe von zu entwickelnden oder vorhandenen:

- Personal- und Bildungsstrategien,
- einer Personal- und Bildungsorganisation,
- Bildungsbedarfen und -angeboten und
- Bildungsmethoden

auseinanderzusetzen. Personal- und Bildungsstrategien geben die Richtung an wie die Ressourcen, die der Personal- und Bildungsarbeit zur Verfügung stehen, genutzt werden. Wird überwiegend mit internen Trainern und Dozenten gearbeitet, oder werden bewußt externe Trainer und Einrichtungen zu nutzen versucht oder wird mit ausgewählten anderen Firmen gearbeitet?

Stehen der Personal- und Bildungsorganisation ausgewiesene Experten für bestimmte Inhalte zur Verfügung oder ist die Arbeit so aufgeteilt, daß die Mitarbeiter der Personal- und Bildungsabteilung für bestimmte interne Kunden oder Zielgruppen zuständig sind? Dies ist mit der Frage der professionellen Kompetenz und der Vorbildung der hauptberuflichen Personalmitarbeiter - und Weiterbildner verknüpft.

Unter dem Aspekt der Bildungsinhalte muß geklärt werden, welche Themen im Vordergrund stehen, an welche Zielgruppen sie sich wenden und in welchem Verständnis sie eingebettet sind. Werden die Angebote via Katalog als Angebot oder als Ergebnis einer Bedarfsermittlung an Anforderungen orientiert und bedarfsgerecht offeriert?

Bildungsmethoden verbinden Inhalte, Unternehmens- und Bildungsziele mit dem Menschenbild, das hinter der Bildungsarbeit im Unternehmen steckt, so daß die Teilnehmer an Bildungsmaßnahmen dies „am eigenen Leibe" spüren.

Faktoren eines Personal Management

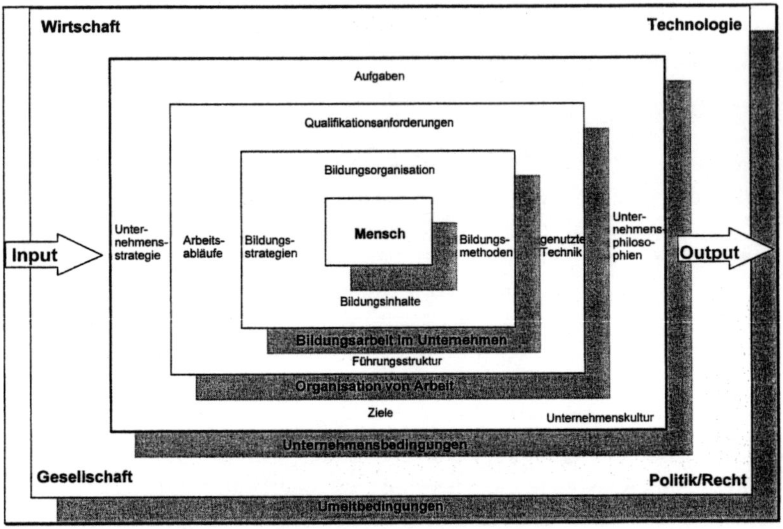

Abb. 5: Faktoren eines Personal Management

Im Mittelpunkt steht immer der Mensch, nicht als die letzte abhängige Variable gedacht, sondern im Gegenteil als Brennpunkt, auf den alle Überlegungen hin ausgerichtet sind. Dennoch, das Ziel von Unternehmen liegt darin Gewinn zu erwirtschaften. Eine der wichtigsten Aufgaben eines Unternehmers bzw. der Führungskräfte eines Unternehmens ist aber auch die Menschenführung. Die soziale Verantwortung, die sich daraus ergibt, besteht gegenüber Mitarbeitern und gegenüber der Gesellschaft insgesamt. Soziale Verantwortung, sozialer Wandel sind unter der Überschrift des Gewinnerwirtschaftens ein wesentliches Zeitsignal.

Die Ziele des Unternehmens werden durch die darin arbeitenden Menschen verwirklicht. Deswegen ist es eine der wichtigsten Aufgaben im Rahmen eines Personal Managements, Systeme, Instrumente und Konzeptionen zu entwickeln, die die Voraussetzung bieten, Ziele von Mitarbeitern im Unternehmen zu integrieren (zu den Verantwortlichkeiten der Personalentwicklung vgl. HILB 1995, S. 125).

Nur in der höchstmöglichen Deckungsgleichheit von Unternehmens- und Mitarbeiterzielen liegen die Chancen und der zukünftige Erfolg, denn beispielsweise sind die Mitarbeiter in amerikanischen oder japanischer Unternehmen nicht intelligenter, fleißiger und weniger krank, aber ihre Zielvorstellungen stimmen mit denen des Unternehmens besser überein (siehe dazu ausführlich: IMAI 1994). Möglicherweise erlauben auch gesellschaftliche Zwänge erst diese Übereinstimmung.

Wie können wir die notwendige mentale Flexibilität und zwar im ganzen Unternehmen erreichen und erhalten, um den Anforderungen der Zukunft begegnen zu können? Dazu bedarf es eines erweiterten Verständnisses von Führung.

2.4.4 Anforderungen an Führungskräfte

Für die Zukunftsbewältigung und das Überleben eines Unternehmens ist mehr „Führung" notwendig, aber eben „Führung", nicht Hineinreden in das operative Tagesgeschäft, Gängelei bei Routineaufgaben oder die mangelnde Delegation von Aufgaben.

Führen heißt in diesem Sinne: Der Manager ist verantwortlich für die System- und Prozeßgestaltung. Er muß dafür sorgen, daß die Rahmenbedingungen im Unternehmen stimmen. Führen bedeutet aber auch dem Mitarbeiter helfen, erfolgreich zu sein. So gesehen wird die Führungsaufgabe in Zukunft eher der eines Landwirts entsprechen. Der Landwirt weiß, daß er den Pflanzen Wachstum nicht verordnen kann. Er kann sie auch mit noch so attraktiven Incentiveprogrammen nur wenig motivieren. Er kann jedoch für optimale Standort- und Rahmenbedingungen sorgen, kann gesunde Pflanzen zu sinnvollen, sich synergetisch ergänzenden Mischkulturen ordnen. Das Management der Zukunft braucht Vertrauen in die Kraft der Eigendynamik, der initiierten Wandlungsprozesse und der Selbstorganisation der Mitarbeiter und letztlich in die Transformationsfähigkeit des Unternehmens.

Jede Führungskraft steht damit in der Verantwortung für die ihr zugeordneten Mitarbeiter. Hier muß sich die Erkenntnis durchsetzen, daß diese Aufgabe immanenter Bestandteil jeglicher Führung und jeder Personalentwicklung ist. Sie kann nicht wegdelegiert werden. Den Führungskräften kommt damit eine, wenn nicht die Schlüsselrolle zu als engagierte Gestalter des Unternehmen.

Im Hinblick auf eine Prozeßorganisation ergeben sich für die Führungskräfte und deren Entwicklung Konsequenzen:

1. Bei der Auswahl neuer Führungs- und Führungsnachwuchskräfte müssen im Interesse der Unternehmensentwicklung die entsprechenden Qualifikationen herausgefiltert werden. Dies setzt tätigkeitsbezogene Anforderungsprofile für die zu besetzenden Stellen auf allen Hierarchieebenen voraus.
2. Den vorhandenen Führungskräften kann und muß die Personalentwicklung oder Organisationsentwicklung helfen, sich in ihrer „neuen Rolle" zurechtzufinden und sukzessive die neuen Anforderungen, die sich aus den erstellten Profilen leicht identifizieren lassen, zu erfüllen.
3. Das Personal-Management muß die Führungskräfte unterstützen und darauf ausgerichtet sein, den mündigen Mitarbeiter zu finden und zu entwickeln. Dabei gilt es, die vorhandenen Fähigkeiten aufzugreifen und ganzheitlich die Handlungskompetenz bei den Mitarbeitern zu fördern. Die Bereitschaft dazu sollte selbstverständlich bei den Mitarbeitern vorhanden sein.

Die Führungskräfte aller Ebenen werden in Zukunft nicht nur an ihren geschäftlichen Erfolgen, sondern auch an ihrer Fähigkeit gemessen werden, Unternehmensziele und Mitarbeiterziele in Übereinstimmung zu bringen, und durch den Einsatz der Instrumente der Personalentwicklung die Unternehmensziele und die Mitarbeiterziele zu erreichen. Das dies nicht ohne methodisches Rüstzeug und die Aufnahme individueller Bedarfe gelingt, scheint selbstverständlich.

2.5 Anforderungen an Personalentwicklung

Personalentwicklung wird oft als Oberbegriff für ein breites und schwer abgrenzbares Spektrum von Maßnahmen zur Analyse, Planung, Förderung und Evaluation des gesamten personellen Potentials einer Organisation mit dem Ziel einer Verbesserung betrachtet. Den vielfältigen Definitionen und Auslegungen wird hier keine weitere hinzugefügt. Vielmehr werden die Aufgabenfelder einer strategischen Personalentwicklung aufgezeigt und damit das vielschichtige Spektrum einigermaßen ausgeleuchtet.

Die Hauptaufgabe der Personalentwicklung wird in einer Steuerung und Förderung der personellen Ressourcen der Unternehmung gesehen. Das Ziel ist die Herstellung einer möglichst optimalen Passung zwischen den Aufgaben und Anforderungen der Arbeit und den individuellen Qualifikationen und Kompetenzen der Mitarbeiter. Diese Sichtweise deckt sich mit den Aufgaben und Zielen einer umfassenden Bedarfsanalyse, um überhaupt bewußt „aktiv" werden zu können.

Auf der Basis der zuvor beschriebenen außerbetrieblichen Umfelder werden personalwirtschaftliche Entscheidungen getroffen und beeinflußt. Die Personalpolitik oder das Personalmanagement integrieren die Visionen, Philosophien, Ziele und Strategien des Unternehmens. Die Aufgabe des Personal- managements liegt in der Umsetzung der Unternehmensleitlinien. Sie sollten in das Kompetenzspektrum des Personals Eingang finden.

Leitlinien, die es zu integrieren und umzusetzen gilt, können sein:

- Unternehmensphilosophie
- Wertesystem der Unternehmung
- Managementmodelle
- Branchen- und Marktszenarien
- der bestehende Kundenpark
- der Personalmarkt

Das Personalmanagement gliedert sich in mehrere Bausteine, die in der Literatur mehr oder weniger differenziert beschrieben werden (vgl. z.B. MÜNCH 1995(b), S. 53). Bei Olfert wird die Personaleinheit, bei ihm Personalwesen genannt, in 9 weitere Bereiche aufgeteilt. Weiter wird hier streng zwischen Personalmanagement,- marketing, -politik und -organisation unterschieden. Beim Personalmanagement steht die Führung, Leitung und Steuerung des Personals im Mittelpunkt, also die instrumentale Betrachtung der Mitarbeiter (vgl. OLFERT 1993, S. 24-25).

Im Einzelnen beinhaltet dies:

- Personalplanung
- Personalbeschaffung
- Personalorganisation
- Personalführung
- Personalentwicklung
- Personalcontrolling

Die einzelnen Punkte können nun weiter zergliedert werden, um so auf der Basis personalpolitischer Grundsätze zu den Zielsetzungen und dem Handlungsrahmen des Personalmanagements zu kommen. Eine Betrachtung der Bereiche und die Unterteilung in die einzelnen Aufgabenfelder läßt die Ziele herausarbeiten und die entsprechenden Inhalte, Methoden oder Instrumente zuordnen.

Eine mögliche Systematik zeigt die folgende Aufstellung:

	Personalpolitische Grundsätze
Personalplanung	• Bereitstellung der erforderliche Mitarbeiteranzahl mit der richtigen Qualifikation am richtigen Platz und zur richtigen Zeit.
Personal-beschaffung	• Sicherstellung der optimalen Qualität von Mitarbeitern für die im Betrieb zu besetzenden Stellen. • Grundsatz der internen oder externen Personalbeschaffung. • Schaffung von Transparenz in Verbindung mit Auswahlverfahren.
Personal-organisation	• Organisation einer effizienten und wirksamen Gestaltung der Personalaufgaben.
Personalführung	• Wirksames Zusammenarbeiten bei unterschiedlichen Aufgaben-stellungen • Angemessene Honorierung bei leistungsorientierter Arbeit,
Personal-entwicklung	• Qualitative Anpassung der Mitarbeiter an gestiegene Anforde-rungen/wachsende Aufgaben. • Optimale Ausbildung für die jeweilige Stelle, um den betriebli-chen Anforderungen gerecht zu werden.
Personal-controlling	• Ökonomische Steuerung der Personalarbeit.

Abb. 6: Personalpolitische Grundsätze

Im weiteren können nun die einzelnen Felder aufgearbeitet werden. Am Beispiel des zentralen Integrationspunktes für eine Entwicklung der Personalressourcen ist dies beispielhaft in Abbildung 8 verdeutlicht. In der Übersicht sind den Aufgabenfeldern der Personalentwicklung die Ziele und die Inhalte (Was gehört dazu?) zugeordnet und tabellarisch dargestellt.

Personalentwicklung

Aufgaben-felder	Ziele	Inhalte (Was gehört dazu?)
Potential-analyse	ist ein Instrument zur Ermittlung des Eignungsprofils der Mitarbeiter für ihre Entwicklung im Unternehmen	Soll-Ist-Vergleiche, Anforderungsprofile, Assessment Center, Werdeganganalysen, Personalinformationssysteme, Vorgesetzteninterviews, situative, strukturierte Interviews, Beobachtung
Entwicklungs-planung	aktiviert und steuert Maßnahmen der Erhaltungs-, Anpassungs- und Aufstiegsqualifikation auf Basis des festgestellten Entwicklungspotentials und dem gegenüberzustellenden Bedarf	Potentialanalyse, Personalstrukturanalyse, Bildungscontrolling, Personalinformationssysteme (Skill-Center)
Laufbahn-planung	beschreibt die mögliche Schrittfolge von Fach- u. Führungslaufbahnen im Unternehmen inkl. der individuellen Laufbahnberatung	Nachfolgeplanung, job-enlargement, job-enrichment, internationalen Personaleinsatz, Stellenbeschreibung, Anforderungsprofile, Karrieregespräche
Ausbildung	umfaßt die berufsbezogene Erstausbildung im kaufmännischen oder gewerblichen Bereich, um den zukünftigen Personalbedarf intern decken zu können	Auswahlverfahren, Einführungsveranstaltungen, begleitende Weiterbildungsmaßnahmen, Beurteilungswesen, Ausbildungsbetreuung
Weiterbildung inkl. Umschulung	umfaßt alle funktions- und personenbezogenen Maßnahmen: 1. zur Erhaltung und Anpassung der aktuellen Anforderungen 2. Vorbereitung auf zukünftige Aufgabenstellungen 3. zur Erweiterung des Wissens	Training/Schulung, job-rotation, job-enrichment, Coaching, Projektmanagement, Qualitätszirkel, Bildungsurlaub, Nachfolgeregelung, internationaler Personaleinsatz
Nachwuchs-förderung	beinhaltet die zielgerichtete Förderung bestimmter Mitarbeitergruppen zur Vorbereitung weitreichender Aufgabenstellungen oder Positionen	Trainerprogramme, Assessment Center, Nachwuchsförderprogramme, Projektvergaben
Führungs-entwicklung	beinhaltet alle Maßnahmen zur Entwicklung von Führungsfertigkeiten, -verhalten bei Nachwuchskandidaten und Mitarbeitern in Führungsfunktionen (insbesondere Schulung in der Anwendung von Führungsinstrumenten)	Training, Paten-/Mentorensysteme, Förderkreise, Führungsstilanalysen, Vorgesetztenbeurteilung, MA-Befragung, job-rotation, job-enlargement, job-enrichment, Analyseworkshops, (Stärken und Schwächen der Führung)
Team-entwicklung	fördert die Kooperations-/Kommunikationsfähigkeit der Mitarbeiter zum Zwecke der gemeinsamen zielorientierten Aufgabenerfüllung	Training/Coaching, Projektmanagement, abteilungsübergreifender Personalaustausch, teamorientierte Informationspolitik, Qualitätszirkel, Teamentwicklungs-Workshops

Abb. 7: Personalentwicklung

Ergänzend zu den aufgeführten Bausteinen bedürfen 3 weitere Elemente unter den Auswirkungen der zuvor skizzierten Rahmenbedingungen einer besonderen Betrachtung:

- Bildungsbedarfsanalysen
- Kompetenzmanagement
- Lernkulturgestaltung.

Die Tabelle zeigt die daraus abgeleiteten Ziele und Inhalte und Methoden.

Weitere wichtige Elemente der Personalentwicklung

Aufgabenfelder	Ziele	Inhalte (Was gehört dazu?)
Bildungsbedarfs-analyse	umfaßt alle Methoden und Instrumente zur Ermittlung der Ziele, Aufgaben und Anforderungen für Maßnahmen zur Aus- und Weiterbildung	Befragungen, Interviews, Beobachtung der MA, Vorgesetzteninterviews, Anforderungs-analysen, Personalbeurteilung, Stellenbeschreibungen, Zielvereinbarungs-, Beurteilungs-, Fördergespräche, Workshops
Kompetenz-Management	Ziel ist die Herstellung einer möglichst optimalen Passung zwischen heutigen und zukünftigen Aufgaben und Anforderungen der Arbeit und den individuellen Qualifikationen und Kompetenzen, den Skills der Mitarbeiter im Sinne einer individuellen Persönlichkeitsentwicklung auch und gerade im Hinblick auf eine ungewisse zunehmend komplexere Zukunft	Befragungen, Interviews, Beobachtung der MA, Vorgesetzteninterviews, Anforderungs-analysen, -profile, Leistungsbeurteilungs-, Personal-, Zielvereinbarungs-, Fördergespräche, Bildungscontrolling, Lernkultur, -klima, -zentren, Führungsstrukturen, -kultur, Transfersicherung und Management, Vertrauen, Handlungsspielraum, job-enrichment, job-enlargement
Lernkultur-gestaltung	Im Rahmen eines personalen Ansatzes der Organisationsentwicklung die gesteuerte Veränderung des Unternehmens von einem aktuellen zu einem gewünschten Zustand zukünftig. Verbesserung der Qualifikationen und Kompetenzen der gesamten Organisation	Befragungen, Interviews, Beobachtung der MA, Vorgesetzteninterviews, Anforderungs-analysen, -profile, Leistungsbeurteilungen-, Personal-, Zielvereinbarungen u. Fördergespräche, Bildungscontrolling, Lernkultur, -klima, -zentren, Führungsstrukturen, Transfersicherung und Transfermanagement, Vertrauen, Handlungsspielraum, job-enrichment, job-enlargement

Abb. 8: Wichtige Elemente der Personalentwicklung

2.6 Konzept des lernenden Unternehmens

Die lernende Organisation wird zum einen als neues Paradigma in einigen Wissenschaftsdisziplinen gehandelt, die sich mit Unternehmensentwicklung beschäftigen, zum anderen geistert sie als Modebegriff durch die Medien. Zahlreiche Veröffentlichungen auf Basis unterschiedlicher Auffassungen zu lernenden Organisationen sind bereits erschienen (vgl. die Literaturangaben zu SATTELBERGER; MÜNCH; ARNOLD; GEIßLER). Durch die enorme Informations- und Wissensflut und die ständigen Veränderungsprozesse, mit denen Unternehmen konfrontiert werden, müssen sie innerbetrieblich hohe Flexibilitäts- und Lernpotentiale erschließen, um im wirtschaftlichen Wettbewerb überleben zu können. Die lernende Organisation konzentriert sich auf die Verstärkung eines zentralen Erfolgsfaktors, nämlich auf die Potentiale ihrer Mitarbeiter, die jedoch ihrerseits wiederum in Gruppen arbeiten und lernen und in einer gegebenen Organisation beschäftigt sind.

Im lernenden Unternehmen hat Bildungsbedarfsermittlung und damit permanentes Training und Weiterbildung natürlicherweise einen Platz. Das eigentliche Kunststück liegt jedoch nicht in dem bloßen Vorhandensein von Training und Weiterbildung sondern in der integrierten Entwicklung des Individuums, der Mitarbeitergruppen, Teams und des Unternehmens in einer spezifisch wahrgenommenen Umwelt (vgl. HILB 1995, S. 123). Dies bedeutet, die Humanpotentiale der Organisation zu entwickeln, indem man ihre Fähigkeits- und Qualifikationsbasis steigert und sie gleichzeitig befähigt, die Persönlichkeitsentwicklung der Organisationsmitglieder und die Unternehmensentwicklung als konstanten und sich selbsttragenden Prozeß weiterzuführen.

Die von Pedler, Boydell und Burgoyne (1994, S. 60) stammende Kurzdefinition des lernenden Unternehmens lautet: „Ein lernendes Unternehmen ist eine Organisation, die den Lernprozeß aller ihrer Mitglieder fördert und sich gleichzeitig selbst fortwährend wandelt“. Die Definition verbindet individuelles Lernen mit organisatorischer Umwandlung. Bei näherer Betrachtung werden die Implikationen dieses Konzeptes deutlicher, vor allem hinsichtlich des Unternehmensklimas, der Kultur, der Strategie der Human Ressourcen - Entwicklung und der organisatorischen Umwandlung.

Das Unternehmensklima ermutigt und befähigt zu lernen und das eigene Potential zu entwickeln, was sich auf alle Aspekte der Arbeit und auf das Unternehmen als Ganzes auswirkt. Dies wiederum erzeugt bzw. nährt eine

Kultur, die sich zusehends nach außen in Richtung Markt und Kunden orientiert und alle Hauptakteure einbezieht, also Austausch- und Rückkopplungsprozesse ins Blickfeld rückt (vgl. PEDLER/BOYDELL/BURGOYNE 1994, S. 60-61).

Eine Personalentwicklungsstrategie, innerhalb derer Training und Weiterbildung nur eine von mehreren Komponenten ist, wird somit zu einem zentralen Thema der Geschäftspolitik. Die für Personalentwicklung verantwortlichen Manager müssen das Geschäft ebenso gut und bodenständig kennen wie ihre Kollegen im Linienmanagement, um die Personalentwicklungsstrategie so auslegen zu können, daß sie das Geschäft fördert.

Im Erfolgsfall wird die PE-Strategie ein zentraler Teil der Unternehmenspolitik, und individuelles und organisatorisches Lernen sind in das Herzstück der Geschäftsaktivität integriert. Damit hat das Unternehmen die Chance, sich selbst zu entwickeln und nicht permanent auf von außen kommenden Einflüssen die Organisation anzupassen oder sich sogar verändern zu lassen. Somit haben die Unternehmen und die darin Beschäftigten die Möglichkeit, die Früchte aller Lern- und Entwicklungsprozesse zu ernten.

Integriertes Management

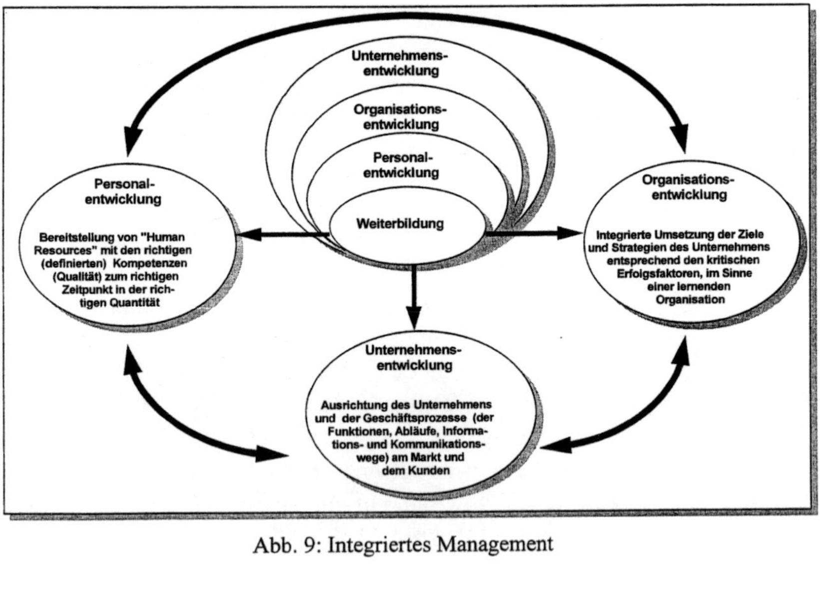

Abb. 9: Integriertes Management

„Wenn es Faktoren gibt, die Unternehmen zwingen, lernende Unternehmen zu werden, gibt es auch Kriterien, nach denen sich ein solches, zu dieser Lernqualität strebendes Unternehmen beurteilen läßt:

- wie offen es ist,
- wie sehr es Teilhabe fördert,
- wie sehr es Fragen stellt,
- wie sehr es Partizipation gestaltet,
- wie austauschorientiert es handelt,
- wie reich es an Ressourcen ist und insbesondere,
- ob es ein sinnvolles Feedback in beiden Richtungen fördert,

damit sich echtes Lernen aus Experimentieren, Entwicklung, Versuch und Irrtum bzw. Fehlern ergibt" (SATTELBERGER 1994, S. 39).

Das kontinuierliche Lernen ist das eine, die Veränderung von Einstellungen ist das andere. In diesem Sinn muß der Personalentwickler oder Bildungsbeauftragte, jeder Trainer gleichermaßen, den Menschen als auch der Organisation dabei helfen, ihre Einstellung gegenüber der Human-Ressourcen-Entwicklung in vielerlei Hinsicht zu ändern. Die erforderliche Einstellungsänderung betrifft Ausmaß und Intensität der Verantwortung, welche die Vorgesetzten für die Personalentwicklung allgemein und die Entwicklung ihrer Mitarbeiter im besonderen verspüren. Aber auch die Einstellung der Mitarbeiter selbst wird sich ändern müssen. Als „lebenslange Lerner" tagaus, tagein müssen alle Mitarbeiter unabhängig von ihrer hierarchischen Stellung ihren Teil der Verantwortung für ihre Selbstentwicklung in die Hand nehmen (vgl. SATTELBERGER 1994.) Durch diese Integration der Personalentwicklung innerhalb der Organisations- und Unternehmensentwicklung wird fast zwangsläufig das Unternehmen zu einem „lernenden Unternehmen".

2.7 Weiterbildung als Prozeß

Die vorherigen Ausführungen beschreiben eine Betrachtung von Unternehmen aus einer Satellitenperspektive, von außen nach innen ins Unternehmen, über Organisationsentwicklung zur Personalentwicklung und als ein Teil davon zur Weiterbildung und als deren zentralen Punkt zur Bildungsbedarfsanalyse. Die Betrachtungsweise kann jedoch auch vom speziellen zum allgemeinen gerichtet sein, in unserem Themenfeld von einem konkreten individuellen Bedarf eines Organisationsmitgliedes zu den sich daran anschließenden Phasen mit ihren Aufgabenträgern, beispielsweise der Führungskräfte, der Weiterbildungsberater oder Personalentwickler.

Abbildung 10 verdeutlicht den vom Bedarf aus initiierten Zyklus grafisch.

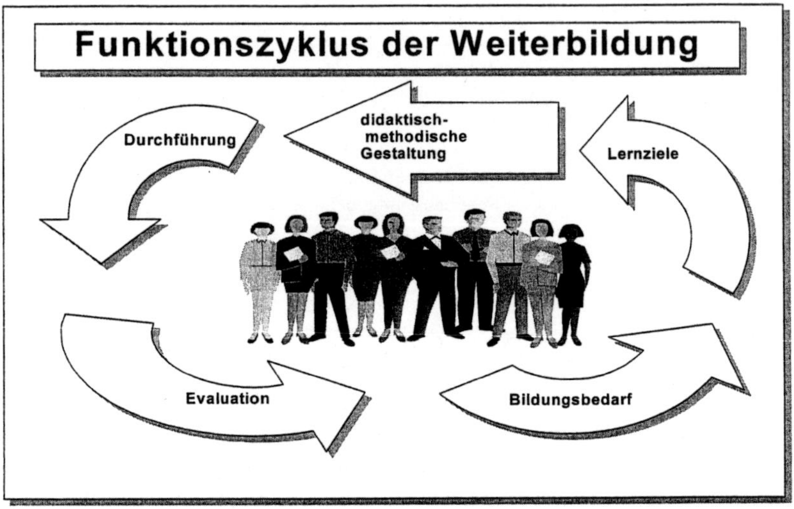

Abb. 10: Funktionszyklus der Weiterbildung

Die Bildungsbedarfsanalyse definiert aus dieser Perspektive die Ziele, der wie auch immer gearteten Weiterbildungsmaßnahme, die in einer laufenden Evaluation mit den erreichten Ergebnissen verglichen wird. Dieser Vergleich verknüpft die beiden pädagogischen Instrumente in der Weise, daß sich Anfangs-, Zwischen- und Endpunkt des Prozesses zu einem Regelkreis schließen. Die Evaluation kann nur die Wirkungen der Weiterbildungsmaßnahmen überprüfen, die als Ergebnis der Bildungsbedarfsanalyse in Form der angestrebten Intentionen und Ziele bereits formuliert wurden.

Bildungsbedarfsanalyse und Evaluation korrespondieren miteinander und sind in eine wechselseitig abzustimmende Balance zu bringen. Münch hat diesen Regelkreis in einen übergeordneten Zusammenhang im Rahmen der Personalentwicklung eingeordnet (vgl. MÜNCH 1995(b), S. 55, ergänzt). Der Beginn, die Ausgangslage für einen Eintritt in diesen Zyklus, liegt bei den Mitarbeitern, an den konkreten Arbeitsplätzen und Qualifikationen und den betrieblichen Anforderungen an diese.

Konkrete oder auch abstrakt formulierte Weiterbildungsthemen und -bereiche, wie sie die Grafik veranschaulicht, müssen insgesamt mit diesem Prozeß erreicht werden können. Dabei geht es immer um die Arbeit in 5 Kompetenzbereichen, die insgesamt die Handlungskompetenz des arbeitenden Individuums ausmachen.

Die Grafik zeigt von innen heraus den erweiterten Zusammenhang auch im äußeren Unternehmensumfeld.

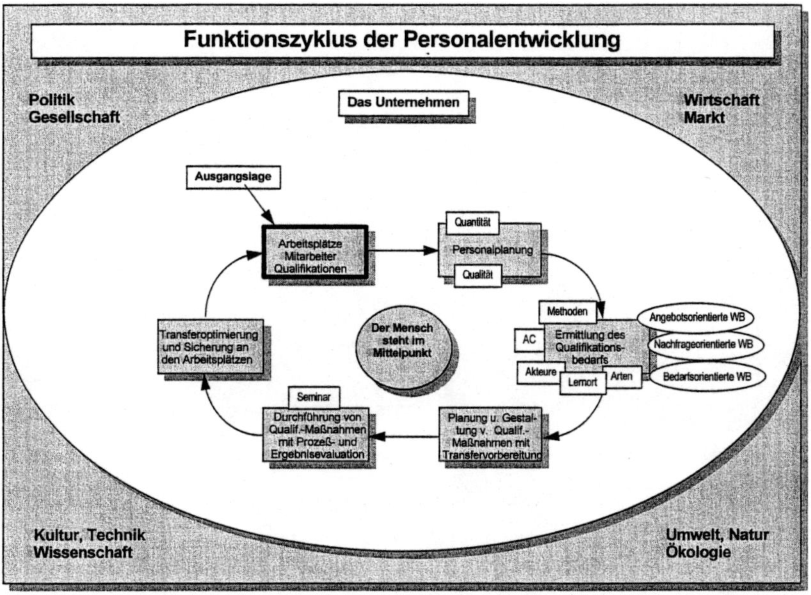

Abb. 11: Funktionszyklus der Personalentwicklung

Weiterbildung kann nach Münch unterschiedliche Ziele verfolgen. Mögliche Ziele sind (vgl. HEEG/MÜNCH 1993, S. 110):

- Anpassungsweiterbildung
- Innovationsweiterbildung
- Führungsweiterbildung
- Aufstiegsweiterbildung
- Basisweiterbildung
- allgemeine Weiterbildung.

Die konkrete Ausformulierung als ein Beispiel zeigt die Abbildung 12.

Aus den Zielen, die die betriebliche Weiterbildung verfolgt, resultieren die Aufgaben, welche die Weiterbildung als Ausgangspunkt von Personalentwicklung (PE), Organisationsentwicklung (OE) und Unternehmensentwicklung (UE), zu erfüllen hat. Dies sind:

- Vorqualifizierung für neue Aufgaben und Funktionen
- Nachqualifizierungen von fehlenden Kenntnissen
- Sicherstellung von bestimmten Fertigkeiten
- Sicherung von erreichten Qualifizierungsstandards
- Ausbau und Erhalt von Mitarbeiterpotentialen (vgl. KEẞLER 1991, S. 144).

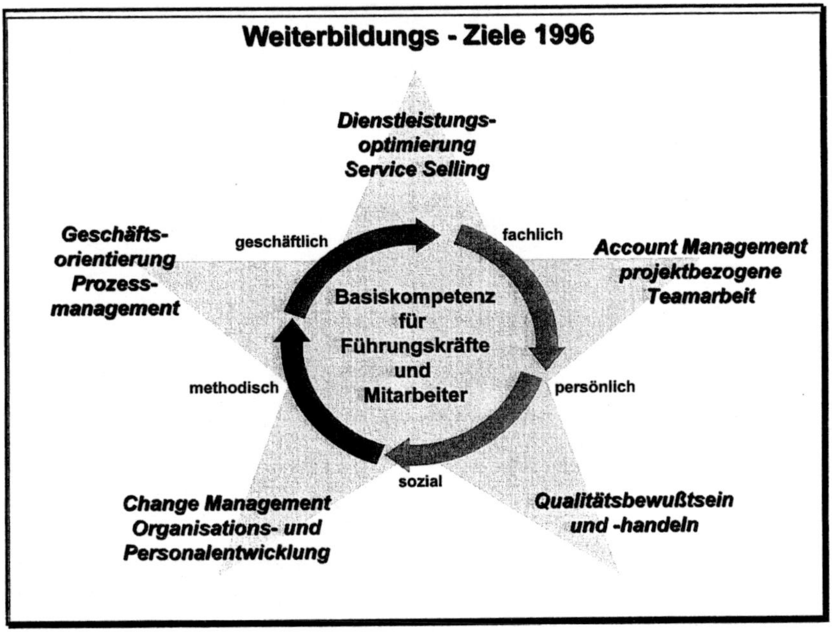

Abb. 12: Beispiel: Weiterbildungsziele

Der Erfolg einer Weiterbildungsmaßnahme hängt wiederum von unterschiedlichen Faktoren ab:

- einer Bedarfsanalyse
- abgeleiteten Lernzielen und -aufgaben
- Umsetzungsplanung (methodisch-didaktisch)
- Umsetzung von Bildungsmaßnahmen (Durchführung)
- Transfervorbereitung
- Transfersicherung (Evaluation)

Die obigen Punkte bilden elementare Bestandteile, deren Planung, Durchführung und permanente Evaluation den Weiterbildungserfolg entscheidend beeinflussen, und beziehen sich vom zeitlichen Ablauf wieder auf den Prozeß der Weiterbildung wie er in Abbildung 11 dargestellt ist.

3 Prozeßorientierte Veränderungen

Verantwortliche in Unternehmen geraten oft in ein Dilemma, wenn es um die Einführung von Neuerungen oder um die Einleitung eines Change-Prozesses geht. Einerseits bietet die Literatur lehrreiche Konzepte (vgl. DOPPLER/LAUTERBURG 1995; Senge 1995) an; sie sind in ihrer Abstraktheit allerdings oft ein gutes Stück von der praktischen Umsetzung entfernt. Andererseits geben Praktiker gute Tips und Ratschläge (vgl. CZICHOS 1993), die vielfach spezifisch sind und am eigenen konkreten Problem vorbeigehen. Unsicherheit ist die Folge - verbunden mit der Frage „Was soll ich tun, wenn ich den Veränderungsprozeß erfolgreich gestalten will?"

3.1 Management von Veränderungsprozessen (Change- Management)

Die Begriffe Neuheit, Neuerung, Veränderung, Wandel, Innovation oder Change (engl. = Wandel) werden oft bedeutungsgleich verwandt. Es bleibt jedoch zu fragen, welche Bedeutung sich mit dem jeweils verwandten Begriff verbindet? Handelt es sich um die Einführung eines neuen Konzeptes z.B. eines Planungssystems, das als solches fertig entwickelt ist und lediglich der Implementierung bedarf oder geht es um die Gestaltung eines Entwicklungsprozesses an sich? Im ersten Fall kann man von einer Innovation sprechen: Die Lösung liegt fertig vor und es gilt, sie einzuführen und zur Effizienz zu bringen (Innovationsmanagement). Ein Beispiel für die zweite Variante stellt der Wandel eines Unternehmens z.B. vom Hardware-Produzenten zum IT-Dienstleister dar. Hier ist ein tiefreichender Wandel vonnöten, der nur über einen längeren Prozeß erreicht werden kann. In einem solchen Fall spricht man von Change und Change-Management und betont damit, daß es um einen Prozeß geht, in dem die eigentliche Lösung bzw. der Lösungsweg erst erarbeitet und permanent diskutiert wird.

Eine Verdeutlichung stellt die Übersicht zur Unterscheidung von Innovationen und Change-Projekten dar.

Beispiele für Innovationen und Change-Projekte

Innovationsprojekte	**Change-Projekte**
Einführung eines PPS - Systems	Wandel zur Dienstleistungskultur
Einführung der Prozeßkostenrechung	Einführung von Prozeßmanagement
Implementierung einer computergesteuerten Packanlage	Entwicklung von Netzwerkstrukturen
Einführung eines Betrieblichen Vorschlagswesens	Von Einzelarbeit zum Teamwork
Neue Formulare für das Beurteilungsgespräch	Einführung von Total Quality Management
Einführung eines Gleitzeiterfassungssystems	Business Process Reengineering (BPR)

Abb. 13: Beispiele für Innovationen und Change-Projekte

Die genannten Beispiele bezeugen die derzeitige Realität vieler Unternehmen. An ihnen läßt sich auch der Bedeutungshorizont des Themas Veränderung deutlich machen. Bezogen auf das Eingangszitat bedeutet dies: In den Unternehmen ist nichts mehr so, wie es einmal war, und so wie es heute ist, wird es morgen schon nicht mehr sein.

Die Dynamik der Rahmenbedingungen unserer Unternehmen - Markt, Technik, Gesellschaft, Politik usw. - verlangt, daß nur noch eines Kontinuität haben wird: der Wandel! Nur wenn man diesen Grundsatz in seiner ganzen Tragweite erkannt hat, wird man auch bereit sein, sich darauf mit allen Konsequenzen einzustellen. Die in vielen Köpfen festsitzende Einschätzung: „Wenn diese Veränderung überstanden ist, dann wird es wieder so wie früher sein und wir haben unsere Ruhe“ scheint trügerisch. Alle Prognosen für die Zukunft lassen nur das Gegenteil erkennen.

3.2 Bedingungsfaktoren des Wandels

Veränderungen verlangen vom einzelnen Menschen Qualitäten, die der Motivationspsychologe Maslow der höchsten Motivationsstufe, der Selbstverwirklichung, zuordnet:

- Kreativität und Einfallsreichtum
- Einheit zwischen Vision, Analyse und Handeln

- Konstruktive und kritische Mitwirkung
- Herausforderung des gesamten Könnens, Abwechslung
- Ganzheitliche Mitarbeit statt einseitige Fachorientierung

Auch das veränderungsförderliche soziale Umfeld muß ebenfalls so strukturiert werden, daß es in seiner Wirkung für den einzelnen angenehm ist.

Veränderungen, mit denen wir derzeit und in Zukunft zu tun haben werden, verlangen reibungslose Kommunikation und Kooperation, abteilungs- und bereichsübergreifende Zusammenarbeit, Teamarbeit und die Akzeptanz jedes einzelnen in der Gruppe sowie eine Mitarbeiterführung, die auf Mitwirkung und Partizipation angelegt ist. Erfolgreiche Bewältigung von Veränderungen und die Einstellung auf den kontinuierlichen Wandel können nur gelingen, wenn die organisatorischen bzw. nichtpersonalen Rahmenbedingungen des Unternehmens so eingerichtet sind, daß der einzelne und sein Zusammenwirken mit anderen in Teams und Gruppen auf dem Weg des Change unterstützt werden:

- Prozeßorientierte Organisation
- Flexible Netzwerkstrukturen
- Teams
- Projektgruppen
- Entlohnungssysteme, die Kooperation und Entwicklung fördern
- Personalentwicklung und Organisationsentwicklung
- Human Ressource Management.

Veränderungsprozesse sind eingebunden in einen komplexen Zusammenhang von Individuum, sozialem Umfeld und organisatorischen Regelungen. Es gehört zu der Reihe von Mißverständnissen, wenn das Gelingen oder Scheitern von Innovationsbemühungen an einer Person oder irgendeiner anderen einzelnen Ursache festgemacht wird. Vielmehr bedeutet Innovations- oder Change-Management das Steuern und Koordinieren einer Vielzahl von Bedingungsfaktoren.

3.3 Prozeß des Wandels

Die Bedingungskomponenten zum Erfolg zu steuern, heißt jedoch, sich auf einen Prozeß einzulassen, der einer Reihe von Eigengesetzlichkeiten und Regelhaftigkeiten unterliegt, die es zu berücksichtigen gilt.

3.3.1 Prozeßphasen

Innovations- oder Change-Prozesse sind per se immer Schritte in ein Neuland. Sie sind definiert durch die Elemente:

- Neuigkeit,
- Komplexität,
- Unsicherheit.

Das Neue stellt ein Problem mit vielen Unbekannten und ohne eine sichere Lösung dar. Change-Prozesse sind deshalb im Prinzip nach derselben Ablaufmethodik anzupacken wie andere Probleme auch:

- Situationsbeschreibung und IST-Analyse der Bedingungen (Wo stehen wir?)
- Zieldefinition (Soll-Beschreibung) (Wo wollen wir hin?, Was soll erreicht werden?)
- Lösungssuche bzw. Suche nach geeigneten Maßnahmen zur Zielerreichung (Was müssen wir tun?)
- Umsetzung (Wie müssen wir es tun?)
- Kontrolle (Was haben wir erreicht?) (vgl. DOPPLER/LAUTERBURG 1995, S. 101-110)

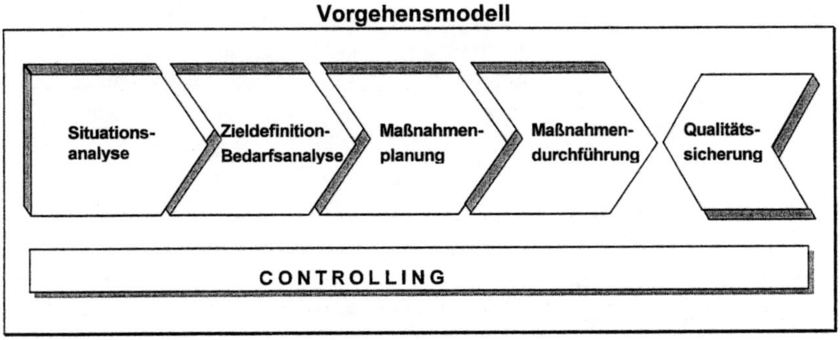

Abb. 14: Vorgehensmodell

Viele Change Prozesse scheitern deshalb, weil insbesondere das Vorgehen in den ersten beiden Schritten gar nicht oder nur unzureichend behandelt wird. Bei Change-Prozessen handelt es sich um Projekte, die strategisch zu planen und durchzuführen sind. Ein Veränderungsprozeß vollzieht sich immer in unterschiedlichen Phasen und nie in einem Rutsch. Eine mögliche Einteilung stellt folgende Aufstellung dar:

- Ideenphase
- Entscheidungsphase
- Implementierungsphase
- Stabilisierungsphase

Weitere Phasenverläufe von Veränderungsprozessen können heißen: Wolken-, Quallen-, Baustein- und Systemphase (vgl. FREIMUTH 1994, S. 101) oder Ideengenerierung, Ideenakzeptierung, Ideenrealisierung, Ideenimplementierung. Prinzipiell folgen die Phasen eines Change- oder Innovations-Prozesses dem Problemlösemodell der obigen Abbildung: Beschreiben, Analysieren, Lösungen suchen, Umsetzen, Kontrollieren, Stabilisieren.

Eine andere Prozeß-Phaseneinteilung mit 3 Phasen nimmt CZICHOS vor (vgl. 1993, S. 431-433), die sich an dem Modell des Unfreezing-Change-Freeze von Lewin orientiert. Diese Einteilung impliziert, daß ein Veränderungsprozeß einen definierten Anfang hat und zu einem Ende kommt. Nach dem Change wird das System stabilisiert und arbeitet dann auf einem möglichst höheren, aber wiederum stabilen Niveau.

Die Aufsplittung in Phasen bedeutet u.a., daß jeder Veränderungsprozeß seine Zeit braucht bis aus einer Idee ein neues und sicheres Verhaltensmuster geworden ist. Die Phasengliederung macht klar, daß in den verschiedenen Stadien unterschiedliche psychologische Prozesse der Beteiligten bedeutsam sind. In der Ideenphase kommt es auf Kreativität an, in der Entscheidungsphase ist analytisches Denken, in der Implementierungsphase Machertum und Aktivitätsorientierung gefragt und in der Stabilisierung bedarf es Disziplin, Routine und Übung (vgl. CZICHOS 1993, S. 432f.).

3.3.2 Mensch im Prozeß

Veränderungsprozesse sollen zu äußerlich sichtbaren Veränderungen führen. Die eigentliche Veränderung findet jedoch dort statt, wo sie nicht sichtbar ist, im Kopf. Achtet man nur auf Äußerlichkeiten, läuft man Gefahr, einer kurzfristigen Täuschung aufzusitzen. Organisations- und auch Verhaltensänderungen, die erzwungen vorgenommen werden, kommen in der Regel sofort zum Stillstand wenn die übergeordnete Instanz oder Drohung wegfällt, es sei denn, daß sich inzwischen eine verhaltensunterstützende Einstellung durchgesetzt hat. Dazu bedarf es allerdings erheblicher Unterstützung und entsprechender Rahmenbedingungen für die neuen Denkweisen und deren Umsetzung (vgl. DOPPLER/LAUTERBURG 1995, S. 139-149).

Innovations- und Change-Prozesse sind in der Regel gerichtet auf die Erreichung eines anspruchsvollen Ziels, z.B. effizientes Arbeiten mit einem PPS-System oder merkbarer Erfolg beim Verkauf von Dienstleistungen oder neuer Produkte. Da dieses Ziel in aller Regel erst nach einer längeren

Zeit erreicht werden kann, muß es zerlegt werden in Teilziele, die in kürzeren Zeiteinheiten zu erreichen sind. Das bringt zwei wichtige Vorteile:

1. bessere Planbarkeit und
2. das Erreichen von kleineren Zwischenerfolgen (Checkpoints), die für die Motivation der Beteiligten unabdingbar sind.

Fixiert man sich nur auf das übergeordnete Ziel, geht einem irgendwann die Puste aus und der Prozeß wird zur frustrierenden Qual.

Veränderungen werden in der Regel von einzelnen Personen angestoßen und initiiert, den aktiven Innovatoren. Da in der Regel andere Personen von der Veränderung mitbetroffen sind, gibt es damit auch die passiven Innovatoren, also solche, die eine Veränderung mitzuvollziehen haben. Wichtig ist, daß beide Gruppen - also alle - den Prozeß tragen, und es kommt darauf an, ob die aktiven Innovatoren es verstehen, die anderen mit ins Boot zu ziehen und aus Betroffenen Beteiligte zu machen.

Der Status quo verbindet sich für die mit ihm lebenden Menschen immer mit Sicherheit und mit Gewohnheiten. Somit werden nicht alle sofort die Neuerung begrüßen und mit wehenden Fahnen zu neuen Ufern wollen. Manche sind zögerlich, andere bleiben noch längere Zeit skeptisch und warten ab, und noch andere sind lange Zeit gar nicht zu gewinnen und leisten aktiv oder passiv Widerstand. Zögerlichkeit bis hin zum Widerstand gehört mit zu den Regelhaftigkeiten von Veränderungsprozessen. Es kommt darauf an, sich darauf vorzubereiten und sie konstruktiv zu bewältigen (vgl. CZICHOS 1993, S. 418-426; DOPPLER/LAUTERBURG 1995, S. 293ff.).

Der Mensch als ein denkendes Wesen will bei allem, was er tut, wissen, wozu das gut ist und was er davon hat. Veränderungsprozesse, deren Sinn für die Betroffenen nicht erkenntlich ist und die keinen merkbaren Nutzen versprechen, sind zum Scheitern verurteilt.

Die Erfahrung mit Innovationsprojekten und Change Prozessen in deutschen Unternehmen lehrt, daß nur ganz wenige von ihnen gut geplant sind und effizient durchgeführt werden. So ist es die Regel und nicht die Ausnahme, daß Veränderungsprozesse zu Reibungsverlusten, Frust und Verärgerung und letztlich auch zu stark merkbaren Prozeß-Schwächungen führen. Im geschäftlichen Sinne bedeutet das, daß Veränderungsprozesse sehr viel mehr Geld und Ressourcen verschlingen als eigentlich nötig. Dieser mißliche Umstand läßt sich nur dadurch beheben, daß in einem Unternehmen die Veränderungskompetenz gefördert wird, also das Wissen, wie in diesen Situationen vorzugehen und was zu berücksichtigen ist. Jeder im Unternehmen sollte in einem gewissen Grad über diese Kompetenz verfügen, aber diejenigen, die Veränderungsprozesse aktiv voranzutreiben haben, sollten darin Experten sein. Diese Problematik wurde bereits zu Beginn der Arbeit kurz gestreift. An dieser Stelle sei auf die Unterstützung und die Erfolgsfaktoren von modernem Projektmanagement, deren Methoden, Tools und Verfahren hingewiesen, die Projekte und damit auch Change und Innnovationsveränderungen begleitend sichern helfen (vgl. STEINLE 1995, S. 24-27).

3.3.3 Praktische Prinzipien

Aus den Ausführungen lassen sich praktische Prinzipien des Change-Managements ableiten:

- Zielorientierung:
  Veränderungsprozesses müssen durch Ziele geführt werden; das beinhaltet gleichfalls Maßstäbe, an denen die Wirkungen des Veränderungsprozesses gemessen werden können
- Management - Einbindung:
  Das Management und die oberen Führungsebenen haben in einer definierten Weise an dem Change Prozeß teilzunehmen. Wenn möglich, sollte dies in einer Top-Down Strategie stattfinden.
- Betroffene zu Beteiligten machen:
  Jeder der von der Veränderung betroffen ist und z.B. ihre Auswirkungen zu spüren bekommt, sollte an dem Prozeß beteiligt werden.
- Kontinuierliche Verbesserung:
  Veränderungen bringen immer Fehler, Probleme oder Schwierigkeiten mit sich - organisatorisch, sozial, technisch. Bei der Planung eines Veränderungsprozesses sollte daher gleich ein Verbesserungsinstrument eingebaut werden.
- Kleine Schritte:
  Veränderungsprozesse sollen behutsam vorangetrieben werden, damit es schnell geht. Die kleinen Schritte, die jeweils der Erreichung von Teilzielen dienen, schaffen Erfolge und damit Motivation für die Veränderung.
- Erfolge sichtbar machen - Vorteile verdeutlichen:
  Niemand verändert sich, wenn er nichts davon hat! Nur wenn jeder einzelne und wenn die beteiligten Gruppen für sich einen Nutzwert in der Veränderung sehen, wird sie erfolgreich verlaufen.
- Personalentwicklung mitdenken:
  Jede Veränderung verlangt von den Beteiligten eine Veränderung ihrer Verhaltensweisen und Gewohnheiten. In der Regel ergeben sich durch die Veränderung auch neue Anforderungen. Sie müssen ganzheitlich betrachtet und durch eine begleitende Personalentwicklung abgedeckt werden.

- Widerstand konstruktiv einbeziehen:
  Jeder Veränderungsprozeß bedeutet ein Abweichen vom Status quo und damit ein Verlust an Kontinuität und damit verbundener Sicherheit. Widerstand ist daher eine natürliche und verständliche Begleiterscheinung von Change Prozessen. Es gilt, die Ursachen ausfindig zu machen und zu berücksichtigen; das verbessert nicht nur die Akzeptanz sondern auch die Qualität der Veränderung.

3.4 Prozeßorientierung - was heißt das?

Der Geschäftsprozeß als Fokus der Prozeßorientierung ist Bestandteil einer Reihe von innovativen Ansätzen der aktuellen Betriebswirtschaftslehre und der Wirtschaftsinformatik zur Erhöhung der Wettbewerbsfähigkeit von Unternehmen. Der theoretische und wenig greifbare Charakter der grundlegenden Begriffe führt jedoch zu konkreten Anwendungsproblemen in der Unternehmenspraxis.

Die Literatur bietet eine Vielzahl verschiedener Definitionen für den Geschäftsprozeß an, die jeweils verschiedene Komponenten hervorheben und unterschiedliche Ausprägungen aufweisen. Die meisten Geschäftsprozeß-Definitionen bewegen sich auf einem hohen Abstraktionsniveau (vgl. DAVENPORT/SHORT 1989, S. 12; HAMMER/CHAMPY 1994, S. 48; GAITANIDES 1983, S. 62). Ihnen ist gemeinsam, daß sie zwar jeweils ein spezifisches Prozeßverständnis gegen die herkömmliche Funktionsorientierung abgrenzen können, jedoch teilweise erhebliche Abweichungen zwischen den Grundlagen der verschiedenen Prozeßauffassungen aufweisen. Bereits die Definition des Begriffs Geschäftsprozeß wirft daher in der Praxis erhebliche Probleme auf.

3.4.1 Prozeßidentifikation

Eine entscheidende Voraussetzung für die Ausrichtung der Unternehmensorganisation an den internen Leistungsprozessen ist die Transparenz dieser Prozesse. Dazu lassen sich verschiedene Darstellungsmöglichkeiten verwenden (vgl. z.B. BOBZIEN/STARK/STRAUS, S. 95ff.; Anhang 6; o.V. MEMORY JOGGER 1987). Die Gemeinsamkeiten der Darstellungsmöglichkeiten liegt darin, daß sie es erlauben, den Ablauf der einzelnen Aktivitäten eines Prozesses zu visualisieren und die auftretenden Schnittstellen zu identifizieren.

In der Literatur haben sich zwei Arten der Prozeßidentifikation herausgebildet:

- situative Prozeßidentifikation
- idealtypische Prozeßidentifikation (vgl. GAITANIDES, u. a. 1994, S. 6).

Der situativen Prozeßidentifikation liegt die Annahme zugrunde, daß jedes Unternehmen spezifische Prozesse besitzt, die von Unternehmen zu Unternehmen nicht miteinander vergleichbar sind. Praktische Konsequenz daraus lautet, daß keine grundsätzlichen, nicht einmal branchenweite Lösungen existieren. Im Gegensatz dazu geht die idealtypische Prozeßidentifikation davon aus, daß alle Unternehmen über die gleichen „Prozeßhülsen" verfügen, die jeweils unternehmens- und branchengerecht präzisiert werden können. Die idealtypische Prozeßidentifikation hat bezüglich der Einführung prozeßorientierter Strukturen den Vorteil, daß durch die vorgegebene Systematik der „Prozeßhülsen" die Überwindung der tradierten Strukturen erleichtert wird und dieser Grobentwurf bei der Implementierung von prozeßorientierten Unternehmensstrukturen den Mitarbeitern als „Metapher für das Prozeßdenken" dient (GAITANIDES, u. a. 1994, S. 9).

Es besteht aber keinerlei Konsens darüber, ob Geschäftsprozesse unternehmensspezifisch zu definieren oder ob allgemeingültige Geschäftsprozesse festlegbar sind. Die Frage ist, wie Geschäftsprozesse erkannt werden, bevor sie beschrieben und in einem Geschäftsprozeßmodell zusammengefaßt werden.

Die Schwierigkeiten bei der Definition und Identifikation von Geschäftsprozessen in konkreten Praxisprojekten belegen, daß es keine allgemeingültige, formalisierte Anleitung zur Ausgestaltung eines prozeßorientierten Unternehmens gibt. Potentiale wie die kundenorientierte Flexibilität prozeßorientierter Organisationsstrukturen können nur dann ausgeschöpft werden, wenn auf der Basis eines unternehmensindividuellen und potentialorientierten Prozeßverständnisses die Risiken der Prozeßorientierung für das Unternehmen erkannt und kritisch beurteilt werden.

3.4.2 Übereinstimmende Grundgedanken der Prozeßorientierung

Vor dem Hintergrund zunehmender Dynamik und Komplexität des Unternehmensumfeldes hat sich in Theorie und Praxis bei der organisatorischen Gestaltung von Unternehmen ein Paradigmenwechsel von der Funktions- zur Prozeßorientierung vollzogen. Das heißt, Unternehmen sollten im Interesse ihrer langfristigen Wettbewerbsfähigkeit nicht mehr primär arbeitsteilig in funktionalen Hierarchien sondern nach ihren Geschäftsprozessen organisiert werden (vgl. GAITANIDES 1983; zur praktischen Umsetzung vgl. DAVENPORT/SHORT 1993; HAMMER/CHAMPY 1994).

Am Begriff des Geschäftsprozesses werden die Hauptaussagen der Prozeßorientierung festgemacht: (z.B. HAMMER/CHAMPY 1994, S. 35, BEA/SCHNAITMANN 1995, S. 278).

Das Unternehmen stellt ein System aus miteinander verbundenen Geschäftsprozessen dar. Ein Geschäftsprozeß ist ein Netzwerk aus Ressourcen und Aufgaben, die zur Erstellung einer genau definierten, meßbaren Leistung für einen bestimmten Prozeßkunden oder zur Herstellung eines bestimmten Zielzustands notwendig sind. Die einzelnen Aufgaben sind über einen durchgängigen Leistungs- bzw. Informationsfluß miteinander verbunden und stehen in definierten Reihenfolgebeziehungen zueinander. Die Abwicklung eines Falles, d.h. einer konkreten Ausprägung eines Geschäftsprozesses, wird durch ein Startereignis, z.B. einen Kundenanruf, ausgelöst.

Idealerweise werden sämtliche Aktivitäten bzw. Aufgaben zur Erzeugung eines Geschäftsobjektes ausgehend von diesem „Trigger" ermittelt und zu einem Geschäftsprozeß zusammengefaßt. Im Gegensatz zur Funktionsorientierung werden gleichartige Verrichtungen an anderen Objekten nicht mit den Aufgaben des betrachteten Geschäftsprozesses zusammengefaßt, sondern strikt getrennt behandelt. Damit sind Geschäftsprozesse funktions-, ggf. sogar unternehmens- länder und kontinenteübergreifend. Diese Betrachtungsweise ermöglicht es, nicht Funktionen für sich zu optimieren sondern auch eine funktionsübergreifende Optimierung im Hinblick auf Marktsegmente oder Kundenbedürfnisse vorzunehmen.

Es stellt sich die Frage, warum gerade die Prozesse eine so wichtige Bedeutung für den Unternehmenserfolg besitzen sollen. Sie sind das Abbild der Fähigkeit den Kunden zufriedenzustellen und so am Markt zu überleben. Prozesse stellen Vorgehensweisen zur Lösung von Problemen dar; sie verknüpfen funktionales Know-How und Ressourcen im Hinblick auf die Wünsche des Kunden mit den Interessen des Unternehmens. Durch eine geschickte Prozeßgestaltung kann das Unternehmen sich entscheidende Vorteile vor der Konkurrenz verschaffen. Prozeßinnovationen stehen demnach in ihrer Bedeutung nicht hinter den Produktinnovationen zurück.

Der enge Zusammenhang zwischen Unternehmensstrategie und Prozessen wird besonders durch das Konzept der Kernprozesse (vgl. BEA/SCHNAITMANN 1995, S. 282) verdeutlicht: Kernprozesse sind Geschäftsprozesse und für den Geschäftszweck des Unternehmens essentiell, d.h., sie beinhalten eine hohe Wertschöpfung oder ein hohes zukünftiges Potential zur Befriedigung der Kundenbedürfnisse und zur Abgrenzung von der Konkurrenz. Kernprozesse umfassen die Kernkompetenzen des Unternehmens, bestimmen dessen organisatorische Schlagkraft und stellen spezifische, schwer nachzuahmende Leistungspotentiale dar, die das Unternehmen aus Kundensicht von der Konkurrenz positiv abheben.

Erfahrungen aus der Praxis deuten darauf hin, daß Unternehmen, deren Aufbau- und Ablauforganisation sich an ihren Geschäftsprozessen ausrichtet, in einer dynamischen Umwelt erfolgreicher (kundenorientierter, schneller, ressourcenoptimaler) agieren und reagieren als entsprechende funktionsorientierte Unternehmen, die sich neben anderen Schwächen als zu unbeweglich in bezug auf neue Anforderungen und zu wenig kundenorientiert erweisen (vgl. die zahlreichen Fallstudien in: HAMMER/CHAMPY 1994).

Mit diesem Blick auf die Marktwirkung werden die Ziele des Prozeßorientierung deutlich:

- Es wird eine höhere Leistungsfähigkeit des Unternehmens im Sinne einer signifikant erhöhten Fähigkeit zur Befriedigung der (individuellen) Kundenbedürfnisse angestrebt. Dies drückt sich neben Produktivität und Kundenzufriedenheit vor allem in den Indikatoren Zeit, Kosten, Qualität, aus.

Die Wettbewerbsfähigkeit soll vor allem durch eine höhere Kundennähe gesichert werden; als entscheidend sehen viele Unternehmen einen stark verbesserten Kundenservice an. Die Erhöhung der Flexibilität unternehmerischen Handelns im Sinne von schneller, situationsgemäßer und kostengünstiger Anpassung an veränderliche Marktgegebenheiten, sowohl vorausschauend als auch reagierend, ist ein wesentliches Ziel der Prozeßorientierung.

Der Transparenz von Maßnahmen und Strukturen soll vor allem durch die Messung der Abläufe und Ergebnisse Rechnung getragen werden. Die Auswertung von Meßdaten unterstützt die Verfolgung von Zielen wie Transparenz, Nachvollziehbarkeit von Prozessen und Maßnahmen, Vermeidung unerwünschter Nebenwirkungen oder auch Schutz vor unproduktiver Eigendynamik (z.B. Machtkämpfe zwischen funktionalen Abteilungen).

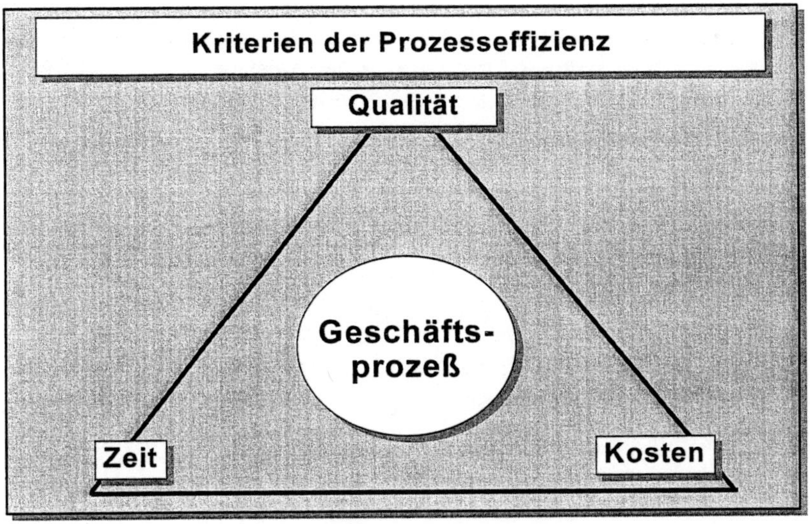

Abb. 15: Kriterien für Prozeßeffizienz

3.4.3 Abweichende Auffassungen der Prozeßorientierung

Die Grundgedanken der Prozeßorientierung sind zu allgemein, als daß sie eine adäquate Basis für eine kritische Sicht der Prozeßorientierung darstellen können. Von der Prozeßorientierung kann im Grunde genommen nur auf einer sehr allgemeinen Ebene als organisatorisches Gestaltungsmodell gesprochen werden. Will man dieses neue Paradigma der Unternehmensgestaltung inhaltlich genauer fassen, so müssen die Ausprägungen der Prozeßorientierung dargestellt werden, wie sie speziell in verschiedenen Managementkonzepten (z.B. Business Reengineering, Lean-Ansätze, Total Quality Management) begriffen werden. Erst diese Konzepte versehen die Prozeßorientierung mit greifbareren Inhalten, die sich bezüglich der Grundgedanken und deren Konkretisierungen beträchtlich voneinander unterscheiden können (vgl. GAITANIDES/SCHOLZ/VROHLINGS 1994, S. 4).

Die Prozeßorientierung ist bei weitem nicht in dem Maße normiert bzw. gängiges betriebswirtschaftliches Wissen wie z.B. die funktionsorientierte Gestaltung der Aufbau- und Ablauforganisation. Aufgrund der unterschiedlichsten unternehmerischen Prozeßumgebungen sucht man ein allgemein akzeptiertes Standardwerk in der Literatur vergebens. Einige Veröffentlichungen unter dem „Motto" der Prozeßorientierung scheinen noch immer teilweise „funktionsverhaftet“ zu sein; z.B. werden häufig Einkauf und Vertrieb, zwei typische funktional geprägte Bereiche, als Geschäftsprozesse definiert (vgl. HINTERHUBER 1994, S. 60). Demzufolge finden sich in der Praxis unter prozeßorientierter Unternehmensgestaltung sehr unterschiedliche Inhalte subsumiert, insbesondere in Verbindung mit konkreten Konzepten wie Lean Management und Business Process Reengineering.

Vor diesem Hintergrund empfiehlt sich die Herstellung eines einheitlichen Prozeßverständnisses (vgl. BEA/SCHNAITMANN 1995, S. 278) schon im Vorfeld prozeßorientierter Reorganisationen. Aufgrund der Unterschiedlichkeit der möglichen Auffassungen von Prozeßorientierung müssen die Beteiligten als Basis ein gemeinsames Verständnis des Begriffs „Prozeßorientierung“ zugrunde legen.

Ein häufig anzutreffendes spezielles Prozeßverständnis ist die Reduktion der Prozeßorientierung auf eine reine Ablauforientierung. Hierbei ist berücksichtigt, daß im Gegensatz zur Organisationslehre die Abläufe gegenüber der Aufbaustruktur dominieren.

3.4.4 Ein konstitutives Prozeßverständnis

Ausgehend vom Geschäftsprozeßbegriff sind die folgenden Kernelemente kennzeichnend für eine Prozeßorientierung:

Die Prozesse sind so zu konstruieren, daß sie an den Bedarfen des Kunden ausrichten und auch eventuelle Lieferanten explizit berücksichtigen. Entscheidend ist, daß die Prozesse wertschöpfend sind, d.h., sie werden vom Kunden über die Kosten der einzelnen Aufgaben hinaus honoriert und tragen so zum Unternehmenserfolg und zur Kundenzufriedenheit bei.

Gleiches gilt auch für unternehmensinterne Kunden-Lieferanten-Beziehungen, d.h., ein Geschäftsprozeß ist Dienstleister für einen Folgeprozeß im Unternehmen (unternehmensinterner Kunde), versteht sich aber gleichzeitig auch als Abnehmer vorhergehender Prozesse im Unternehmen (unternehmensinterne Lieferanten), die dann als Dienstleister des betrachteten Geschäftsprozesses angesehen werden.

Bei der Konstruktion der Prozesse ist festzulegen, welche Ziele vorrangig anvisiert werden. Neben der Leistungsfähigkeit (hohe Wertschöpfung und Kundenzufriedenheit, geringe Kosten, hohe Produktivität, Qualität und Geschwindigkeit) spielen das Flexibilitätsziel und die Beherrschbarkeit wesentliche Rollen, d.h., die Prozesse müssen auf kontrollierbare Anpaßbarkeit ausgerichtet sein und schnelle (Re-) Aktionen ermöglichen. Eine exakte Zieldefinition für Prozesse wird besonders dann notwendig, wenn individuelle Situationen zu berücksichtigen sind (z.B. eher Zeit- als Preiswettbewerb) und Zielkonflikte auftreten können (z.B. zwischen Leistungs- und Anpassungsfähigkeit).

Die Messung (vgl. HINTERHUBER 1994, S. 68) der Prozeßleistung dient der Beherrschung der Prozeßstrukturen und der Beurteilung der resultierenden Marktleistungen (z.B. als Grundlage für eine leistungsbezogene Entlohnung oder für ein Benchmarking). Primäre Meßgrößen von Prozessen stellen die Zeit (in allen Meßvarianten, z.B. Durchlaufzeit und Termintreue), die Kosten, die Qualität, die Produktivität und die Kundenzufriedenheit dar (vgl. z.B. SCHOLZ; VROHLINGS 1994(b), S. 25 u. S. 58). Aus diesen Indikatoren können Kennzahlen für die Prozeß-Performance ermittelt werden (vgl. SCHOLZ; VROHLINGS 1994(a), S. 59).

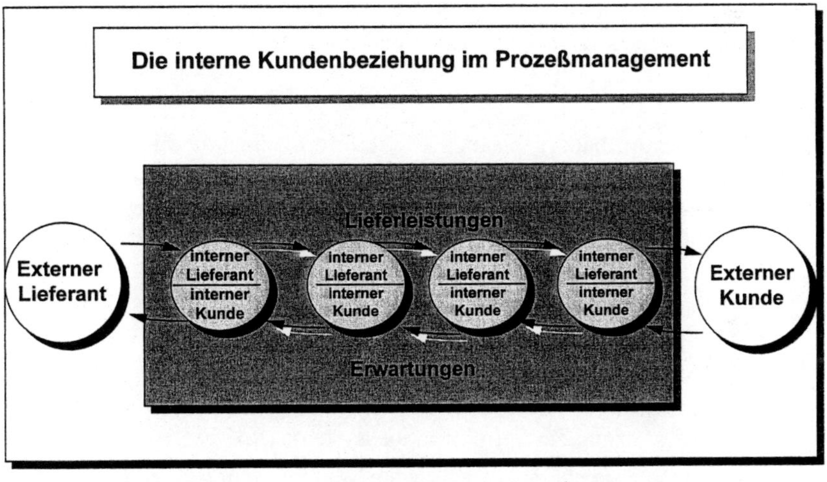

Abb. 16: Die interne Kundenbeziehung im Prozeßmanagement

Die Prozeßorientierung impliziert Konsequenzen für die aufbauorganisatorische Gestaltung eines Unternehmens. Prozeßverantwortlichkeit muß gewährleistet werden, d.h., ein „Prozeß-Manager" sollte für den Kunden, den Lieferanten und vor der Unternehmensführung für den jeweiligen Prozeß verantwortlich sein, damit Entscheidungen schnell getroffen und Probleme wie Kompetenzstreitigkeiten oder zeitaufwendige Informationsbeschaffung vermieden werden können.

Kompetenzen und Verantwortung sollten im Vergleich zur funktionsorientierten Organisation auf weniger Mitarbeiter und vor allem auf Teams verteilt werden, d.h. sowohl die vertikale als auch die horizontale Arbeitsteilung sind im Vergleich zur funktionsorientierten Organisation wesentlich zu reduzieren. Als ideal gelten Lösungen, bei denen ein Mitarbeiter oder ein Team durchgängig für die Abwicklung eines Prozesses zuständig ist. Letztlich wird auf die höhere Problemnähe und das detailliertere Wissen kunden- bzw. problemnaher Organisationseinheiten gesetzt (vgl. ENGELMANN 1995, S. 81ff.).

Als Folge ergeben sich neben abgegrenzten, möglichst selbständigen organisatorischen Einheiten, die eng an den Prozessen orientiert sind, auch flachere Hierarchien als in funktionsorientierten Strukturen. Unter anderem lassen sich dadurch Entscheidungen beschleunigen (z.B. aufgrund des geringeren Koordinationsaufwands) und Prozesse kompakter abwickeln, nicht zuletzt wirkt sich dies positiv auf Mitarbeitermotivation und Arbeitszufriedenheit aus.

Neben der Aufbauorganisation ist die Informations- und Kommunikationstechnik an den Erfordernissen der Prozeßstrukturen auszurichten, so daß bei notwendigen Prozeßanpassungen (z.B. an neue Kunden- und Marktbedürfnisse oder Marktsegmente) möglichst wenig interne Hemmnisse auftreten. Die konkrete Ausgestaltung der informationstechnologischen Infrastruktur sollte die erforderliche Flexibilität gewährleisten.

In der Regel werden prozeßorientierte Organisationsstrukturen mit Hilfe von Prozeßmodellen formalisiert und visualisiert, (vgl. die verschiedenen Veröffentlichungen von Prof. Scheer), die dann auch in die Spezifikation der Unterstützung durch Informationssysteme (IuK-Systeme) eingehen.

Die Literatur nennt noch zahlreiche weitere Aspekte der Prozeßorientierung, die sich aus den vorgenannten Kernelementen jedoch ableiten lassen. Zum einen sind dies Ergänzungen allgemeiner Natur, z.B. an die Prozeß-Performance geknüpfte Anreizsysteme und die mit flacheren Hierarchien verbundene Etablierung neuer Führungssysteme (z.B. von Befehl und Gehorsam zu Zielvereinbarung und Coaching). Zum anderen bestehen die Ergänzungen aus spezifischen Gestaltungen einzelner Konzepte, die auf den vorgenannten Kernelementen der Prozeßorientierung (z.B. Reduktion der Variantenvielfalt im Lean Management) beruhen.

3.4.5 Ansätze zur Kritik der Prozeßorientierung

Einen wesentlichen Anteil am Erfolg von Prozeßorientierten Restrukturierungen und dem anschließenden permanenten Management von Prozeßstrukturen haben die Mitarbeiter eines Unternehmens. Die Anforderungen an die Mitarbeiter lassen sich wie folgt beschreiben:

SCHOLZ/VROHLINGS nennen prozeßorientiertes Wahrnehmen, Denken und Handeln als Grundvoraussetzung (vgl. SCHOLZ; VROHLINGS 1994(b), S. 30). Die Mitarbeiter sollen nicht funktional, sondern in Prozessen denken. Prozesse werden nicht als gegeben hingenommen, sondern müssen als Verfahren zur Lösung von Kundenproblemen permanent weiterentwickelt werden. Das Kunden-/Lieferantenverhältnis ist von jedem einzelnen zu verinnerlichen. Das Denken in tradierten, abteilungszentrierten Kategorien widerspricht grundsätzlich dem Paradigma der Prozeßorientierung.

Tendenziell läßt sich angesichts der Verbreiterung des Aufgabenspektrums, der Reduktion der Arbeitsteilung, der Erweiterung der Kompetenzen und der Verantwortung erwarten, daß das geforderte fachliche Qualifikationsniveau (über die einzelnen Funktionen hinweg) steigen wird.

Im Zusammenhang damit sind auch die Forderungen nach Eigenverantwortlichkeit, Leistungsorientierung, Änderungswilligkeit und Änderungsfähigkeit sowie Entscheidungsfreudigkeit zu sehen. Teamfähigkeit wird verstärkt gefordert, da in der Realität nur wenige Prozesse schlank genug sind, um von einem einzigen „Prozeß-Owner“ abgewickelt zu werden. Die Aufgeschlossenheit für innovative Informations- und Kommunikationstechnik spielt in der Prozeßorientierung eine wichtige Spurt- und „Enabler“-Rolle.

Die Dynamik der Umwelt wirkt sich sehr schnell und sehr direkt auf die Mitarbeiter aus, im Gegensatz zu den herkömmlichen funktionalen Abteilungsstrukturen, in denen dieser Druck durch eine gewisse Pufferung der Bürokratie und Hierarchie abgemildert wird.

Bei realistischer Betrachtung der Mitarbeitersituation in funktional „verkrusteten“ Unternehmen oder auch Verwaltungen stellt die Prozeßorientierung an viele Mitarbeiter die zwingende Forderung, sich in ihrem Arbeitsverhalten und in ihrer Einstellung grundlegend zu verändern. Eine

Prozeßorganisation stellt weitaus höhere Anforderungen an die Leistungsbereitschaft und Lernfähigkeit von Mitarbeitern als eine verrichtungsorientierte Funktionsorganisation. Gefühle der Überforderung und der Verunsicherung (vgl. ENGELMANN 1995, S. 123ff.), Akzeptanzprobleme, aber auch aktive Widerstände können bereits Einführungsprojekte merklich blockieren. Letztlich gilt dies auch für die Führungsebene. Hier wird zusätzlich befürchtet, daß

- das Prozeß- bzw. Reengineering-Konzept lediglich als Rationalisierungsmaßnahme mißverstanden werden könnte;
- bei mangelnder Änderungsbereitschaft persönliche Konsequenzen aufgrund von Machtpositionen vermieden werden können (auch die Unternehmensleitung ist von den Veränderungen betroffen);
- Manager ihre neue Führungsrolle (z.B. als Coach, als Leitfigur oder als Rahmensetzer anstatt als Weisungsgeber) nicht wahrnehmen können oder wollen (vgl. ENGELMANN 1995, S. 126-127).

Im Zusammenhang mit den erhöhten Anforderungen an die Mitarbeiter und die Führungsebene stellt sich die Frage, wie „Prozeßorientierte Qualifikationen“ systematisch vermittelt werden können. Es existieren keine Patentrezepte für entsprechende Schulungen, geschweige denn checklistenartige Anleitungen für Prozeßorientiertes Verhalten. Aus diesem Grund kommen oft klassische Methoden und Verfahren zum Tragen, die den Zielen einer Prozeßorientierung aus ihren Annahmen heraus nicht gerecht werden. Die Prozeßorientierung lebt besonders von der Individualität, Eigeninitiative und Selbstorganisation der Menschen. Anregungen zur Behebung dieses Problems kann die Systemtheorie liefern, deren „Systemdenken“ stark an die Forderung nach ganzheitlichem Denken und Denken in Prozessen der Prozeßorientierung erinnert (vgl. Kapitel 4.11).

Die Vorbereitung der Mitarbeiter und der Führungsebene ist schon im, besser vor dem Einführungsprojekt zu betreiben; eine mangelnde Akzeptanz kann sonst den Erfolg der Migration zur Prozeßorganisation grundsätzlich und nachhaltig in Frage stellen. In der Praxis wurde vor allem das mittlere Management als Problembereich identifiziert, da gerade die Aufgaben dieser Führungsebene durch eine Überlappung mit dem operativen Bereich teilweise redundant und damit obsolet werden (vgl. z.B. ENGELMANN 1995, S. 125f.). Die Unsicherheit über die Erhaltung des eigenen Arbeitsplatzes führt generell zu Akzeptanzproblemen. Die informellen Verflechtungen in den Unternehmen sind intransparent, damit besteht hier die Möglichkeit von Gruppenbildungen, die sich zumindest informell gegen die Restrukturierung wenden (vgl. ENGELMANN 1995, S. 127f.).

Diesen Problemen ist durch umfassende, offene Informationsmaßnahmen und eine vorbehaltlose Unterstützung durch die gesamte Unternehmensführung vorbeugend entgegenzuwirken (vgl. HINTERHUBER 1994, S. 63).

Aus Sicht des Gesamtunternehmens erscheint es problematisch, wenn einzelne Bereiche, die eigentlich als Dienstleister fungieren sollten, von ihren Mitarbeitern weiterhin als eigenständige funktionale Abteilungen verstanden werden. Derartige „organisatorische Fremdkörper" behindern die Bildung prozeßdedizierter, durchgängiger Kunden-Lieferanten-Verkettungen und können die gesamte Prozeßstruktur in Frage stellen mit weitreichenden Konsequenzen in der Marktattraktivität dieses Unternehmens.

3.5 Business Process Reengineering (BPR)

Gleichzeitig mit der ernüchternden Erkenntnis, daß Business Process „Reengineering auch ein Hammer sein kann, der nicht immer den Nagel trifft" (COMPUTERWOCHE, 1996), kam es zu einer fundierten wissenschaftlichen Diskussion (vgl. BULLINGER, u.a. 1995) und Weiterentwicklung des Konzeptes. Die bisherige Betrachtung einzelner Prozesse wandelt sich zu einer Auseinandersetzung mit dem vollständigen Prozeßsystem eines Unternehmens.

Eine genauere Definition für BPR lautet nach HAMMER/CHAMPY unter Verwendung von vier charakteristischen Begriffen wie folgt: „Business Process Reengineering ist fundamentales Überdenken und radikales Redesign von Unternehmen oder wesentlichen *Unternehmensprozessen*. Das Resultat sind *Verbesserungen um Größenordnungen* in entscheidenden, heute wichtigen und meßbaren Leistungsgrößen in den Bereichen Kosten, Qualität, Service und Zeit" (HAMMER/CHAMPY 1994, S. 48).

Die Autoren heben die vier Begriffe *fundamental, radikal, Verbesserungen um Größenordnungen und Unternehmensprozesse* explizit heraus und betrachten sie als zentrale Charakteristika des BPR-Ansatzes (HAMMER/CHAMPY 1994, S. 48-53).

3.5.1 Grundideen des Business Process Reengineering

Business Process Reengineering (BPR) beinhaltet „fundamentales Überdenken und radikales Redesign" von Unternehmen oder wesentlichen

Unternehmensprozessen (vgl. HAMMER/CHAMPY 1994, S. 48). Es will Kernprozesse kundenorientiert optimieren und effizienter machen und dann die Struktur konsequent neu ausrichten ohne Rücksicht auf Bestehendes. Defizite bei Kundennähe und Effizienz entstehen vor allem aufgrund der bekannten „Schnittstellenproblematik bei funktionsbedingter Spezialisierung. BPR bringt fragmentierte Aufgaben wieder in ihre natürliche Folge und faßt sie zu kohärenten Prozessen ohne Schnittstellen" zusammen (OSTERLOH/FROST 1994, S. 27).

Der Prozeß obliegt je nach Umfang einem Prozeß-Manager oder einem Prozeßteam aus Mitgliedern ehemaliger Fachabteilungen. Sie arbeiten in Eigenverantwortung und mit den erforderlichen Kompetenzen, neue Leitungs- und Informationsstrukturen unterstützen ihre Selbststeuerung. Zentral ist hier die informationelle Vernetzung. Informationstechnologie auf Basis Prozeßorientierter Anwendungen, die das Redesign unterstützen, macht Information dort zugänglich, wo sie gebraucht wird. So steigen Kundennähe und -zufriedenheit, reduziert sich der Abstimmungsbedarf, Wegfall von Liegezeiten ist die Folge, und der Kunde hat einen kompetenten, informierten Ansprechpartner.

Die Mitarbeiter erfahren eine enorme Veränderung ihres Aufgabenfeldes hin zu verschiedenartigen Tätigkeiten mit Abstimmung und Entscheidung im Team. Dazu sind Überblick, Prozeßverständnis und Einsicht in unterschiedliche Prioritäten nötig. Der Manager bzw. Vorgesetzte wird zum Dienstleister: Er hat nicht Arbeit zu verteilen und zu kontrollieren, sondern schafft den Rahmen für selbständige und effiziente Teams (vgl. DOPPLER/LAUTERBURG, 1994, S. 54) mit:

- Sicherung der Ressourcen,
- Unterstützung der Teammitglieder,
- Zielvereinbarung,
- Prüfen der Zielerreichung sowie
- interner und externer Kommunikation.

Autonomie der Teams und geringer Abstimmungsbedarf von oben machen die Hierarchie flach, die Organisation flexibel. Spezifische Managementsysteme (Zielvereinbarung, Beurteilung, Förderung, Entlohnung usw.) unterstützen die neuen Strukturen. Zu deren Festigung müssen sich auch die Einstellungen aller Unternehmensmitglieder ändern. Kundenorientierung entsteht nur, wenn Mitarbeiter Kulanz, Präzision, Schnelligkeit und Qualität für wichtig erachten und den Kunden ernst nehmen und ihn zufriedenstellen wollen. Ein „Team ist eine Gruppe erst, wenn die Mitglieder sich so fühlen und verhalten. BPR erfordert grundlegenden Wandel“ in den Köpfen. „Einen solchen mentalen Wandel zu realisieren ist das eigentliche Geheimnis erfolgreicher BPR-Programme“ (SERVATIUS 1994, S. 74). Etwa 80 Prozent der Projekte scheitern, weil sie den mentalen Wandel nicht schaffen (so die Managementberaterin E. SHAPIRO in: o. V., manager magazin, Heft 12/1996, S. 174), so daß sich Widerstände der Betroffenen regen. Entscheidend ist, daß die Betroffenen die Änderungen mit tragen.

An dieser Stelle sei auf die vorher skizzierten praktischen Prinzipien verwiesen, wie:

- Eingehen auf die besondere Situation der betroffenen Manager,
- Einbeziehung der Mitarbeiter bei der Sammlung von Redesign-Ideen,
- Umfangreiche Informations- und Schulungsmaßnahmen vor und während der Umsetzung der neuen Prozesse,
- gezielter Abbau von erkannten Widerständen während der Umsetzung.

3.5.2 Historie der funktionalen Gliederung

Bis in die heutige Zeit hinein wird die Organisationsstruktur von Unternehmen durch Grundsätze bestimmt, die Ende des 18. Jahrhunderts von Adam Smith zum ersten Mal formuliert wurden, der das Prinzip prägte, industrielle Arbeit zur effizienten Ausführung in ihre einfachsten und elementarsten Einzelaufgaben zu zerlegen (vgl. WEINERT 1981, S. 27), die von speziell qualifizierten Arbeitskräften auszuführen sind. Damit einher ging auch ein von Smith entworfenes Bild von menschlichen Arbeitskräften, das von wenig qualifizierten Arbeitnehmern ausgeht, die nur effizient arbeiten würden, wenn sie leicht verständliche, einfach strukturierte Aufgaben auszuführen hätten. Frederick Taylor brachte Anfang dieses Jahrhunderts die Prinzipien der technischen Optimierung von Arbeitsprozessen ein (vgl. WEINERT 1981, S. 31), die eine Betrachtung des Einsatzes menschlicher Arbeitskraft unter Effizienzaspekten ermöglichten, ein Ergebnis dieses Ansatzes ist die Fließbandarbeit.

Unter diesen Prämissen erschien die klassische Gliederung des Unternehmens in funktionale Einheiten mit streng hierarchischer Struktur ein logischer Schritt und war auch lange Zeit eine gute Lösung für die an ein Unternehmen gestellten Anforderungen.

Die Probleme, die der technisierende Ansatz von Taylor ebenso wie die industriebezogenen Überlegungen von Adam Smith im Hinblick auf die organisatorische Effizienz aufwarfen, wurden lange in Kauf genommen, und zwar um möglichst einfache Teilarbeitsgänge zu erhalten, was für die Problemstellungen der Massenproduktion durchaus angemessen erschien, jedoch im Hinblick auf die heutige Situation, an der Schwelle des postindustriellen Zeitalters, offensichtlich neue Ansätze herausfordert (vgl. HAMMER/CHAMPY 1994). Durch die Schaffung extrem vereinfachter Teilarbeitsgänge ergaben sich de facto zwangsläufig sehr komplexe Prozesse, die nach Ansicht der vorgenannten Autoren untragbar geworden sind. Und das nicht nur wegen der offensichtlichen Schwierigkeiten in Bereichen wie Flexibilität und Service am Kunden (vgl. HAMMER/CHAMPY 1994).

In der Vergangenheit wurden, ausgehend von Smith und Taylor, bei der Optimierung von Prozessen meist nur einzelne Arbeitsschritte mit Hilfe der gerade zu Gebote stehenden Techniken organisiert. Die Prozeßsicht verlangt jedoch, den Prozeß als übergeordnetes Ganzes zu betrachten und unbeeinflußt von Abteilungs- beziehungsweise Funktionsbereichen zu definieren. Dabei stehen zwei Eigenschaften von Prozessen im Mittelpunkt (vgl. DAVENPORT/SHORT 1990, S. 11-27):

1. Prozesse haben Kunden oder Verbraucher, intern oder extern, die einen spezifischen Output erwarten. Die Befriedigung von deren Nachfrage ist im Grunde die einzige Existenzberechtigung für einen Prozeß.
2. Prozesse verlaufen quer zu bestehenden organisatorischen Grenzen, sie betreffen verschiedene Untereinheiten eines Unternehmens, sind also losgelöst von formalen organisatorischen Strukturen zu sehen.

Anfang der neunziger Jahre erschienen die ersten Arbeiten über eine neue Strömung in der Organisation von Unternehmen. Sie wurde ausgelöst durch aufsehenerregende Erfolge einiger Unternehmen, deren Schlüssel offensichtlich in der Anwendung ungewöhnlich tiefgreifender Reorganisationsmaßnahmen lag. Die Autoren, von denen vor allem Thomas Davenport und James Short sowie Michael Hammer und James Champy hervorzuheben sind, betonen besonders die Umstellung auf die Erfordernisse der Märkte der Zukunft, sowie den Bruch mit den Traditionen der zu ende gehenden Epoche des Industrialismus, die nach ihrer Ansicht einer Revision bedurften (vgl. ENGELMANN 1994). In den Mittelpunkt der organisatorischen Aufmerksamkeit sollten die Geschäftsprozesse treten.

3.5.3 Ansatzpunkte des Business Process Reengineering

Im Ansatz des Business Process Reengineering (BPR) werden also die Geschäftsprozesse zum Schwerpunkt jeglicher Management- und Organisationstätigkeit. Dies ist insofern wichtig, als die meisten Unternehmen nicht im Hinblick auf ihre aus externer Sicht primäre Aufgabe strukturiert wurden, dies ist die Bereitstellung von Gütern oder Dienstleistungen für interne oder externe Kunden, sondern tradierten Gliederungsschemata folgend aufgebaut sind, so daß die Durchführung eines Prozesses normalerweise mehrere funktional getrennte Abteilungen beansprucht.

Kundenorientierung: Dabei orientiert sich der Kunde eines Prozesses meistens nur am Output, also am Ergebnis der horizontalen Kooperation innerhalb des Unternehmens, während das Unternehmen selbst seine ganze Aufmerksamkeit der Optimierung der vertikal strukturierten Funktionseinheiten widmet. Diese Diskrepanz bedingt, daß alle Verbesserungen, die seitens der Unternehmensleitung durchgeführt werden, die Effizienz funktional zusammengehöriger Unternehmensbereiche betreffen, die jedoch nicht gleichbedeutend mit der Effizienz der Geschäftstätigkeit aus Sicht des Kunden ist. Die Auswirkungen dieses Zielkonflikts auf die Marktfähigkeit eines Unternehmens sind evident. Alle Instrumente und Methoden der Organisation wie Informationstechnologie, Rationalisierung und Qualitätssicherung dienten bislang vornehmlich dazu, einzelne, in den Prozeßablauf integrierte Elemente des funktionalen Unternehmensskeletts zu verbessern (vgl. BULLINGER, u. a. 1995, S. 9).

Radikaler Neuentwurf: Business Process Reengineering erfordert einen Neuanfang. Es wird enthusiastisch von einer „Blue Skies Variety“ (HAMMER/CHAMPY 1994) des Prozess-Redesigns gesprochen, um deutlich zu machen, daß wirklich keine Vorgaben außer den angestrebten Zielgrößen existieren müssen. Veranschaulicht verlangt es vom Anwender, sich die Frage zu stellen: „Wenn ich dieses Unternehmen heute mit meinem jetzigen Wissen und beim gegenwärtigen Stand der Technik neu gründen müßte, wie würde es dann aussehen?“ (KIESER 1995).

Business Process Reengineering (BPR) ist eine ganzheitliche Methode zur Konzentration auf die betrieblichen Kernprozesse, in deren Mittelpunkt die konsequente prozeßorientierte Neugestaltung der betrieblichen Ablauforganisation steht. Die Analyse und konsequente Restrukturierung betrieblicher Abläufe bedeutet für viele Betriebe eine Antwort auf ein dynamisches, wenn nicht gar turbulentes Unternehmensumfeld. Der Wandel im unternehmerischen Umfeld vollzieht sich immer rascher, die Produktlebenszyklen werden kürzer und die Unternehmen agieren und reagieren in zunehmend vernetzteren Wirtschaftsräumen.

Angesichts dieser Komplexität bedarf es praxisbewährter Methoden und Werkzeuge, um Transparenz in Unternehmen zu schaffen, den Handlungsbedarf für eine Reorganisation zu zeigen, und diese dann durchgängig bis zur Umsetzung neuartiger prozeßorientierter Lösungen zu begleiten. Nur eine durchgängige Methode gewährleistet effiziente Prozesse und Strukturen, mit denen ein Unternehmen auch in Zukunft am Markt bestehen kann.

Business Process Reengineering geht in seiner Radikalität und Tiefe weit über frühere Konzepte hinaus, indem es einen Paradigmawechsel und eine Neuausrichtung auf Globalität fordert. Prozeß- und Kundenorientierung sind unverzichtbare Bestandteile dieses Konzeptes.

Der wesentliche Erfolgsfaktor besteht im ganzheitlichen Herangehen an das zu verändernde System. Der Erfolg eines Unternehmens oder einer anderen zielgerichteten Einheit liegt wesentlich im effizienten Einsatz der zur Verfügung stehenden Ressourcen. Konkret heißt dies, daß eine Organisation in Bezug auf Aufbau- und Ablaufstrukturen sowie den genutzten Sachmitteln, z.B. Informationstechnologie, in Einklang zu bringen ist.

Ziel muß es sein, daß der Wandel in Richtung Effektivitätsdenken die gesamte Belegschaft erfaßt und nicht, wie bisher, von oben verordnet wird. Mit dieser Verordnungsmentalität der Geschäftsleitungen und Vorstände sind schon viele gute Ansätze in den Sand gesetzt worden. Unter dem Motto „Betroffene zu Beteiligten machen“ lassen sich über eine Optimierung der Prozesse die Ziele Kostensenkung, Reduktion der Durchlaufzeiten, Produktivität, Effizienz und Flexibilität verwirklichen. Je nach der Zielsetzung des Projektes unterscheidet sich der Grad einer Reorganisation (Abbildung 17). Die Herangehensweise soll jedoch immer ganzheitlich und durchgängig sein:

- Auflaufoptimierungen finden in abgrenzbaren Teilbereichen statt, es werden Einzelprozesse optimiert, um den Teilbereich produktiver zu gestalten,
- eine auf die Kern-Geschäftsprozesse gerichtete Optimierung reorganisiert die Kernprozesse unternehmensweit, Änderungen in der Aufbaustruktur folgen dieser Optimierung,
- in einem Business Process Reengineering Projekt wird dagegen die gesamte Aufbau- und Ablauforganisation neukonzipiert und restrukturiert.

Welcher Typ von Reorganisationsprojekt für ein Unternehmen der beste ist, läßt sich nicht pauschal beantworten. Der gewünschte Grad der Prozeßinnovation hängt wesentlich von der prognostizierten Akzeptanz und der herrschenden Unternehmenskultur sowie dem organisatorischen Reifegrad der Unternehmung ab.

Mit dem Aufkommen und der steigenden Popularität von Business Process Reengineering wurden auch einige aufsehenerregende Beispiele von Redesignunternehmungen verbreitet, die geradezu traumhafte Erfolge vorweisen konnten. Mehr und mehr Unternehmen und Unternehmensberater entdeckten die magische Überzeugungskraft dieses Schlagwortes. Nicht selten wurden allerdings althergebrachte Methoden unter dem neuen Namen verkauft. Dabei wird die Transparenz zusätzlich dadurch reduziert, daß BPR ein hoch abstraktes Konzept darstellt, das tatsächlich viele bekannte Techniken enthält, die aber nur im Gesamtzusammenhang den gesetzten Anspruch erfüllen.

An einem eindrucksvollen Beispiel zeigen (HAMMER/CHAMPY 1994, S. 53-57), welche Auswirkungen die konsequente Durchführung von Reengineering-Maßnahmen haben kann.

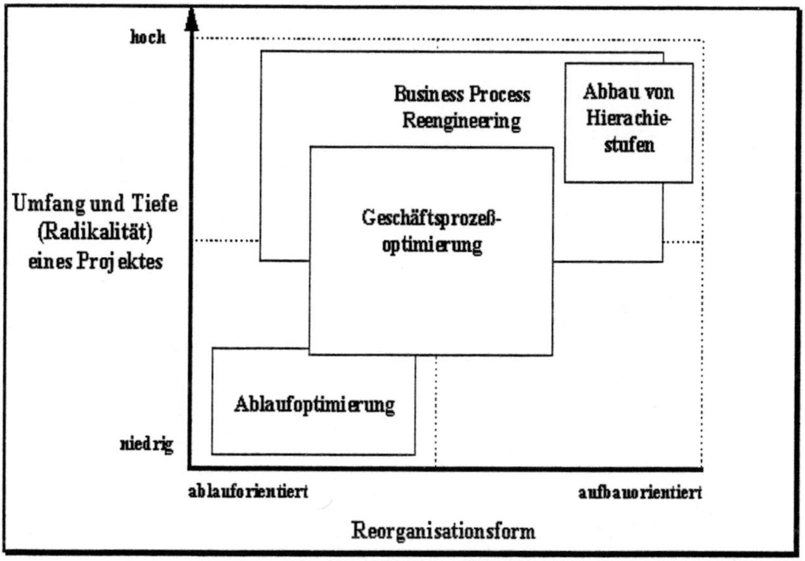

Abb. 17: Grad der Reorganisation

3.5.4 Identifizierung der wettbewerbsentscheidenden Kernprozesse

Die Abkehr von der klassischen funktionalen Betrachtungsweise hin zu einer Prozeßsicht (vgl. GAITANIDES 1983; DAVENPORT/SHORT 1990, S. 18-23) wirft die Frage auf: Welche sind die Kernprozesse in den Unternehmen? (vgl. SCHOLZ 1993, S. 180ff.).

Bisherige Ausführungen in der Literatur konzentrieren sich auf den Auftragsabwicklungsprozeß. Vier Gründe mögen hierfür gelten:

- Kundenorientierung: Im Zeitalter einer verstärkten Kundenorientierung kommt der schnellen und reibungsfreien Erfüllung von Kundenaufträgen eine wettbewerbsentscheidende Bedeutung zu. Leistungsdefizite haben, wie bei keinem anderen Prozeß, unmittelbare Auswirkungen auf die Kundenbeziehungen.
- Ablauftransparenz: Die materiellen und informatorischen Leistungsströme lassen sich im Verhältnis zu anderen Prozessen leicht abbilden, was die Identifizierung von Verbesserungspotentialen wesentlich begünstigt.
- Routinisierbarkeit: Zahlreiche Abläufe sind trotz der geforderten Leistungsflexibilität gegenüber dem Kunden standardisierbar.
- Integrationsfunktion: Die Schnittstellen zur Produktentwicklung, Logistik, Kundenakquisition sowie Produktions- und Absatzplanung bilden einen Kristallisationspunkt im Auftragsabwicklungsprozeß. Mittels moderner Informationstechnologie als Träger des Wandels können diese einzelnen Bereiche vernetzt und die Abläufe effizienter gestaltet werden.

Aus diesen Gründen ist der Auftragsabwicklungsprozeß zwar ein geeigneter Prototyp für ein erfolgreiches Reengineering, aber können nicht andere Prozesse in strategischer Hinsicht wichtiger sein?

MÜLLER-MERBACH (1994, S. 99-102) unterscheidet zwischen strategischen Kernprozessen, z.B. Kompetenzentwicklung und Produktentwicklung, und operativen Kernprozessen, z.B. Produktion, Logistik oder Auftragsabwicklung, sowie Finanzierungs-, Koordinations- und Unterstützungsprozessen. In ähnlicher Weise definieren GAITANIDES et al. (1994, S. 15ff.) die Kernprozesse in ihrem kundenorientierter Prozeßmodell anhand von sechs Leistungsattributen, die sich aus den Anforderungen des Kunden ergeben. Die Kernprozesse stehen ihrerseits in einem Kundenverhältnis zu Supportprozessen, die prozeßübergreifend Ressourcen bereitstellen und die Funktionsfähigkeit gewährleisten.

Ob nun die Kernprozesse aus den Kundenbeziehungen heraus definiert werden oder hierarchisch zwischen strategischen und operativen Prozessen unterschieden wird, es bleibt die Frage offen, welche Bedeutung den einzelnen Prozessen in den Unternehmen zukommt.

Im Modell von MÜLLER-MERBACH (1994, S. 99-102) wird der strategische Kernprozeß der Produktentwicklung per se als wettbewerbsentscheidender eingestuft als der operative Prozeß der Auftragsabwicklung. Daraus resultiert eine generelle Bevorzugung bei der Verteilung der Ressourcen. Für viele Unternehmen mag diese Ressourcenallokation sicherlich sinnvoll sein, jedoch gibt es auch Branchen wie z.B. den Versandhandel, bei denen vor allem der Auftragsabwicklung eine strategische Bedeutung zukommt. Vernachlässigt ein solches Unternehmen den Auftragsabwicklungsprozeß zugunsten des Produktentwicklungsprozesses, so kann der Verlust an Wettbewerbsvorteilen größer sein als die durch den neugestalteten Entwicklungsprozeß langfristig erzielten Gewinne. Deshalb bedarf es einer ergänzenden Methodik, mit der Branchen- und situationsgerecht die entscheidenden Kernprozesse identifiziert werden können.

Einen Ansatz für eine methodische Erweiterung ist das „Center of Gravity"-Konzept von GALBRAITH (1983, S. 64ff.). Danach hat jede Unternehmung einen Interessenschwerpunkt innerhalb der Branchenwertschöpfungskette. Dieser Interessenschwerpunkt hat sich durch den ursprünglichen Erfolg des Unternehmens oder durch eine geplante strategische Neuausrichtung gebildet. Entsprechend der Positionierung von Unternehmen innerhalb der Branchenwertschöpfungskette liegen die strategischen Schwerpunkte auf unterschiedlichen Prozessen (vgl. SCHOLZ 1993, S. 180ff.). Damit kommt mehreren Prozessen eine strategische Bedeutung zu.

Das Modell der Branchenwertschöpfungskette bietet einen Erklärungsansatz, warum ehemals erfolgreiche Unternehmen in den letzten Jahren verstärkt Wettbewerbsvorteile verloren haben; aufgrund des zunehmenden Wettbewerbsdrucks haben zahlreiche Unternehmen die Positionierung in der Branchenwertschöpfungskette verlagert, ohne aber den Fokus der Prozesse, also die Gewichtung im Geschäftsprozeßsystem, entsprechend zu verändern.

Nach erfolgter Umsetzung eines Business Reengineerings besteht weiterhin die Notwendigkeit, die Prozeßabläufe aufgrund sich ändernder Marktanforderungen oder unzureichender Prozeßleistung permanent zu überprüfen und anzupassen. Ursachen hierfür können z.B. sich ändernde Kundenwünschen sein. Die permanente Überprüfung der Prozeßleistung und der Outputnormen bildet die Grundlage für einen kontinuierlichen Verbesserungsprozeß (vgl. Abbildung 18).

Je nach Umfang der notwendigen Verbesserungsmaßnahmen kommen mit der kontinuierlichen Verbesserung von Prozeßsegmenten sowie der grundlegenden Prozeßneugestaltung durch Reengineering-Aktivitäten zwei unterschiedliche Ansätze zur Anwendung. Eine Verbesserungsinitiative wird entsprechend dem in der Analysephase ermittelten Handlungsbedarf, den prozeßspezifisch gesetzten Zielen und dem zur Verfügung stehenden Zeithorizont ausgewählt (vgl. SCHOLZ/VROHLINGS 1994, S. 115ff.):

- Ansatz 1:
  Die kontinuierliche Verbesserung bildet den Kern der täglichen Prozeßarbeit in Form einer ressourcenoptimalen Ausgestaltung der Abläufe auf den Subprozeß- und den untergeordneten Hierarchieebenen. Hierfür werden einzelne Prozeßsegmente hinsichtlich ihrer Notwendigkeit und Sequenz überprüft und unter Beibehaltung der Prozeßgrobstruktur modifiziert. Mit der Eliminierung, Parallelisierung, Auslagerung, Schnittstellensynchronisation, Integration, Beschleunigung, Automatisierung, Variantenbildung und Standardisierung von Prozeßsegmenten steht dem Unternehmen ein Maßnahmenbündel für eine Optimierung der Abläufe zur Verfügung.
- Ansatz 2:
  Reengineering bedeutet die grundlegende Überarbeitung der Unternehmensprozesse und wird dann erforderlich, wenn die Prozeßleistung dauerhaft und signifikant von den Zielvorgaben und Outputnormen abweicht. Losgelöst von den bestehenden Abläufen werden Alternativprozeße induktiv entwickelt. Auslöser für ein Reengineering sind in der Regel gravierende Marktveränderungen oder eine strategische Neuausrichtung des Unternehmens. Der Umfang der durchzuführenden Aktionen entspricht den Maßnahmen, wie sie für eine erstmalige Implementierung erforderlich sind.

3.5.5 BPR und kontinuierliche Verbesserung

Zwischen Reengineering und kontinuierlicher Verbesserung bestehen grundlegende Unterschiede. Beim Reengineering werden, im Gegensatz zur kontinuierlichen Verbesserung, der vorherrschende Bezugsrahmen und das dominante Interpretationsschema umfassend geändert (vgl. STAEHLE 1994, S. 849ff.). Weitere entscheidende Unterschiede ergeben sich hinsichtlich des Initiativenursprungs, der realisierten Organisationsstruktur, der Art der Ideengenerierung sowie der eingesetzten Informationstechnologie.

Beide Ansätze zielen auf die Optimierung von Prozessen, die konsequente Kundenausrichtung und damit auf einen langfristigen Unternehmenserfolg. Die kontinuierliche Verbesserung dient nach jeder radikalen Neugestaltung als komplementierende Initiative zur Stabilisierung und zur weiteren Effizienzsteigerung. Ein konsequentes Reengineering erfordert eine Umstrukturierung der bestehenden Organisationsstruktur gemäß den Anforderungen der Prozeßabläufe. Bei einer Betrachtung des gesamten Prozeßsystems eines Unternehmens als Objekt des Reengineering entsteht zwischen den einzelnen Prozessen ein Koordinationsbedarf. Prozeßübergreifende Verbesserungsaktivitäten müssen geplant, abgestimmt und kontrolliert werden.

3.6 Kritik am Konzept des Business Process Reengineering

Die zum Gliederungspunkt 3.5 geäußerte Kritik zur Prozeßorientierung gilt für das Konzept des Business Process Reengineering gleichermaßen. Es gibt weitere oder aus anderen Blickwinkeln formulierte gewichtige Kritik am grundlegenden Konzept des Business Process Reengineering:

- Strategie der Kostenführerschaft wird nicht unterstützt
- Wettbewerbsspirale wird ausgelöst
- Methoden sind nicht exakt
- BPR überfordert die Änderungskapazität von Organisationen

Zusammenfassend läßt sich festhalten, daß der BPR-Ansatz bis jetzt noch nicht vollständig empirisch unter kontrollierten Bedingungen überprüft wurde (vgl. BULLINGER, u. a. 1995, S. 9), und die Spielräume bei der individuellen Durchführung eine genaue Einordnung, wie übrigens bei den meisten Organisationskonzepten, nach strengen wissenschaftlichen Kriterien erschweren.

3.6.1 Übersteigen der Änderungskapazität

Als besonders schwerwiegendes Argument erscheint, daß BPR die Änderungskapazität von Organisationen übersteigen könnte, obwohl dieser Einwand nichts über die Wirksamkeit der Organisationsveränderung aussagt. Der Problemkreis ist allerdings auch im ursprünglichen BPR-Konzept berücksichtigt, es enthält als ersten Schritt die Erfassung der relevanten Prozesse und deren Evaluierung, was auch ein Kalkül der zur Durchführung vorhandenen Ressourcen einschließt, sowie die ausdrückliche Empfehlung, sich der Unterstützung des eingesetzten Prozeßverantwortlichen zu vergewissern.

Die Durchführung von Redesign-Maßnahmen benötigt tatsächlich umfangreiche Ressourcen, die für die normale Unternehmenstätigkeit gebunden werden. Ebenso ist es offensichtlich, daß sich in einem Unternehmen beträchtlicher Widerstand gegen solche Maßnahmen richten wird, die unweigerlich Änderungen in den Machtstrukturen zur Folge haben. Allerdings wird kein Verantwortlicher eine solch umfassende Veränderung ohne Vorüberlegungen durchführen. Es ist also anzunehmen, daß die Durchführung des Redesigns entscheidend für die Zukunft des Unternehmens eingeschätzt wird und damit eine Notwendigkeit gegenüber Alternativen berücksichtigt wird. Dementsprechend sollte die Konsequenz in der Umsetzung seitens der Unternehmensleitung sein.

Bedingt durch kritische Stimmen liegt es nahe, Business Process Reengineering als vorübergehende Modeerscheinung zu betrachten, wie so viele andere, gerade weil es in der Praxis nicht alle gestellten Erwartungen erfüllen konnte. Tatsache ist allerdings, daß der Trend zu kurzen Produktlebenszyklen, komplexen Vernetzungen und differenzierten Leistungen auf Basis von Standardmodulen eine offene Organisation begünstigt, die auch fundamentale Umwälzungen absorbiert, und daß in solchen Situationen das mit Business Process Reengineering zur Verfügung stehende Instrument durchaus effektiv ist.

3.6.2 Langfristiger organisatorischer Wandel

BPR sieht bei radikalem, revolutionärem Top-down-Vorgehen nur eine rudimentäre Integration von Mitarbeitern und mittlerem Management vor. So kann es den typischen, erheblichen Widerständen in der Umsetzungsphase schwerlich vorbeugen. BPR, das radikale Veränderungen in kürzester Zeit umzusetzen sucht, ist damit eigentlich für mentalen Wandel ungeeignet. Wie sollte BPR dann sinnvoll angegangen werden? Einen erfolgreicher Wandlungsprozeß kennzeichnen längerfristig angelegte Fördermaßnahmen, die die Entwicklung von grundsätzlichem Fachwissen betreffen und persönliche Fähigkeiten, z.B. Teamentwicklung, Moderationstechniken, Entscheidungsfähigkeit, Rollendistanz aufbauen. Diese Art des BPR impliziert mentalen Wandel, also Einstellungsänderungen. Evolutionäres Vorgehen bietet den Betroffenen die Möglichkeit, sich langsam umzustellen und zu entwickeln. Voraussetzung ist die Einsicht, daß BPR nicht mit Beendigung eines Projektes oder Umsetzung formaler Maßnahmen der Restrukturierung endet, sondern daß die eigentliche „Entwicklung“ damit erst beginnt im Sinne des oben beschriebenen kontinuierlichen Prozesses mit inkrementellen Schritten.

3.6.3 Klassisches Denken

Nach OSTERHOLD (1996) scheitern viele BPR-Projekte, weil sie nur auf Einzelaspekte abzielen und den Blick fürs Ganze vernachlässigen und weil häufig mechanistisch vorgegangen wird und die Mitarbeiter in neue, andere, aber doch wieder „vorgegebene“ Routinen gezwängt werden (vgl. OSTERHOLD 1996). Die Konsequenz daraus lautet: nicht gegen die Mitarbeiter, sondern mit ihnen sind die Veränderungsprozesse zu gestalten.

Mitarbeiter brauchen nicht gestoßen oder gezogen werden, sondern sie bewegen sich selbst, durch eigenes Interesse und durch eigene Steuerung. Den Hintergrund hierfür bietet die Theorie der Selbstorganisation, die ihre Wurzeln in der Chaosforschung und Systemtheorie hat. Der Überbau ist die gelebte Unternehmenskultur und sie meint das dynamische Zusammenspiel von Unternehmenserfolg, Mitarbeiterzufriedenheit und Kundenzufriedenheit. Mit dem Gruppenarbeitskonzept wird erfolgreich versucht Veränderungen partizipativ umzusetzen. Die Gruppen sind funktionale Einheiten der regulären Organisationsstruktur, die sich innerhalb definierter Grenzen selbst regulieren können. Dazu benötigen sie Handlungs-, Entscheidungs- und Gestaltungsspielraum und die entsprechenden Kompetenzen. Die Gruppen zeichnen sie sich durch Aufgaben(re)integration und Verantwortungsdelegation aus.

Osterhold sieht den Ansatz zum Erfolg in einer prozeßorientierten Projektorganisation und in dem Verständnis von Führung. Koordinieren, Innovationen fördern, Prozesse gestalten, Kooperation fördern, Streß und Konflikte managen sowie eine Harmonie der Gegensätze erreichen, sind die Aufgaben des Managements. Führung geschieht über gemeinsame Visionen und wird ermöglicht durch gezielte Förderung der Mitarbeiter. Selbstorganisationstheorie und Arbeitsgruppen ergänzen einander und öffnen den Blick für eine dynamische Unternehmensentwicklung (vgl. OSTERHOLD 1996).

3.7 Beraterrolle: Rezept- oder Prozeßberatung?

Die wahren Probleme der Unternehmen liegen nicht in den Bilanzen, sondern in der Vernachlässigung der Mitarbeiter, wie die vorherigen Aussagen eindrucksvoll belegen. Die Ursachen sind vielgestalt und wurden ebenfalls schon mehrfach benannt: Widerstand der Mitarbeiter und Manager, Zukunftsangst, nicht ersichtlicher Nutzen oder vorzeitiger Abbruch durch das Management, etc.. Unter diesem Aspekt bedarf es heute nicht mehr klassischer Beratung mit Rezeptverabreichung und Unternehmensberater, die nur Kosten drücken.

Der Mensch ist die vorderste und bestimmende Einflußgröße unter allen variablen Faktoren in einem Unternehmen; der Mensch initiiert und plant, läßt zu oder verhindert, setzt um und gestaltet Veränderungen. Daher sind die wichtigsten Fragen von ganzheitlichen Beratern:

- Was können die Mitarbeiter?
- Entspricht eine bestimmte Idee überhaupt ihren Bedürfnissen?
- Wollen sie für das Unternehmen verantwortlich handeln?
- Leiden sie am gegenwärtigen Zustand?
- Würden sie durch Wandel motiviert werden?
- Durch welche Organisationsstrukturen werden die handelnden Personen unterstützt oder behindert?
- Ist der „Schweinehund - Effekt“ im kollektiven Unbewußten aktiv, der eine ganze Organisation lähmen kann?

Klarheit herrscht darüber, daß Unternehmen sich nicht an einen *systemischen* Berater wenden, um etwa eine Deckungsbeitragsrechnung oder Stellenbeschreibungen einzuführen. Aber wenn eine ganzheitliche Betrachtungsweise des Systems im Vordergrund stehen soll, werden Erwartungen an einen systemischen, prozeßorientierten Berater gestellt (Abbildung 18).

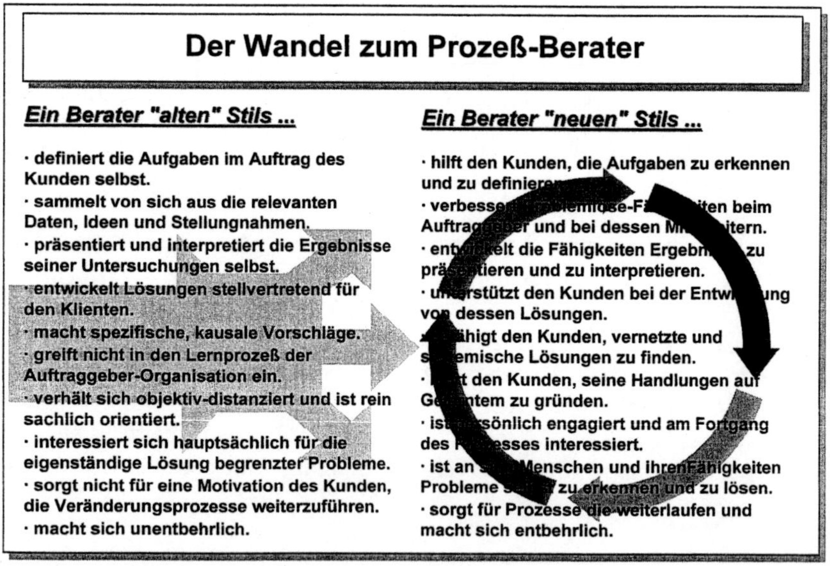

Abb. 18: Der Wandel zum Prozeß-Berater

4 Bildungsbedarfsanalyse

Im Rahmen einer Studie des Weiterbildungsmarktes in Deutschland (vgl. MUSKATEWITZ 1997, S, 126) mit einer Befragung der Weiterbildungsverantwortlichen lautet die Fragestellung: In welchen Bereichen besteht ihrer Einschätzung nach in ihrem Unternehmen der größte Bildungsbedarf?

Das gegenwärtige Top-Thema lautet „Menschenführung" (72,2,%), gefolgt vom „Allgemeinen Management" (40,5%), sowie den Themen „EDV" (38,1%) und „Kommunikation" (35,7%) (vgl. MUSKATEWITZ 1997, S. 126). Diese Einschätzung überrascht nicht, da in nahezu allen Branchen die Unternehmen weg von den hierarchieorientierten, hin zu prozeßorientierten Unternehmensformen tendieren. Die damit verbundenen Teamentwicklungs- und Kommunikationsprozesse verlangen erweiterte Kompetenzen in Richtung Team- Konflikt-, Delegations- und Führungsverständnis und -fähigkeit.

Betrachtet man den künftigen Bildungsbedarf so bleibt das Thema „Menschenführung" (63,5%) weiterhin das bestimmende Thema, gefolgt vom „Allgemeinen Management" (46,8%) (vgl. MUSKATEWITZ 1997, S. 126). Vergleichsstudien kommen zu ähnlichen Ergebnissen (vgl. MUSKATEWITZ 1997, S. 150f.). Ein Zeichen sicherlich dafür, daß die derzeit unternommenen Organisations- und Restrukturierungsprozesse noch nicht abgeschlossen sind.

Wie sollte eine Bildungsbedsarfsanalyse angelegt sein, um die gegenwärtigen und künftigen Bedarfe und nicht nur Wunschvorstellungen zu ermitteln? Können in dem Bereich „Menschenführung" überhaupt Planungsgrößen ermittelt werden bei der „Flexibilität" der Menschen?

4.1 Grundmuster der Bildungsbedarfsanalyse

Alle Verfahren der Bildungsbedarfsanalyse können auf das folgende zweistufige Muster zurückgeführt werden:

1. „Der Soll-Zustand ist aufgrund der Organisationsplanung ... und der Vorstellungen der Unternehmensleitung von den Fähigkeiten und Kenntnissen zu bestimmen, die ein Mitarbeiter für einen bestimmten Posten haben sollte;
2. der Ist-Zustand, d.h. die tatsächliche Leistungsfähigkeit, ..., ist zu erfassen; aus den Lücken zwischen Soll und Ist ergeben sich die Stoffgebiete, in denen eine Ausbildung stattfinden müßte" (SCHÖNFELDT 1967, S. 164).

Unabhängig von den in manchen Ansätzen vorgenommenen Verfeinerungen in Form einer Vielzahl von Analyse-, Aufbereitungs- und Planungsschritten, liegt jeder Bedarfsanalyse dieses Grundmuster der Soll-Ist-Abweichungsanalyse zugrunde.

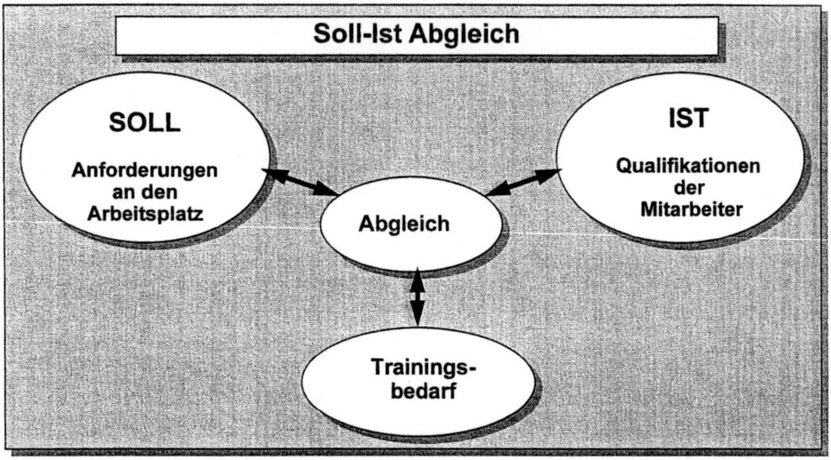

Abb. 19: Soll-Ist Abgleich

Den sachlichen Qualifikationsanforderungsmerkmalen an einen Arbeitsplatz oder eine Tätigkeit (= Soll-Werte) werden die personellen Qualifikationsmerkmale der Mitarbeiter (= Ist-Werte) gegenübergestellt. Der Gegensatz zwischen dem sachlichen Bezug einerseits und dem personellen Bezug andererseits wird dadurch ausgeglichen, daß beide miteinander zu vergleichenden Betrachtungsgegenstände in Form der selben qualitativen Merkmale beschrieben werden, nämlich in Form derjenigen Fähigkeiten, die auf der einen Seite (Arbeitsplatz) gefordert werden und derjenigen Fähigkeiten, die auf der anderen Seite (Person) vorhanden sind.

Die Bildungsbedarfsanalyse geschieht somit auf dem Weg der Bestimmung und des Abgleichs zweier Profile, deren identische qualitative Merkmalsausprägungen (Fähigkeiten) ein unterschiedliches quantitatives Ausmaß aufweisen (können). Ergebnis kann eine Überdeckung oder aber eine Unterdeckung der beim Mitarbeiter vorhandenen Fähigkeiten im Verhältnis zu den am Arbeitsplatz geforderten Fähigkeiten (= Bildungsbedarf) sein.

Eine detailliertere aber dennoch auf den gleichen Annahmen gründende Darstellung findet sich bei Nagel (vgl. 1991, S. 355).

Die Reduktion auf die Faktoren Soll und Ist hat implizite Auswirkungen in der Betrachtung. Nur der Mitarbeiter und das Unternehmen werden bei dieser Sichtweise miteinbezogen.

4.2 Determinanten des Bildungsbedarfs

Der Bildungsbedarf setzt sich aus mehreren Determinanten zusammen, die es in ihrer Gesamtheit zu erfassen und zu integrieren gilt. Einer Ermittlung der Bildungsbedarfe in einer Organisation geht immer ein Impuls voraus. Dieser Impuls kann sich aber auf drei Ebenen äußern:

1. auf der individuellen Ebene des Mitarbeiters, in Form eines Mangels, z.B. bei der Bearbeitung eines Vorgangs und der damit notwendigen sicheren Bedienung der zugrundeliegenden Informationstechnik.
2. auf der Abteilungs- oder Gruppenebene, z.B. soll die Bearbeitung eines Kundenauftrages jetzt umfassend, nicht wie bisher nur in festgelegten Teilbereichen pro Mitarbeiter erfolgen. Die Mitarbeiter müssen auf die Arbeitsweise in neuen Prozesse vorbereitet und von deren Notwendigkeit für Sie selbst und die Abteilung überzeugt werden (vgl. dazu: ARNOLD 1991, S. 147-149).
3. auf der Unternehmens- oder Konzernebene (vgl. ARNOLD 1991 S. 149) könnte z.B. die Entscheidung für den Einsatz eines bestimmten informationstechnologischen Systems gefallen sein.

Auf allen drei Ebenen:

- der individuellen entwicklungs- und bedürfnisorientierten Ebene der Mitarbeiter
- der Abteilungsebene mit den Qualifikationsanforderungen am Arbeitsplatz (funktional und extrafunktional)
- der Unternehmensebene mit den Unternehmenszielen und -kultur

werden nun Bildungsbedarfe gesehen und mehr oder weniger strukturiert und konkret geäußert. Die einzelnen Vertreter auf diesen Ebenen sehen verständlicherweise nur Anforderungen und Probleme von ihrem Standpunkt aus und dies in einer konkurrierenden Sichtweise (vgl. Abbildung 20).

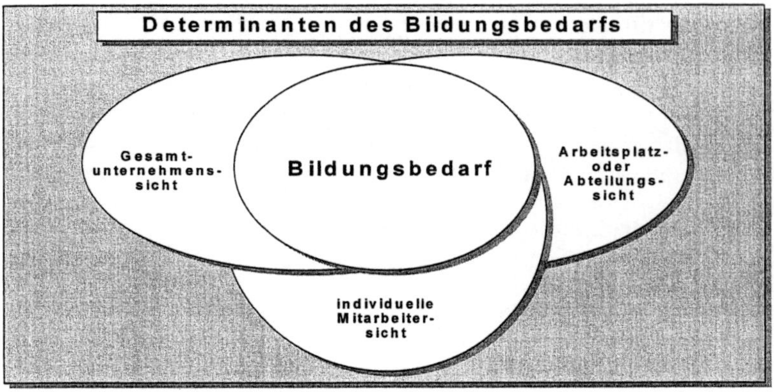

Abb.: 20: Determinanten des Bildungsbedarfs

Die unterschiedlichen Bildungsbedarfsdimensionen gilt es, angemessen zu berücksichtigen und in einem integrierten Konzept zu vereinen. Mit dem entsprechenden methodischen Vorgehen und einem permanenten Dialog zwischen den Beteiligten sowie einer systematischen, an den Unternehmenszielen orientierten Vorgehensweise desjenigen, der den Bedarf erhebt, läßt sich eine solche Integration erreichen.

Die Außerachtlassung dieser Sichtweisen führt in der Praxis nicht selten dazu, daß bestimmte Aspekte des Bildungsbedarfes vernachlässigt oder ganz übersehen werden, weil die dazugehörende Determinante (zum Beispiel die Mitarbeiter) geschäftsordnungsmäßig von der Bestimmung des Bildungsbedarfes ausgeschlossen wird. Ebenso kann es passieren, daß die Sichtweisen strittig, d.h., sich einander gegenseitig ausschließend, bei der Planung verarbeitet werden und deshalb nur diejenigen Aspekte bei der Formulierung des Bildungsbedarfs hinreichend Berücksichtigung finden, deren Vertreter über mehr innerbetrieblichem Machtpotential verfügen. Welche Sichtweisen sich letztendlich im Ergebnis am deutlichsten niederschlagen, hängt vor allem von der Konkretheit der jeweiligen Bedarfsformulierung sowie der hierarchischen Position der jeweiligen Position ab. Die Folge ist oft genug eine einseitige und/oder unvollständige Bildungsbedarfsformulierung.

4.3 Bildungsbedarfssammlungsquellen

Als Bildungsbedarfssammlungsquellen bieten sich auf der Arbeitsplatzebene vor allem die folgenden personellen Ansatzpunkte an:

- der Stelleninhaber,
- der direkte Linienvorgesetzte,
- betriebliche Experten für Ausbildung, Personalentwicklung, Arbeitsplanung, Organisationsentwicklung, Technologieentwicklung, Marketing, Vertrieb, Fertigung, usw..

Weitere Materialquellen sind:

- Stellenbeschreibungen/Tätigkeitsbeschreibungen,
- Anforderungsprofile,
- Bedarfsmeldungen aus den Abteilungen,
- Planungsunterlagen,
- Kennzahlen,
- geschäftspolitische Entscheidungen für einzelne Abteilungen bzw. Funktionsbereiche.

Als Bildungsbedarfssammlungsquelle auf der Ebene des Mitarbeiters hat der Mensch selbst absolute Dominanz. Das dabei gewonnene Gesamtbild kann allerdings durch Sekundärquellen ergänzt, abgesichert oder korrigiert werden. Dazu bieten sich an:

- Ergebnisse von Assessment-Center
- Bedarfsmeldungen der Mitarbeiter
- Mitarbeiterbeurteilungen usw.

Als Sammlungsquelle für Daten zur Bestimmung des unternehmensbezogenen Bildungsbedarfes kommen z.B. in Frage:

- die ausformulierten Unternehmensphilosophie,
- die daraus abgeleiteten Leitlinien für die Zusammenarbeit,
- die Führungsgrundsätze bzw. Führungsrichtlinien,

aber auch personale Quellen, wie z.B.

- die Mitglieder der Geschäftsleitung,
- die Experten der Weiterbildung sowie der Personal- und Organisationsentwicklung,
- die Linienvorgesetzten,
- die Mitarbeiter selbst,
- der Betriebsrat.

Die Abbildung ordnet die Sammlung der Daten in einen strukturierten Ablauf mit einer Phaseneinteilung wie sie von Sattelberger gesehen wird (vgl. SATTELBERGER 1993, S. 4).

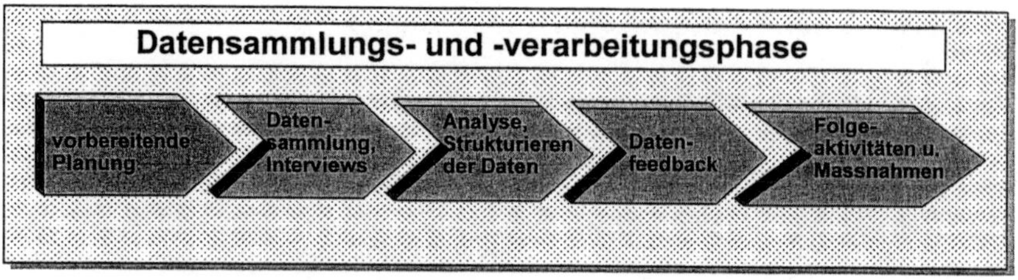

Abb. 21: Datensammlungs und -verarbeitungsphase

4.4 Bedarf und Anforderungen

Sind die Sollanforderungen definiert, sind die Ist-Qualifikationen ermittelt und alle Determinantenebenen integriert, so kann auf Mitarbeiterseite dennoch ein Potential vorhanden sein, daß nicht ausgeschöpft wird. Dieses Potential gilt es aus Unternehmersicht zu nutzen und in Produktivität oder, wenn möglich, erweiterte Kompetenzen für den Mitarbeiter einfließen zu lassen. Mit den zukünftigen Anforderungen, die nicht das Potential des Mitarbeiters ausschöpfen, kann mittel- und langfristig ein demotivierender Effekt eintreten, verbunden mit einer zunehmenden Außenorientierung des Mitarbeiters. Die folgende Abbildung verdeutlicht diesen Zusammenhang grafisch (vgl. BETZ 1992, S. 4f.)

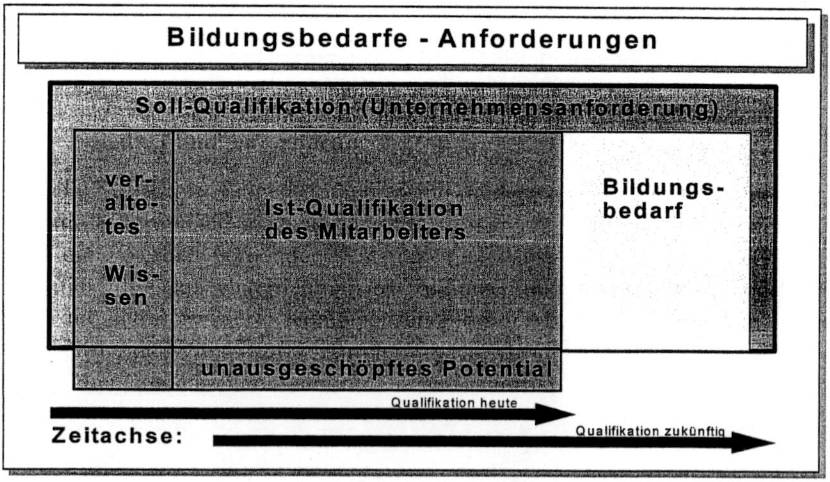

Abb. 22: Bildungsbedarfe - Anforderungen

Ein weiterer Aspekt sollte bei der Ermittlung der Bildungsbedarfe Berücksichtigung finden, nämlich das Problemfeld „veraltetes Wissen", das zunächst entlernt oder korrigiert werden muß. Diese Wissen kann ein erhebliches Beharrungsvermögen zeigen und, ohne explizite Berücksichtigung, eigentlich richtige Maßnahmen ins Leere laufen lassen. Es blockiert die Aufnahme und Umsetzung möglicher, zukünftig wichtiger Informationen. Das Beharrungsvermögen zeigt sich um so größer, je subjektiv erfolgreicher dieses Wissen in der Vergangenheit von den Betroffenen eingesetzt wurde.

4.5 Anforderungsprofile

Anforderungsprofile stellen ein wichtiges Instrumentarium im Bereich der Weiterbildung und Personalentwicklung dar, da sich anhand dieser Profile der erforderliche Qualifizierungsbedarf bestimmen läßt. In der Praxis wird häufig mit sehr unspezifischen Anforderungskriterien gearbeitet. Das Kriterium „Durchsetzungsvermögen" mit seiner sehr breit gestreuten Interpretationsmöglichkeit findet sich beispielsweise in fast jedem Anforderungsprofil.

Anforderungsprofile werden als eine funktionsbezogene Darstellung der Anforderungen verstanden, die an einen Mitarbeiter im Hinblick auf seine Qualifikation gestellt werden. Es werden folglich keine Persönlichkeitskriterien, wie Auffassungsgabe, Belastbarkeit o.a. definiert, sondern die tätigkeitsbezogenen Anforderungen, die an dem speziellen Arbeitsplatz benötigt werden, bilden die direkte Grundlage zur Profilerstellung.

Dieses Vorgehen liegt begründet in der Tatsache, daß die Zuverlässigkeit, um ein Kriterium herauszugreifen, alleine generell noch kein Garant für die optimale Erfüllung seines Aufgabengebietes darstellt. Entscheidend ist letztlich nicht, aufgrund welcher Ausgangsvoraussetzungen ein Mitarbeiter seine Tätigkeit erfüllt oder auch, wie er die Erfüllung der einzelnen Anforderungen erbringt, sondern lediglich, ob er den Anforderungen im Sinne einer Aufgabenerfüllung gerecht wird.

Als Einwand läßt sich formulieren, daß die Qualifikation an sich auch noch keine Garantie dafür sein kann, daß die Aufgaben durch den Mitarbeiter optimal erfüllt werden. Es ist jedoch zum einen eine sehr viel stärker funktionsbezogene Annäherung gewährleistet, und es ist zum anderen der Rückschluß auf andere Ursachen sehr viel einfacher möglich, anders, als wenn von verschiedenen Persönlichkeitsmerkmalen ausgegangen wird, die zu der Position in einem eher indifferenten Zusammenhang stehen.

Anforderungen (oder auch synonym: Qualifikationsanforderungen, Arbeitsanforderungen) sind als Sollvorstellungen über diejenigen menschlichen (Leistungs-) Voraussetzungen zu verstehen, die von einer spezifischen Aufgabenstellung im situativen Kontext ausgehen und die von einem Stelleninhaber erfüllt sein müssen, um die Aufgabe hinreichend bewältigen zu können (vgl. BERTHEL 1995, S. 119; Lexikon d. Personalmanagements 1994, S. 6-7).

Auf der Grundlage einer Stellenbeschreibung und einer Arbeitsplatzanalyse wird ein Anforderungsprofil erstellt. Dazu wird der Arbeitsplatz nach bestimmten Merkmalen kritisch beurteilt, der Ist-Zustand festgehalten und dargestellt. Anforderungsprofile dienen der Überprüfung, ob die individuellen Fähigkeiten eines Mitarbeiters mit den Anforderungen, die sein Arbeitsplatz an ihn stellt, übereinstimmen. Das Ergebnis der Überprüfung bildet die Grundlage für Fördergespräche mit dem Mitarbeiter. Es wird deutlich, welche Entwicklungsmaßnahmen speziell für diesen Mitarbeiter erforderlich sind. Außerdem dient das Anforderungsprofil dazu, festzustellen, ob potentielle Bewerber für Stellenneubesetzungen den gestellten Anforderungen entsprechen.

Anforderungsprofile sind somit einerseits die Basis für Interviews, Fördergespräche und Beurteilungsgespräche. Andererseits bieten gerade diese Gespräche eine gute Möglichkeit, die Aktualität von Stellenbeschreibungen und Anforderungsprofilen zu überprüfen und ggf. Änderungen vorzunehmen.

Anforderungsprofile enthalten die typischen tätigkeitsbezogenen Anforderungen nach genereller Art und Ausprägung. Das Unternehmen muß sich also über die grundlegenden Anforderungen im klaren sein. Die gewünschten Anforderungen in den Kompetenzbereichen ergeben die Handlungskompetenz des Mitarbeiters. Ein tragfähiger Soll-Ist Vergleich kann ohne die Berücksichtigung von tätigkeitsbezogenen Anforderungsprofilen nicht zustande kommen.

4.6 Ermittlungsmethoden des Bildungsbedarfs

Um den Bildungsbedarf in Unternehmen zu ermitteln, stehen die im vorangegangenen Kapitel aufgeführten unterschiedlichen Informationssammlungsquellen und Ansätze zur Verfügung. Die Ermittlung des tatsächlichen Bedarfs setzt allerdings die Kenntnis und den Einsatz verschiedener Methoden, Techniken und Vorgehensweisen voraus. Arnold unterstreicht dies und stellt in diesem Zusammenhang fest: „Die Zeiten, in denen“ ausschließlich „mittels mehr oder weniger umfänglicher Fragebogen (vermeintlicher) Bildungsbedarf bei den Mitarbeitern erhoben wurde, scheinen vorüber zu sein. Es läßt sich mittlerweile vielmehr ein Tableau von Instrumenten und Methoden identifizieren, welche von der systematischen Beobachtung über die Befragung, Einstellungsanalyse, Klimaanalyse, Leistungsbeurteilung, Moderationsmethode u.a., bis hin zum Assessment-Center-Verfahren und diagnostischen Ansätzen reichen“ (ARNOLD 1991, S. 148).

Betrachtet man die in der Literatur vorgestellten Instrumente und Methoden im Überblick, so wird häufig unterschieden zwischen (vgl. CRAMER 1987, S. 38):

- subjektiven Methoden,
  d.h. Befragungen von Personen wie Vorgesetzten, Mitarbeitern und Experten oder Kollegen
  und
- objektiven Methoden,
  d.h. Stellen- und Tätigkeitsbeschreibungen, Kennziffernanalysen, Mitarbeiterbeurteilungen usw..

4.6.1 Beobachtung

Gemäß den Autoren von CRANACH und FRENZ (1969, S. 286) wird eine Beobachtungseinheit als „derjenige Bestandteil in einem Verhaltensablauf bezeichnet, der dem Untersucher als kleinstes, nicht reduzierbares Ergebnis zur Analyse des Verhaltens notwendig erscheint“. Charakteristisch für die Beobachtung ist, daß entweder Gruppen oder Einzelpersonen durch einen Beobachter wahrgenommen werden.

Der Begriff Beobachtung beinhaltet verschiedene Methoden der Datenermittlung (vgl. LEITER 1982, S. 87):

- systematische Beobachtung
- teilnehmende Beobachtung
- nichtteilnehmende Beobachtung.

Die unsystematische Beobachtung wird meist dann angewandt, wenn über den Untersuchungsgegenstand sehr wenig bekannt ist. Leiter macht das an einem konkreten Beispiel deutlich. „Für den Bildungsbedarfsspezialisten wird sich das Problem wie folgt darstellen: Wenn seine Informationen nur besagen, daß in der Fertigung nicht alles so klappt, wie es sollte, dann wird er wohl zur unsystematischen Beobachtung als Analysemethode greifen" (LEITER 1982, S. 89).

Mit der unsystematischen Beobachtung werden Erkenntnisse gewonnen, die durch eine systematische Beobachtung genauer analysiert werden können.

Von einer teilnehmenden Beobachtung spricht man, wenn der Beobachter selber Teil der Beobachtung ist. Der Vorteil der teilnehmenden Beobachtung liegt in dem Umstand, daß Situationen analysiert werden können, zu denen eine unbeteiligte Person kaum einen Zugang erhalten würde.

Bei einer nichtteilnehmenden Beobachtung ist der Beobachter nicht auch gleichzeitig beobachtetes Objekt. Der Vorteil in der nichtteilnehmenden Beobachtung liegt in der Distanz des Beobachters zu dem zu beobachtenden Subjekt. Durch die Beobachtung einer Person oder einer Gruppe verhält sich die Person/Gruppe möglicherweise anders als „normalerweise", womit die Validität dieser Maßnahme eingeschränkt ist.

Mir erscheint die Person des Beobachters als wesentlich für die Ergebnisse einer Beobachtung. Beobachtet werden immer diejenigen Verhaltensweisen, die den „Filter" des Beobachters passieren. Hinzu treten noch die Effekte, die, sich aus den bekannten Beobachtungsfehlern, wie z.B. der erste Eindruck -„Halo-Effekt"- ergeben, die nie gänzlich ausgeschlossen sind und oft auch kollektiv wirken. Darüber hinaus sollten die zu Beobachtenden über die Zielsetzung, die mit dieser Maßnahme verbunden ist, informiert werden und auch im Nachhinein eine Rückmeldung erhalten.

4.6.2 Befragung

Die Befragung stellt die, „in der empirischen Sozialforschung, bes. in der Markt- und Meinungsforschung, am häufigsten angewendete variantenreiche Methode der Datenerhebung" dar (BROCKHAUS 1987, S. 21).

Innerhalb einer Befragung können Meinungen oder Fakten erfragt werden. Unterschiedliche Formen der Befragung existieren nebeneinander (vgl. ausführlich ATTESLANDER 1993, S. 126-200):

- strukturierte Befragung
- unstrukturierte Befragung
- halbstrukturierte Befragung

die in

- mündlicher und
- schriftlicher Form

angewendet werden können.

In einer strukturierten Befragung werden vorher ausformulierte Fragen in einer konkret vorgegebenen Reihenfolge gestellt.

In einer halbstrukturierten Befragung benutzt der Befrager ein vor der Befragung formuliertes Fragenschema, das er jedoch inhaltlich und formal variieren kann.

In der unstrukturierten Befragung sind häufig nur die Ziele, die mit der Befragung erreicht werden, bekannt. Dem Befrager steht es frei, wie er seine Informationen erhält. Befragt werden können Einzelpersonen oder Gruppen.

Die Vorteile der Befragung liegen in ihrem umfangreichen Anwendungsgebiet. Probleme können dargestellt, Meinungen erfragt und Fakten ermittelt werden. Mit Hilfe einer schriftlichen Befragung können in kurzer Zeit viele Personen befragt werden. Insbesondere bei technischen Umstellungen oder bei der Durchführung von technisch- organisatorischen Innovationen ist es empfehlenswert, Befragungen durchzuführen (vgl. LEITER 1982, S. 94).

4.6.3 Einstellungsanalyse

In Einstellungsanalysen werden Einstellungen von Mitarbeitern ermittelt und gemessen. Einstellungen sind „durch Erfahrung, Erziehung und/oder abstrakte Wertmaßstäbe geprägte, relativ überdauernde Orientierungs-, Bewertungs- und Handlungstendenzen gegenüber breiten Klassen von (wert- oder sozialrelevanten) Gegenständen und Situationen (z.B. Personen mit bestimmten Merkmalen, Gruppen, Angehörigen einer bestimmten Kultur-, Religions- oder Sprachgemeinschaft, politischen Parteien, Arbeitsplatz, Freizeit, Kunststile, Moden und Gegenständen der sog. öffentlichen Meinung im weitesten Sinne)“ (FRÖHLICH 1968, S. 132).

Einstellungen können nicht unmittelbar durch Beobachtung festgestellt werden, sondern nur mittelbar durch Reaktionen von zu untersuchenden Personen in bestimmten Situationen und durch Gespräche. Hieraus ergibt sich das Problem der Messung. Ein häufig verwendetes Instrument der Messung ist der standardisierte Fragebogen.

Da Einstellungen zwar relativ konstant sind, sich gleichzeitig jedoch durch Veränderungen auszeichnen, können aus den Ergebnissen einer Einstellungsanalyse Maßnahmen abgeleitet werden, die Einstellungs- und Verhaltensänderungen intendieren.

4.6.4 Klimaanalyse

Leiter versteht unter Klimaanalysen die parallele Messung von Aspekten des Betriebsklimas und des Organisationsklimas (vgl. LEITER 1982, S. 148). Unter dem Begriff Organisationsklima versteht er objektiv gegebene Bedingungen, wie z.B. Räume, Lärmbelästigung, usw.. Rosenstiel definiert das Betriebsklima als „die Summe der evaluativ emotionalen Reaktionen der Betriebsmitglieder auf Merkmale des Betriebs“ (ROSENSTIEL 1992, S. 353). Dies bedeutet: Die Summe der gelebten Werte durch die Mitarbeiter in einer spezifischen Unternehmenskultur sind das Organisationsklima des betreffenden Unternehmens.

Die Klimamessung kann einerseits durch Befragungen erfolgen, andererseits durch die Heranziehung von sogenannten objektiven Daten, wie z.B. Fehlzeiten. Durch die Klimaanalyse können Zusammenhänge und Wechselwirkungen zwischen personellen und organisatorischen Strukturen analysiert werden, um eventuelle Probleme im fachlichen Bereich, in der Organisation oder in den zwischenmenschlichen Beziehungen herauszufinden und gegebenenfalls eine Veränderung zu ermöglichen (vgl. BESSOTH 1994).

4.6.5 Moderationsmethode

Kennzeichnend für die Methode der Moderation, die vielfach auch als Metaplanmethode bezeichnet wird, sind u. a. folgende Merkmale (vgl. SEIFERT 1990):

- formale Gleichstellung der Teilnehmer
- Neutralität der Moderatoren
- Offenheit des Ergebnisfindungsprozesses.

Mit der Moderationsmethode werden unterschiedliche Ziele verfolgt:

- hierarchiefreies, kreatives Arbeiten
- die Motivation der Teilnehmer (aller Teilnehmer, insbesondere solcher, die zurückhaltend sind)
- konkrete Ergebnisse sollen erreicht werden.

An die Person des Moderators werden besondere Anforderungen gestellt. Neben der Forderung nach Neutralität ist es erforderlich, daß sie eine ausreichende kommunikative Kompetenz besitzt (zu Moderatorenfehler vgl. HEEG/MÜNCH 1993, S. 285). Je nachdem, welche Kommunikationstheorie (WATZLAWIK, symbolischer Interaktionismus, Transaktionsanalyse) die Basis des Moderators bildet, ergeben sich mehr oder weniger starke Ausprägungen unterschiedlicher individueller Moderationsstile.

Watzlawick weist darauf hin, daß jede Kommunikation einen Inhaltsaspekt und einen Beziehungsaspekt enthält. Diesen Aspekten muß der Moderator gerecht werden (vgl. WATZLAWICK 1990, S. 53f.). Insbesondere die Kenntnis und das Verständnis des dritten metakommunikativen Axioms ist für die Durchführung von Moderationen von Bedeutung. „Die Natur einer Beziehung ist durch die Interpunktion der Kommunikation seitens der Partner bestimmt" (WATZLAWICK 1990, S. 61). Der Moderator hat die Aufgabe, kommunikative Störungen durch seine Intervention in das Kommunikationsgeschehen zu reduzieren.

Der Ablauf einer Moderation kennzeichnen formal unterschiedliche Phasen:

1. Einstiegsphase
2. Sammlung von Themen
3. Auswahl von Themen
4. Bearbeitung von Themen
5. Planung von Maßnahmen
6. Abschluß der Moderation (vgl. SEIFERT 1990, S. 74-80)

Bezogen auf die Ermittlung von Bildungsbedarf, liegt der Vorteil der Moderationsmethode darin, daß Betroffene zu Beteiligten gemacht werden, wodurch die Akzeptanz der Ergebnisse verhältnismäßig hoch ausfällt. Hierzu merkt ARNOLD (1991, S. 151) an: „Die Moderationsmethode scheint zudem in stärkerem Maß geeignet zu sein, Weiterbildungsbedarf Bottom-Up, d.h. durch das unmittelbare Gespräch mit den betroffenen Mitarbeitern der Fachabteilungen zu ermitteln, nicht nur vorgehaltene Angebote bestätigt zu bekommen, sondern auch neuartige Angebote zur Sprache zu bringen, das Individuum nicht zum Objekt zu verkürzen, sondern seine subjektiven Wünsche und Bedürfnisse in der Bedarfsermittlung einfließen zu lassen."

4.6.6 Assessment-Center

Das Assessment-Center bietet ein systematisches Verfahren zur Feststellung von Verhaltensleistungen und Defiziten, in dem mehrere Beobachter gleichzeitig mehrere Teilnehmer nach vorher definierten Anforderungen aufgrund von Kriterien hinsichtlich deren Eignung prüfen (vgl. JESERICH 1981, S. 33f.). Durch die Beurteilung von mehreren Beobachtern soll die Neutralisierung von Urteilstendenzen gewährleistet werden.

Assessment-Center können unterschiedlichen Zielen dienen. Es kann der fachliche und führungsmäßige Status quo von Mitarbeitern ermittelt werden. Der hierzu gebräuchliche Terminus heißt Entwicklungs- oder Potential-Assessment-Center. Daneben dient ein Assessment-Center auch der Auswahl neuer Mitarbeiter als Personalauswahlinstrument (vgl. HEEG/MÜNCH 1993, S. 383).

Individuelle fachliche Stärken und Schwächen können mit Einschränkungen schon aus den Zeugnissen eines Bewerbers geschlossen werden. In einem Assessment-Center werden in unterschiedlichen Übungen in erster Linie die sozialen und personalen Stärken ermittelt, was insbesondere bei zu besetzenden Positionen in Führungsbereichen von besonderer Relevanz ist.

Die Grundlage, auf der die Beobachter eines Assessment-Center die Teilnehmer beobachten, bilden die für die in Frage kommende Stelle definierten Anforderungsprofile. Idealerweise sollten im Assessment-Center konkrete Anforderungen an die Zielposition widergespiegelt werden.

Die in einem Assessment-Center ermittelte Abweichung zwischen Anforderungsprofil an eine Zielposition und Qualifikationsprofil eines Bewerbers kann die Grundlage für die Ermittlung des Bildungsbedarfs sein.

4.6.7 Selbstmanagement

Das Selbstmanagement kann als ein Instrument der Bildungsbedarfsanalyse angesehen werden, weil es individuelle Konzepte entwickelt, die zur Standortbestimmung einer Person, Zielfindung ihrer Selbstverwirklichung und zur konkreten Maßnahmenplanung verwendet werden kann. In der Standortbestimmung soll sich die Person über ihren Ist-Zustand klar werden. Das bedeutet, Selbstreflexion anhand von Arbeitshilfen (Unterlagen wie die eines Life-Styling-Fragebogens usw.) zu betreiben. In der Phase der Zielfindung werden zunächst ungenaue Vorstellungen und Wünsche, die die Zukunft betreffen, zu einem Katalog an Sollvorstellungen formuliert, die für die Person wirklich erreichbar erscheinen müssen. An diese persönliche Bedarfsanalyse kann sich eine Maßnahmenplanung anschließen, die im Rahmen des Selbstcoaching als Mittel zur Qualifikationsentwicklung einsetzt. Dabei kann die Stellenbeschreibung hinzugezogen werden: Die immer neue offene Stellenbeschreibung durch den Mitarbeiter selbst führt zu einer selbstreflexiven Betrachtung der Soll- und Ist-Qualifikationen und damit zu einer schrittweisen Konkretisierung seines Bildungsbedarfs. Mit jeder Neuformulierung seines Profils wächst seine Eigenbefähigung, sein Weiterlernen selbstverantwortlich zu steuern (vgl. HÜLSHOFF 1989, S. 17).

4.6.8 Auswahl der Instrumente

Bereits diese Auswahl an Bedarfsanalyse-Istrumenten läßt erkennen, wie schwierig es ist, die richtige Auswahlentscheidung zur Ermittlung des Bildungsbedarfs zu treffen. Diese Schwierigkeiten vergrößern sich noch zusätzlich dadurch, daß dabei je nach Verfügbarkeit und Qualität (Validität und Reliabilität der dort vorhandenen Daten) der möglichen Bildungsbedarfssammlungsquellen die richtigen, d.h. passenden und effektiven Bildungsbedarfssammlungsmethoden ausgewählt werden müssen und im Einzelfall nicht immer ganz klar ist, welche Daten sachlich gerechtfertigt als Bedarf gelten bzw. etwas über den Bildungsbedarf auszusagen vermögen.

Diese Unsicherheiten führen in der Praxis dazu, daß überwiegend vorgesetzte Instanzen bzw. Abteilungen, d.h. häufig der Abteilungsleiter, befragt werden bzw. bestimmen können, welche offensichtlichen Qualifikationsanforderungen den dringlichsten Bildungsbedarf darstellen (vgl. ARNOLD 1991, S. 149f.).

Den Unternehmen ist zuzustimmen, wenn aus ihrer Sicht „ein analytisches, wissenschaftlich fundiertes und in der Praxis erprobtes Instrumentarium zur Ermittlung des Weiterbildungsbedarfs... fehlt“ (von BARDELEBEN u.a. 1986, S. 47). Trotz der Fülle der mittlerweile vorliegenden Instrumente und Methoden müssen diese meist noch an die jeweils spezifischen Bedingungen des Unternehmens und die Zielgruppe angepaßt werden und sind nicht direkt und ohne spezielles Know-How im Paket einsetzbar.

Es ergibt sich ein Problemdreieck der Bildungsbedarfsanalyse aus

- Bildungsbedarf
- Bildungsbedarfs-Sammlungsmethoden
- Bildungsbedarfs-Sammlungsquellen

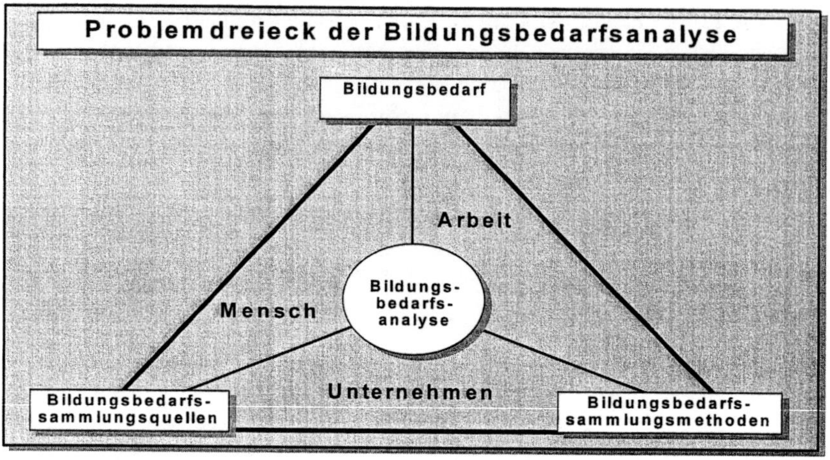

Abb. 23: Problemdreieck der Bildungsbedarfsanalyse

4.7 Anforderungen an Methoden der Bedarfsermittlung

Bei den zuvor dargestellten und bisher verwandten Instrumenten und Methoden muß geprüft werden, ob sie für eine valide und verläßliche Erfassung des Bildungsbedarfs überhaupt geeignet sind bzw. weiterentwickelt werden können. Der Bildungsbedarf zeigt sich als etwas, das weder einfach erfaßt noch aus irgendwelchen übergeordneten Anforderungsumwelten mehr oder weniger zwingend in seiner Gesamtheit abgeleitet werden kann. Statt dessen existiert ein Verständnis von Bildungsbedarf, das ARNOLD (1991, S. 154) in die Formel faßt: „Wenn die Beteiligten Bedarf definieren, dann ist dieser in seinen Konsequenzen real". Diese Problemsicht, die in sachlicher und auch zeitlicher Übereinstimmung mit der Überwindung der Technikorientierung in der Betriebspädagogik sowie den neueren Ansätzen der Organisations- und Personalentwicklung einhergeht (vgl. HÖLTERHOFF/ BECKER 1986), bedeutet eine Erweiterung der Sichtweise von Bildungsbedarf als quantitative Restgröße, abgeleitet aus den „hard facts" betrieblicher Einflußfaktoren.

Die neue mitarbeiterorientierte Sicht, die qualitative Daten mit einbezieht, macht den Bildungsbedarf zu einer potential- und gestaltungsorientierten Größe. Damit wird der Gesichtspunkt der Gestaltbarkeit nicht nur zur Grundlage einer bedarfsorientierten Weiterbildung sondern auch zum entscheidenden Element des Bildungsbedarfs und der Methoden seiner Ermittlung.

4.7.1 Methodische Prinzipien einer Bildungsbedarfsanalyse

Aus den vorgenommenen Betrachtungen zu den unterschiedlichen Facetten und Determinanten des Bildungsbedarfs, lassen sich 5 wichtige Prinzipien für das methodische Vorgehen zur Bestimmung des Bildungsbedarfs generieren.

4.7.1.1 Prinzip der Integration der Bedarfsdeterminanten

Um alle Bildungsbedarfsdeterminanten in der Weiterbildungsarbeit angemessen zu berücksichtigen, genügt es nicht, ihren kleinsten gemeinsamen Nenner zu finden. Gerade in ihrer Unterschiedlichkeit liegt die Chance, den Bildungsbedarf wechselseitig zu ergänzen, korrigieren und konkretisieren. Dazu verhelfen einerseits die Ansätze einer integrierten oder zumindest verzahnten Unternehmens- mit der Personal- und Bildungsplanung, bei der die Produktplanung, technische Planung und Personalentwicklungsarbeit nicht nacheinander organisiert, sondern zu einem integrierten Konzept (System) vereint werden (vgl. IDW 1989, S. 3).

Andererseits gehört zu einem integrierten Konzept eine Unternehmenskultur, die ihre Ziele aus der Unternehmenspolitik sowie den geschäftspolitischen Zielen ableitet, als auch Führungsleitlinien, die den gleichrangigen Stellenwert der Determinanten sowie der Weiterentwicklung des Zusammenwirkens im Unternehmen einbeziehen. „Zu berücksichtigen ist dabei insbesondere die Variabilität des Technikeinsatzes“ (IDW 1989, S. 14) bzw. die Abhängigkeit zwischen Arbeit und Technik (vgl. ARNOLD 1990, S. 58). Der Einsatz neuer Technologien eröffnet zunächst den Mitarbeitern einen deutlich erhöhten Dispositions- und Gestaltungsspielraum an ihrem Arbeitsplatz. Es ist jedoch von den jeweils vorhandenen Mitarbeiterqualifikationen abhängig, inwieweit diese Möglichkeiten zur Gestaltung der beruflichen Tätigkeiten, etwa in Form von Entscheidungen über Tätigkeitsinhalt, Schnittstellen zu anderen Arbeitsplätzen, der Arbeitsorganisation etc. als Chancen gesehen und tatsächlich genutzt oder als Gefahren erlebt und blockiert werden.

4.7.1.2 Prinzip der Verknüpfung

Verknüpfung meint, daß der Bildungsbedarf im Sinne der aufgezeigten Integration der Bildungsplanung mit den übrigen Teilen der Unternehmensplanung bestimmt wird. Weiter sollen die bei dieser „Top-down-Strategie“

verbleibenden blinden Flecken durch pragmatische Maßnahmen (vgl. ARNOLD 1991, S. 153) der Bildungsbedarfsanalyse ergänzt werden: Geschäftspolitische Entscheidungen über die Veränderung der Tätigkeitsschwerpunkte in einer Abteilung aus der Sicht der Vorgesetzten sollen also im Rahmen einer Bottom-up-Strategie durch die Weiterbildungserfordernisse, wie sie die Mitarbeiter für sich selbst sehen, interpretiert werden. Diese Orientierung kann z.B. im Rahmen von Interviews mit den betroffenen Mitarbeitern, im Zusammenhang mit Beurteilungs- und Fördergesprächen oder auch im Rahmen eines Problemidentifizierungsseminars oder Workshops vorgenommen werden (vgl. STIEFEL 1982, S. 56).

4.7.1.3 Prinzip der Interaktion

Die einzige Möglichkeit, um zu einem vollständigen Bild des Bildungsbedarfes zu kommen, besteht im Konkretisieren des Bildungsbedarfs mit allen Beteiligten. Statt mit einem geschlossenen Modell zu bestimmen, was der Bildungsbedarf im konkreten Fall ist oder sein soll oder in Form fertig ausformulierter Erhebungskategorien eines Erhebungsinstruments den Bildungsbedarf zu bestimmen, bietet es sich an, in einem offenen Modell den Bildungsbedarf im Dialog mit mehreren Determinantenvertretern wechselseitig zu konkretisieren. Die Determinantenvertreter bzw. die Bildungsbedarfssammlungsquellen haben dabei die Aufgabe, ihre oft einseitigen und vagen Vorstellungen einzubringen und wechselseitig zu konkretisieren, zu ergänzen und zu korrigieren. Der Verlauf des Prozesses der Bestimmung des Bildungsbedarfs verändert sich dadurch gegenüber der Anwendung herkömmlicher Instrumente von einem rein linearen Vorgang zu einem eher schrittweisen zirkulären Prozeß. Bereits analysierte Teile des Bildungsbedarfs werden bei der Betrachtung anderer Bildungsbedarfssammlungsquellen erneut aufgegriffen, ergänzt oder verändert und in die nächste „Runde" weitergegeben, bis sie nicht mehr verbessert werden können.

4.7.1.4 Prinzip der Prozeßorientierung

Die Struktur des Bildungsbedarfs bedingt, daß eine Ermittlung auf keinen Fall auf einen Zeitpunkt, z.B. Fragebogenaktion, verkürzt und begrenzt werden kann. Statt dessen muß die Bildungsbedarfsanalyse ein Prozeß sein, der bereits einige Zeit vor dem offiziellen Beginn des Lernprozesses der Teilnehmer - etwa durch das Ankreuzen von Themenkreisen in einem Fragebogen - beginnt, der sich aber über den gesamten Zeitraum des Lernens der Teilnehmer erstreckt. Um Bildungsbedarf in einem solchen Prozeß zwischen mehreren Determinanten zu ermitteln, ist es notwendig, offene

Rahmenbedingungen und Situationen zu schaffen, wodurch der Bildungsbedarf in unterschiedlichen Stufen präzisiert werden kann. Es sind also mehrere Schritte nötig, und jeder neue Schritt darf nicht durch vorausgegangene Ergebnisse (oder gar Planungen) übermäßig eingeengt bzw. vorstrukturiert werden. Statt dessen muß idealerweise in jedem neuen Analyse- und Verarbeitungsschritt des Bildungsbedarfs genügend Spielraum und Flexibilität enthalten sein, um neue, aktuelle Aspekte des Bildungsbedarfs, also auch situative Gegebenheiten, Interessen, Bedürfnisse und Bedingungen der Beteiligten aufnehmen zu können.

4.7.1.5 Prinzip der Partizipation

Die durch den Wandel der Qualifikationsanforderungen an ihrem Arbeitsplatz betroffenen Mitarbeiter waren bei vielen herkömmlichen Methoden der Bildungsbedarfsanalyse mehr oder weniger nur Objekte der Betrachtung und der Veränderung. Die Abkehr von den „hard facts" macht eine aktive und mitgestaltende Rolle der Teilnehmer möglich: „Betroffene werden zu Beteiligten". Nach diesem Prinzip soll der Bildungsbedarf nicht mehr stellvertretend durch Experten erschlossen werden, sondern die Teilnehmer bestimmen als Subjekte und Akteure ihren eigenen Bildungsbedarf aktiv, selbstgesteuert und selbstreflexiv. Dies geschieht in Auseinandersetzung und Abstimmung mit den anderen Beteiligten. Dadurch wird der direktive Charakter vieler herkömmlicher Bildungsbedarfsanalysemethoden überwunden. In Gruppen- und Projektarbeit kann bei der Moderation ein nichtdirektiver Kommunikationsstil praktiziert werden (evtl. ein Bildungsbedarf für eine andere Zielgruppe). Dadurch kann sich der vielfach bei Bildungsbedarfsanalysen zu beobachtende Widerstand der Teilnehmer gegenüber den mehr oder weniger als übergestülpt empfundenen Ergebnissen in Selbstinitiative wandeln.

4.7.2 Ebenen und Modelle der Bildungsbedarfsanalyse

Ausgehend von den Strukturmerkmalen des Bildungsbedarfs, seinen Determinanten sowie den daraus resultierenden Anforderungen an die Methodik der Bildungsbedarfsanalyse lassen sich auf zwei unterschiedlichen Betrachtungsebenen jeweils zwei Wege beschreiben, also insgesamt vier Grundmodelle der Bildungsbedarfsanalyse unterscheiden.

- Bildungsbedarfsanalyse auf der Mikroebene
- Bildungsbedarfsanalyse als Subtraktionsmodell
- Bildungsbedarfsanalyse als Zielmodell

4.7.2.1 Bildungsbedarfsanalyse auf der Makroebene (Makro-BBA)

Immer dann, wenn für die Gestaltung einer Weiterbildungsmaßnahme keine vorgegebenen Curricula, Ausbildungsordnungen oder Lehrprogramme vorliegen, bietet sich die Makro-BBA als Instrument an.

Als makrodidaktische Bildungsbedarfsanalyse werden all die Strategien und Instrumente bezeichnet, die für die planerische Gestaltung einer Weiterbildungsmaßnahme Daten für begründete Ziel- und Inhaltsentscheidungen liefern sollen.

Die Aufgabe der Makro-BBA besteht in der Ermittlung und Beschreibung von Daten, aus denen Aussagen über:

- Umfang,
- Art und
- Inhalt

eines bedarfsgerechten Weiterbildungsangebots abgeleitet werden können. Im Planungsprozeß einer Weiterbildungsmaßnahme kann die Makro-BBA somit als zusätzlicher und vorgelagerter Arbeitsschritt vor der eigentlichen didaktischen Programmplanung gesehen werden. Sie gewährleistet, daß bereits die ersten Planungsschritte möglichst exakt im Hinblick auf die Lernbedürfnisse einer bestimmten Zielgruppe (d.h. eines Unternehmens, eines Funktionsbereiches oder einer einzelnen Abteilung) gestaltet werden.

Gegenstand der Makro-BBA sind also zunächst sämtliche

- Probleme
- Ziele
- Anforderungen
- Fragestellungen

die durch die Weiterbildungsmaßnahme gelöst, erreicht, erfüllt und beantwortet werden sollen. Diese Inputs der didaktischen Planung gilt es bei der Makro-BBA (als erstem Schritt der Planung einer Weiterbildungsmaßnahme) zunächst zu suchen, anschließend zu sammeln und letztendlich aufzubereiten. Sie beantwortet deshalb auch Fragen wie:

- Welchen betrieblichen Zielgruppen sollte sich die Weiterbildung zuwenden?
- Welche Themen und Inhalte sind von Bedeutung?

4.7.2.2 Bildungsbedarfsanalyse auf der Mikroebene (Mikro-BBA)

Gegenstand der Mikro-BBA ist die Vorbereitung der didaktischen Feinsteuerung des Ablaufs der Weiterbildungsmaßnahme. Die Feinsteuerung bringt Vorteile, wenn bei der Durchführung einer Weiterbildungsmaßnahme keine geschlossen vorgeplanten Abläufe zur Anwendung kommen. In Seminaren besteht für die Trainer die Notwendigkeit und die Chance zu einer situationsbezogenen und prozeßorientierten didaktischen Feinsteuerung noch während des bereits laufenden Lernprozesses.

Als Mikro-BBA werden solche Strategien und Instrumente bezeichnet, die im Prozeß der Durchführung einer Weiterbildungsmaßnahme Daten für die inhaltliche Feinsteuerung liefern sollen.

Mit inhaltlicher Feinsteuerung sind Lernziel- und Lerninhaltsentscheidungen auf der untersten didaktischen Handlungsebene gemeint. Es geht nicht um Weiterbildungsthemen oder Themenschwerpunkte einer Weiterbildungsmaßnahme sondern um die

- Feinauswahl der Lerninhalte:
  Welche der Lerninhalte der didaktischen Planung werden letztendlich in der Weiterbildungsmaßnahme erarbeitet?
- Feinabstimmung des Ablaufs der Lerninhalte:
  In welcher Vermittlungsreihenfolge werden die einzelnen Lerninhalte tatsächlich erarbeitet?

Solche Entscheidungen können bedarfsorientierter aus dem laufenden Prozeß heraus gefällt werden. Deshalb findet die Mikro-BBA nicht in der Planungsphase, sondern erst zu Beginn und während der bereits laufenden Weiterbildungsmaßnahme statt.

Die Mikro-BBA ist damit stärker als die Makro-Analyse prozeßorientiert. In direkter Interaktion mit den Teilnehmern erfolgt - quasi live - eine inhaltliche Feinsteuerung. Dazu muß im Dialog Teilnehmer- Trainer in der jeweils aktuellen Unterrichtssituation herausgefunden werden, wo die Teilnehmer stehen und wo sie auf dem Weg der Erschließung und Erarbeitung des Lehrstoffs als nächstes hin wollen. Es gilt aktuelles Problembewußtsein, aktivierte Vorkenntnisse und Vorerfahrungen sowie individuelle Bedürfnisse und Interessenlagen der Teilnehmer zu erfassen und dem tatsächlichen Seminarverlauf eine teilnehmeraktivierende Orientierung zu geben.

Gegenstand der Mikro-BBA sind deshalb Fragen wie:

- Was haben die Teilnehmer von dem gerade erarbeiteten Lehrstoff noch nicht, nicht richtig oder falsch verstanden?
- Was haben die Teilnehmer von dem gerade erarbeitenden Lehrstoff noch nicht oder nicht fehlerfrei anwenden können?
- Welche Teilfähigkeiten (in Form eines ungelösten Problems bzw. einer unbewältigten Übung) stellen sich im Augenblick als Hindernis bei der weiteren Erschließung des Stoffes für die Teilnehmer dar?

4.7.2.3 Subtraktionsmodell

Das Subtraktions- (bzw. Diskrepanz-) Modell knüpft unmittelbar an das methodische Grundmuster der Soll-Ist-Abweichungsanalyse an (vgl. Kapitel 4.1). Aus der Gegenüberstellung und dem Abgleich zukünftiger Qualifikationsanforderungen mit den gegenwärtig vorhandenen Qualifikationen wird der Bildungsbedarf quasi heraussubtrahiert.

Die Bestimmung des Bildungsbedarfs nach dem Subtrakationsmodell ist dann gegeben, wenn dabei explizit formulierte Daten einer Soll- oder einer Ist-Qualifikation einem Abgleich unterzogen werden.

Die indirekte Vorgehensweise besitzt den Vorteil, daß die Bestimmung des Bildungsbedarfs auf der Grundlage von zwei explizit formulierten Bestimmungsgrößen vorgenommen wird. Das ermöglicht eine gewisse Objektivierung und Absicherung der Ergebnisse auf dem Wege der gegenseitigen Prüfung. Die Aussagen über den so ermittelten Bildungsbedarf hängen jedoch weniger von diesem Modell als vielmehr von den jeweils benutzten Methoden zur Bestimmung der Soll-Qualifikationen und Ist-Qualifikationen ab (vgl. die vorherigen Kapitel). Einen wichtigen Vorteil dieses methodischen Modells bietet seine große didaktische Reichweite.

Das Subtraktionsmodell eignet sich auch dann, wenn zwischen Ist-Qualifikation und Soll-Qualifikation eine erhebliche stoffliche und zeitliche Distanz in Form einer Vielzahl neu zu erarbeitender Lerninhalte und komplexer Fähigkeiten besteht. Insbesondere dann, wenn Mitarbeiter sich in völlig neue Sach- und Arbeitsgebiete einarbeiten, und deshalb sowohl Markierungspunkte für den Anfangs- als auch den Endpunkt des Bildungsweges sowie ein detailliertes Curriculum bestimmt werden müssen. Als Ergebnis des Modells liegt ein Katalog von Teilfähigkeiten vor, der dann zwischen dem Anfang und dem Ende des zu gestaltenden Bildungsweges so eingeteilt werden kann, daß sich der lernökonomisch kürzeste Verbindungsweg zwischen Ist- und Soll-Qualifikation ergibt.

4.7.2.4 Globalmodell

Das Global- (bzw. Ziel-)Modell geht die Bestimmung des Bildungsbedarfs direkt an. Problemsituationen und erlebte Defizite und Mängel aus der Sicht der Teilnehmer werden identifiziert und beschrieben. Das Ergebnis wird gleichzeitig als Bildungsbedarf und als Lernziel verwendet.

Bildungsbedarf nach dem Globalmodell liegt vor, wenn der Bildungsbedarf direkt aus einer Problemsituation bzw. einer Qualifikations-Defiziterfahrung abgeleitet wird, ohne daß die dabei gewonnenen Daten explizit mit der Ist-Qualifikation der Teilnehmer abgeglichen werden.

Im Vergleich zum Subtraktionsmodell ist dieses Verfahren einfacher zu handhaben, weil durch seine einstufige und direkte Vorgehensweise weniger Arbeitsschritte zu leisten und weniger Daten zu verarbeiten sind.

Ein weiteres Merkmal besteht in der starken Subjektivität der gewonnenen Ergebnisse. Da die Teilnehmer aus ihrer ganz persönlichen Sicht ihren Bildungsbedarf artikulieren, beinhaltet das Ergebnis quasi ein Konglomerat aus individuellen Problemdefinitionen. Deshalb eignet sich dieses Modell auch nicht (wie das Subtraktionsmodell) zur Bestimmung weitreichender Curricula. Es ist situationsorientiert. Die Teilnehmer bestimmen ihr Qualifikationsproblem z.B. in Form eines Arbeitsfokusses für die nächste Lerneinheit. Dieser Fokus ist aber nicht wie beim Subtraktionsmodell das Ziel eines gemeinsamen Lernwegs. Es ist vielmehr ein gemeinsamer Zielpunkt durchaus individueller Problemsichtweisen der Teilnehmer, die sich in zwar kurzfristigen, aber jeweils persönlichen Lernzielen ausdrücken. Die Teilnehmer haben zum gleichen „Problem" zumindest teilweise unterschiedliche Qualifizierungsinteressen bzw. -schwerpunkte.

4.8 Bildungsbedarfsanalyse im Dialog

Bei der Konstruktion weiterbildungsadäquater und effektiver Instrumente der Bildungsbedarfsanalyse muß nicht nur von den bisher betrachteten Aspekten ihrer Aufgabe im Funktionszyklus der Weiterbildung (den Strukturmerkmalen des Bildungsbedarfs), den Determinanten und verfügbaren Sammlungsquellen sowie den daraus resultierenden methodischen Prinzipien ausgegangen werden. Wichtig für den Berater/Weiterbildner ist außerdem die Frage: „In welcher Organisation bewege ich mich?"

Aufgrund des gesellschaftlichen Wertewandels sowie der weltweiten Verfügbarkeit modernster Fertigungstechnologien werden die Mitarbeiter zum wichtigsten Erfolgspotential eines Unternehmens.

Mit dem Ziel, dem Mitarbeiterpotential bessere Wirkungsbedingungen zu schaffen, haben viele Unternehmen im letzten Jahrzehnt ihre Arbeitsorganisation und damit ihre gesamte Unternehmenskultur durch Personal- und Organisationsentwicklungsmaßnahmen nachhaltig verändert.

Für die Mitarbeiter bedeutet diese Entwicklung ein Mehr an Eigenverantwortung in der täglichen Arbeit nach dem Prinzip: Betroffene werden zu Beteiligten und aktiv Mitgestaltenden. Dabei lernt jeder einzelne Mitarbeiter und damit die gesamte Organisation, bestimmte übergreifende Eigenschaften des Systems zu einem höheren Reifegrad (ARNOLD 1991, S. 48) zu entwickeln. Die Mitarbeiter gehen eben anders miteinander um in einer Organisation, die gekennzeichnet ist durch:

- Teamarbeit
- ganzheitlichen Aufgabenzuschnitt und Dezentralität
- weniger Hierarchie.

Wo sich aber die gesamte Unternehmenskultur verändert, wandelt sich auch die Lernkultur. Eine betriebliche Weiterbildung und Personalentwicklung leistet eben nur dann einen Beitrag zur Organisationsentwicklung (ARNOLD 1990, S. 64ff.; JESERICH 1989, S. 59), wenn sie nicht nur die aktuellen und zukunftsrelevanten Themen der Organisation zum Inhalt organisierter Lernprozesse macht, sondern auch die Lernsituationen so arrangiert, daß die dabei praktizierten Organisationsformen des Lernens, die beabsichtigte Organisationsentwicklung fördern (vgl. SATTELBERGER 1994, S. 28). Das bedeutet, daß die Lernsituation in der Bildungsmaßnahme korrespondierend zu den Merkmalen moderner Arbeitsorganisation durch Selbstorganisation, Projektorientierung und Selbstverantwortlichkeit gekennzeichnet sein sollten, wie dies in modernen handlungs- und erfahrungsorientierten didaktischen Konzepten der Fall ist. Es ist deshalb kein Beitrag zur Weiterentwicklung einer innovations- und entwicklungsfördernden Unternehmenskultur, wenn Mitarbeiter, die am Arbeitsplatz im Team ihre Aufgaben umfassend und mit hohem Dispositionsspielraum aufgreifen und erledigen, sich in fremdgesteuerten Lernangeboten wiederfinden.

Neben der Frage: „In welcher Organisation bewege ich mich?“ spielt für den Bildungsberater auch die Frage eine Rolle: „Welche Entwicklungsstufe der Weiterbildung ist in dieser Organisation bereits erreicht?“

Nach dem Kriterium des Realisierungsgrades der Ziele und Prinzipien moderner Organisationsentwicklung lassen sich Entwicklungsstufen bzw. Generationen (HÖLTERHOFF/BECKER 1986, S. 212) der Weiterbildung sachlich voneinander abgrenzen. Solche Stufenmodelle werden als Indikatoren für die Einordnung betrieblicher Weiterbildungssysteme genutzt. Vergleicht man die dabei identifizierte Entwicklungsstufe der Weiterbildung mit der jeweils erreichten Entwicklungsstufe der Unternehmenskultur, ergeben sich drei Varianten:

1. beide Entwicklungsstufen harmonieren,
2. die Entwicklungsstufe der Weiterbildung hinkt der Unternehmenskultur hinterher,
3. die Entwicklungsstufe der Weiterbildung ist der Unternehmenskultur mindestens einen Schritt voraus, sie ist fortschrittsfähig (vgl. KIRSCH 1990).

Es kommen die Instrumente der Bildungsbedarfsanalyse zur Anwendung, die dem jeweiligen Realisierungsgrad der Organisation entsprechen. Die Moderationsmethode gewinnt als interaktives, problem- und prozeßorientiertes Verfahren eine größere Bedeutung.

Kreuzt man die auf zwei verschiedenen Betrachtungsebenen gebildeten Grundmodelle miteinander, so ergeben sich vier voneinander abgrenzbare dialogische Instrumente:

Instrumente dialogischer Bildungsbedarfsanalyse		
	methodische Ebene	
didaktische Ebene	**Subtraktions-Modell**	**Global-Modell**
Makro-Modell	1. BBA-Workshop	3. Qualitätszirkel
Mikro-Modell	2. Arbeitsauftrag	4. Bildungsberaterfrage

Abb. 24: Instrumente dialogischer Bildungsbedarfsanalyse

4.8.1 Bildungsbedarfsanalyse-Workshop

Der Bildungsbedarfsanalyse-Workshop bietet von allen vier Instrumenten den umfassendsten Ansatz. Er eignet sich immer dann, wenn der Bildungsbedarf einer Lerngruppe für verschiedene Fachgebiete oder bestimmte Teilqualifikationen ermittelt werden soll, der vom Ist-Leistungsstand der Teilnehmer so weit entfernt ist, daß dazu die Entwicklung eines eigenen Curriculums (z.B. für ein mehrtägiges Weiterbildungsseminar oder in Form mehrerer Seminarbausteine) notwendig ist (vgl. Tableau eines BBA-Workshops im Anhang 1, abgebildet in: MÜNCH 1995(b) S. 87).

Der Bildungsbedarfsanalyse-Workshop steht generell am Beginn der Bildungsbedarfsanalyse. Ihm voraus geht lediglich ein Startimpuls. Dies kann eine Problemmeldung aus einer betrieblichen Abteilung (z.B. Ausschußrate steigt), das Ergebnis einer Erhebung (z.B. Befragung) oder eine organisierte Problemfeldbestimmung sein. Solche Startimpulse signalisieren umrißhaft

Grobbedarfe und skizzieren damit die ungefähre Richtung und Problemtiefe, in der ein Bildungsbedarfsanalyse-Workshop durchzuführen ist. Dieser Workshop ist dann die zweite Station im Prozeß der Konkretisierung dessen, was die Lerngruppe an neuen Qualifikationen erarbeiten will. Er hat den Charakter eines Problemidentifizierungs- und Problemklärungsseminars mit dem Ziel, daß

- sich die Teilnehmer gemeinsam in ihrer Bedürfnisermittlung engagieren,
- die Teilnehmer ihre einzelnen Probleme und Bedürfnisse auf den jeweiligen Stellenwert und Echtheitsgrad hinterfragen,
- die Teilnehmer die artikulierten Probleme und Bedürfnisse als ihre Probleme akzeptieren
- die Teilnehmer gemeinsam eine Lern- und Problemlösungsvereinbarung eingehen.

Mündet der Bildungsbedarfsanalyse-Workshop in die Planung von Weiterbildungsmaßnahmen für die Mitarbeiter ein, so steht an dessen Ende zum einen eine Liste konkreter Lernziele, die die Teilnehmer persönlich erreichen wollen, und zum anderen ein Lernkontrakt, in dem sich die Teilnehmer verpflichten, ihre Bedürfnisse und Probleme im Kontext ihrer beruflichen Verwendungssituation weiter zu konkretisieren. Dieser Kontrakt führt dann zu weiteren Aktivitäten der Teilnehmer. Sie sammeln beispielsweise praktische Problemfälle an ihrem Arbeitsplatz und ergänzen mit diesen die Liste der aus ihrer Sicht noch offenen Fragen zum Thema des Seminars.

4.8.2 Qualitätszirkel

In den 50er Jahren ursprünglich allein mit dem Ziel der Qualitätsverbesserung in japanischen Unternehmen eingesetzt, erkannten auch europäische Manager in den 70er Jahren, daß sich Qualitätszirkel ausgezeichnet zur Organisationsentwicklung eignen. Dabei spielte auch eine Rolle, daß die Grundphilosophie der Qualitätszirkel sich mit jener der Organisationsentwicklung weitgehend deckt: Die Mitarbeiter aller Ebenen gelangen aufgrund ihrer täglichen Arbeitserfahrung zu Kenntnissen und Fähigkeiten zur Weiterentwicklung von Produkten, Verfahren und der Organisation. Diese Innovationspotentiale sollen nicht blockiert sondern genutzt, d.h. weiterentwickelt und umgesetzt werden (vgl. STROMBACH 1984, S. 6).

Die Mitarbeiter kommen meist aus einem Arbeitsbereich bzw. haben gleiche Aufgaben und arbeiten zwei- bis dreimal im Monat unter der Leitung eines Moderators nach einem Problemlösungsalgorithmus, der durch folgende Arbeitsschritte gekennzeichnet ist:

1. Probleme sammeln
2. Probleme beschreiben
3. Ziele/Visionen entwickeln
4. Lösungsmöglichkeiten finden bzw. erfinden
5. Lösungen bewerten und auswählen
6. Maßnahmenplanung konkretisieren
7. Maßnahmen umsetzen
8. Ergebnisse kontrollieren

Obwohl sich die verschiedenen Varianten der Qualitätszirkel nach dem Grad der Mitwirkungsmöglichkeiten der Betroffenen deutlich unterscheiden, bieten die Varianten des Werkstattzirkels, des reinen Qualitätszirkels, der Lernstatt der Problemlösungsgruppen oder der autonomen bzw. teilautonomen Arbeitsgruppen (STROMBACH 1984, S. 6 und S. 10-14) nicht nur die Chance zur Verbesserung der Organisation sondern auch zur permanenten persönlichen Weiterentwicklung der Mitarbeiter. Sie konkretisieren ihren Bildungsbedarf durch die direkte Begegnung mit den Problemen, Aufgaben und Fragestellungen am Arbeitsplatz. Durch den gemeinsamen Austausch lernen die Mitarbeiter dabei aus Erfahrung, welche Qualifikationen sie zur besseren Bewältigung ihrer betrieblichen Aufgaben noch benötigen. Die Formulierung des Bildungsbedarfs geschieht zunächst auf makrodidaktischer Ebene, und kann dann der auslösende Impuls für eine Weiterbildungsmaßnahme sein. Die Arbeit mit Qualitätszirkeln zeigt, daß Mitarbeiter eines Zirkels ihre eigene Weiterbildung in Selbstorganisation planen und evtl. unter Hinzuziehung eines gruppenexternen Experten eigenverantwortlich durchführen können. In diesem Fall kann während der Planung und der Durchführung von Qualitätszirkeln auch eine im Prozeß mitlaufende makrodidaktische Bildungsbedarfsanalyse für die gesamte Gruppe stattfinden.

4.8.3 Arbeitsauftrag

Der Arbeitsauftrag stellt das wichtigste Instrument mikrodidaktischer Bildungsbedarfsanalysen nach der Subtraktionsmethode dar. Analog zum Grundprinzip der sogenannten MILES-Schleife stellt er die erste Station sämtlicher Methodenkonzepte dar, die sich dem Ansatz des handlungs- und/oder erfahrungsorientierten Lernens (vgl. MÜLLER/STÜRZL 1990, S. 174 und S. 184-187) zuordnen lassen.

Arbeitsaufträge werden in aller Regel schriftlich im Verlauf eines Weiterbildungsseminars vom Lehrenden als Aufforderung zu selbständig-produktivem Tun der Teilnehmer gegeben. Der Arbeitsauftrag zielt dabei vordergründig auf die Herstellung eines bestimmten Produkts (z.B. Flip, Rollenspiel usw.). Dieses ist aber nur Instrument dafür, einen beabsichtigten Lern- und Erfahrungsweg selbstorganisiert zu gehen und dabei bestimmte Erkenntnisse und Fähigkeiten selbst zu erforschen bzw. zu entdecken.

Der Trainer hat in der nachfolgenden Präsentation und Besprechung Gelegenheit und Zeit, mit Hilfe der richtigen Lösungsbestandteile sowie der produzierten „Fehler" zu bilanzieren, was die Teilnehmer bereits können und wo jetzt noch ihr weiterer Bildungsbedarf liegt (MÜLLER/STÜRZL 1990, S. 189-192).

Der Ablauf innerhalb eines Weiterbildungsseminars ergibt sich wie folgt:

1. Auftragsübergabe-Situation
   - Fokussieren einer aktuellen Lernaufgabe für die Teilnehmer zum Erreichen des Seminarziels.
   - Aufforderung zu selbständig - produktiver Produktherstellung.
   - Übergabe der Medien, die für die zu erarbeitenden Lerninhalte notwendig sind.
2. Selbständig - produktive Teilnehmerarbeit
   - Aktivieren von Vorerfahrungen, neuen Erkenntnissen und der Kooperation innerhalb der Gruppe.
   - Lernen durch Erfahrungsaustausch, Handeln, Entdecken, Erforschen, Erleben und gemeinsames Reflektieren.
   - Fassen der Erkenntnisse und Fähigkeiten in Form eines konkreten Produkts.
3. Präsentations-Situation
   - Vorstellen und Erläutern der Ergebnisse und Lösungswege des gemeinsamen Arbeits- und Lernprozesses.
4. Besprechungs-Situation
   - Gemeinsames Aufarbeiten und Reflektieren des erlebten Problemlösungs-, Erforschungs- und Lernprozesses.
   - Hinterfragen und Bewerten der Lernergebnisse und -erlebnisse durch den Trainer. Bilanzierung von Soll- und Ist-Qualifikationen in Bezug auf die Lerninhalte für die weitere Erarbeitung.

4.8.4 Berater-, Trainerfrage

Die Bildungsberaterfrage gehört, zusammen mit dem Arbeitsauftrag zu den Bildungsbedarfsanalyseinstrumenten, die der didaktischen Feinsteuerung im laufenden Lernprozeß eines Weiterbildungsseminars dienen. Dem Nachteil ihrer geringen didaktischen Reichweite steht dabei der Vorteil ihres außerordentlich hohen Differenzierungs- und Detaillierungsgrades gegenüber.

Die praktische Anwendung geschieht durch Frageformulierungen an die Seminarteilnehmer, wie z.B.:

- Was ist noch unklar?
- Welche Fragen sind jetzt noch offen?

„Wie unter einer individuellen Lupe können die Teilnehmer ihren ganz persönlichen Erkenntnis- und Konkretisierungsprozeß zu ihrem Bildungsbedarf entweder allein, mit einem Lernpartner oder in Gruppen wieder aufnehmen bzw. fortsetzen. Eine durch derartige offene Fragen eingeleitete Arbeitsphase im Seminar, bietet deshalb in Bezug auf gerade betrachtete Themen die Chance einer Bedürfnispräzisierung, wie sie weder zu irgendeinem Zeitpunkt vor Beginn des Seminars noch mit irgendeinem anderen BBA-Instrument in vergleichbarer Weise möglich wäre. Die Offenheit der Fragestellung, zusammen mit dem Freiraum einer selbständig produktiven Arbeitseinheit im Seminar, ist optimale Bedingung für selbstreflexives“ Erkennen des Bildungsbedarfes (ARNOLD 1990, S. 87).

Die Teilnehmer können vor dem Hintergrund ihrer gerade neugewonnenen Erkenntnisse und Lernerfahrungen die offenen Fragestellungen und Probleme an ihrem Arbeitsplatz aus einer teilweise bzw. sogar völlig neuen Sicht sehen und bewerten. Sie können ihre offenen Fragestellungen auf diese Weise zu veränderten und konkreteren Lernbedürfnissen verdichten, so daß daraus in der weiteren Seminararbeit eine transferorientierte Abrundung des jeweiligen Seminarthemas für den Trainer möglich ist (vgl. STIEFEL 1982, S. 57).

4.9 Zusammenführung der Teilaspekte

Alle vier Instrumente dialogischer Bildungsbedarfsanalyse sind nicht als alternativ anwendbar anzusehen. Sie stellen vielmehr einander ergänzende Instrumente in einem Bildungsbedarfsanalyseansatz dar, der nicht einfach aus einem der didaktischen Programmplanung vorgelagerten Arbeitsschritt der Bedarfsfeststellung besteht. Bildungsbedarfsanalyse nach dem hier vertretenen Ansatz bedeutet, daß die Bedarfsfeststellung als ein Prozeß verstanden wird, der mit einem Auslöser in Gang gesetzt wird und nicht mit dem Beginn des Seminars endet, sondern die Lernprozesse steuert und im Sinne einer permanenten Bildungsbedarfsanalyse begleitet. So verstanden wird der Bildungsbedarf nach dem Prinzip eines Trichters ausgehend von groben und globalen Daten zur Problemfeldbestimmung schrittweise zunächst über die makrodidaktischen, dann über die mikrodidaktischen Ebenen immer weiter heruntergebrochen und dabei immer weiter inhaltlich detailliert.

Die Moderationsmethode für die Verarbeitung aller Bildungsbedarfsdaten sowie die Formulierung sämtlicher Bildungsbedarfsergebnisse spielt eine große Rolle. Bildungsbedarf wird mit den Beteiligten erschlossen und wechselseitig konkretisiert. Die vorgestellten BBA-Instrumente sind in diesen ihnen übergeordneten Moderationsprozeß eingebettet. Sie liefern Vorprodukte, werten bestimmte Bildungsbedarfssammlungsquellen aus und gewährleisten ein mediengestütztes Verarbeiten der Bildungsbedarfsdaten bei der Moderation.

Vor dem Hintergrund der Neuformulierung der Aufgabenstellung konventioneller BBA-Instrumente ist der Vorwurf von Hölterhoff verständlich, daß angesichts der strategischen Erfordernisse an die Weiterbildung als Instrument der Organisationsentwicklung in vielen Unternehmen eine „häufig dilettantisch betriebene Bildungsbedarfsanalyse" gehandhabt wird (HÖLTERHOFF 1992, S. 25). Dem kann zugestimmt werden, wenn nach einer noch so exakten Anwendung der herkömmlichen BBA-Instrumente der grob und global vorgeklärte Bildungsbedarf als der tatsächliche Bildungsbedarf der Teilnehmer angesehen, die Bildungsbedarfsanalyse abgebrochen und mit diesem unfertigen Bildungsbedarfsanalyseergebnis eine Weiterbildungsmaßnahme gestaltet wird.

4.10 Aufgabe und Funktion der Berater und Trainer

In dem Prozeß der Ausformulierung des Bildungsbedarfs kommt dem Berater, Trainer oder Bildungsverantwortliche eine zentrale und schwierige Aufgabe zu (vgl. DÖRING 1991, S. 158). Die Ausführungen bezüglich der drei Determinanten bedeuten, daß sich der Bildungsbedarf aus drei verschiedenen Aspekten zusammensetzt. Sie bedeuten weiter, daß die Beteiligten - je nachdem, welchen Standpunkt sie gegenüber dem Bildungsbedarf einnehmen - ein anderes „Stück" Bildungsbedarf erkennen. So sehen sich die Vertreter der drei Determinanten bei der Bedarfsbestimmung mit konkurrierenden Sichtweisen zu ein und derselben Sache konfrontiert. Das beinhaltet die Tendenz, bestimmte Aspekte des Bildungsbedarfs zu vernachlässigt oder ganz zu übersehen, weil z.B. die Mitarbeiter von der Bestimmung des Bildungsbedarfs ausgeschlossen werden.

Die Sichtweisen können sich gegenseitig ausschließen. Deshalb werden nur diejenigen Aspekte bei der Formulierung des Bildungsbedarfs hinreichend Berücksichtigung finden, deren Vertreter über ein entsprechendes innerbetriebliches Machtpotential verfügen. Welcher Bildungsbedarf sich ergibt, hängt dann vor allem von der hierarchischen Position der jeweiligen Standpunktvertreter ab. Daraus folgt eine einseitige und/oder unvollständige Bildungsbedarfsformulierung (HÜLSHOFF, Baustein 118, Gruppenarbeitsergebnis). Vor dem Hintergrund dieser Probleme hat sich ein allgemeiner Rollenwandel des Beraters/Trainers vollzogen, der sich beim derzeitigen Entwicklungsstand betrieblicher Weiterbildung „viel weniger als Stoffvermittler und viel stärker als Weiterbildungsberater mit Problemlösungsqualitäten" (ARNOLD 1991, S. 21) bzw. „betrieblicher Entwicklungshelfer, internal oder external consultant" versteht (ARNOLD 1990, S. 153).

Um Bildungsbedarf umfassend zu gestalten, gilt es nun in der Rolle des Experten und Moderators die durch die jeweilige betriebliche Funktion der Mitarbeiter geprägten Sichtweisen in eine sich ergänzende Sicht aus einem konkurrierenden in ein eher komplementäres Verhältnis zu überführen. Die einzelnen Determinantenvertreter sehen verständlicherweise nur die Aufgaben und Probleme, die sie an ihrem Standort (z.B. Stelleninhaber, direkter Vorgesetzter usw.) direkt erleben. Der daraus abgeleitete Bildungsbedarf sowie die dazu gestalteten Bildungsmaßnahmen wären deshalb viel zu ausschnittbezogen, begrenzt formuliert und nur an der Ausgangslage orientiert.

In der zuvor geschilderten Rolle hat der Berater die Chance, in den Moderationsrunden Anforderungen und Bedarfe aufzunehmen und auszuformulieren, die z.B. die Mitarbeiter an ihren Arbeitsplätzen heute noch nicht wahrnehmen und deshalb auch nicht artikulieren können. Daß er diese Kenntnis den Betroffenen nicht überstülpt, sondern sie zu Beteiligten macht, heißt ein zentrales Prinzip der Organisationsentwicklung in die Tat umzusetzen. Betroffene sollen zu Beteiligten werden und mitgestalten können, wie z.B. neue Technologien zur Lösung einer bestimmten innerbetrieblichen Aufgabe arbeitsorganisatorisch verwendet werden (vgl. DYBOWSKI/HERZER 1989, S. 3-15) oder welche Fragen und Probleme in ihrer Weiterbildung vorrangig bearbeitet werden sollen.

Die Entwicklung der Arbeitsorganisation im Unternehmen und der Qualifikationen der Mitarbeiter kann nicht immer die geraden und deshalb scheinbar kürzesten Wege gehen. Die kurzen Wege können nur aus einer erhöhten und strategischen Sichtweise erkannt werden. Die Wege sind bei ihrer praktischen Handhabung erfahrungsgemäß durch vielerlei persönliche Hemmnisse und individuelle Widerstände auf Seiten der Teilnehmer gekennzeichnet und können deshalb nur sehr mühsam und insgesamt ineffektiv gegangen werden. Als wesentlich effektiver und überraschenderweise auch schneller haben sich oft die Lernumwege der Teilnehmer erwiesen. Sie bieten den Vorteil, daß sie von den Teilnehmern durchschaut werden die nur solche Ziele anstreben, die von ihrer augenblicklichen Lernposition aus tatsächlich wahrnehmbar sind. Zu diesen Lernwegen können die jetzt Beteiligten uneingeschränkt „Ja" sagen, und sie sind deshalb bereit, ihr gesamtes Engagement und ihre Energie zu investieren.

4.11 Kritische Anmerkungen

4.11.1 Problematik des Soll-Ist-Vergleiches

Die eingangs dieses Kapitels unter Punkt 4.1 gemachten grundsätzlichen Aussagen zum Soll-Ist-Abgleich bedürfen einer kritischen Diskussion und werden nun hinterfragt.

Den Aussagen ist implizit, daß:

- den sachlichen Qualifikations-Anforderungsmerkmalen eines Arbeitsplatzes oder einer Tätigkeit (= Soll-Werte) die personellen Qualifikationsmerkmale des Mitarbeiters (= Ist-Werte) gegenübergestellt werden.
- die Bildungsbedarfsanalyse auf dem Weg der Bestimmung und des Abgleichs zweier Profile geschieht.
- eine Überdeckung oder Unterdeckung der beim Mitarbeiter vorhandenen Fähigkeiten im Verhältnis zu den am Arbeitsplatz geforderten Fähigkeiten besteht.

Einer solchen verkürzten Sichtweise liegen grundsätzliche Annahmen zugrunde. Die generelle Vorgehensweise impliziert das Denken in Modellen, wenn es um die Lösung von Problemen geht und die Möglichkeiten, die zur Lösung in Betracht gezogen werden. KÖNIG/VOLMER (1994, S. 11-31) unterscheiden in diesem Zusammenhang:

- Eigenschaftsmodell
- Maschinenmodell
- Systemmodell

Das Systemmodell seinerseits wird wiederum unterschieden in:

- Technische Systeme
- Biologische Systeme und
- Soziale Systeme.

Die verschiedenen Systemsichten implizieren unterschiedliche Ansätze einerseits der Bildungsbedarfsanalysen, der eingesetzten Methoden und Instrumente sowie der Lösungsmöglichkeiten und andererseits der Menschen in den Unternehmen.

Der Ruf der Management-Berater und anderer „Seher", die eine Neuorientierung organisatorischer Strukturen und Abläufe im Unternehmen fordern, hat in der Vergangenheit zu einer ganzen Reihe von Konzepten geführt. Die Gestaltung organisatorischer Prozesse vor dem Hintergrund von Total Quality Management (TQM), von Geschäftsprozeßorientierung und -optimierung, von Kaizen, bis hin zu sämtlichen C-Konzepten wie CAD, CAM, CIM usw. kann jedoch nur erfolgreich sein, wenn Denken und Handeln kongruent sind.

Das in Organisationen bislang meist vorherrschende Verständnis von sozialen Systemen und die Methoden der klassischen Vorgehensweise vom „Einfachen zum Komplizierten" oder vom Groben zum Detail, die sich in der Vergangenheit bei geringer Komplexität und Dynamik durchaus als erfolgreich herausstellten, versagten immer häufiger bei der Lösung von aktuellen Problemen.

Fachliche Überspezialisierung, organisatorische Zersplitterung von Strukturen und Prozessen, das Übergewicht eines auf Zerlegung angelegten analytischen Denkens, die Illusion von der „absoluten Machbarkeit", die zunehmende Unfähigkeit eine adäquate Lösung zu finden und verstärkt auftretende soziale Konflikte sind „organisatorische Realitäten". Diese sind bereits in den vorherigen Kapiteln immer wieder thematisiert worden.

Die monokausale, lineare Denkweise führt zwar schnell in die Details, verhindert aber gleichzeitig die Wahrnehmung von Problemen in ihrer Ganzheit und Vielfalt. Luhmann beschreibt dies als „triviales System" (vgl. WILLKE 1996, S. 40), als Black Box, die sich durch Berechenbarkeit, Linearität und Serialität auszeichnet (vgl. LUHMANN 1996, S. 275). Die Welt, die wir durch unser Denken geschaffen haben, generiert Probleme, die sich mit der Art der Denkweise, die sie hervorgebracht hat, nicht mehr hinreichend erklären und lösen lassen. Komplexe dynamische Systeme lassen sich nicht effektiv und effizient mit tradierten Methoden und Instrumenten „handhaben". Hinkt die Entwicklung und Anwendung adäquater Methoden und Verfahren der vorhandenen Komplexität und Dynamik hinterher, birgt dies existentielle Folgen für Organisationen in sich.

Ein „mehr desselben“, sprich mehr Input, soll mehr Output bewirken begegnet uns häufig im Alltag von Organisationen. Aber gerade in Krisensituationen, in Zeiten permanenten Wandels, in komplexen dynamischen Situationen zeigt sich die Problematik dieses linearen Handelns. Jetzt neigen Verantwortliche dazu, vorhandenen Instrumente, Methoden und Verfahren in vermeintlich optimierter Form mit noch mehr Nachdruck einzusetzen. Vielfach wird der grundsätzliche Mangel in den Annahmen außer Acht gelassen oder, weil nicht „beherrschbar“, wissentlich „übersehen“.

Für die Grundannahme der Bildungsbedarfsanalyse mit einem „harten“ Soll-Ist- Vergleich bedeutet dies, daß man sich in dem erwähnten Maschinenmodell bewegt, und der Mensch die Disponiermasse darstellt, die es mit geeigneten Methoden in geeigneten Maßnahmen zu den Qualifikationen zu „befähigen“ gilt, die der Mensch braucht, um den ganz speziellen Arbeitsplatz angemessen ausfüllen zu können. Wie der Arbeitsplatz strukturiert ist, was dort verrichtet werden soll, weiß die übergeordnete Hierarchiestufe, und findet seinen Niederschlag in den Soll-Anforderungen. Was an dem Menschen nicht paßt, wird einfach ermittelt und mit bewährten (Standard-) Maßnahmen angepaßt. Trotzdem oder gerade deshalb werden sich die Mitarbeiter oft anders verhalten als erwartet, der Sinn nicht transparent wird (vgl. WILLKE 1996, S. 38f.).Alle Beziehungen und Interaktionen werden aus dem sozialen System Unternehmen selbst definiert. Es bewegt sich in seinem Rahmen; auch wenn die Einbettung in die Umwelt klar ersichtlich ist, verhält es sich „autonom“ in seinen Handlungsalternativen (vgl. KLIMECKI u.a. 1995, S. 73). Jedes Verhalten wirkt auf das System selbst wiederum zurück und wirkt seinerseits wiederum als Basis für weiteres Verhalten. Diese operationelle Geschlossenheit ermöglicht dem Unternehmen, sich durch selbstreferentielle Prozesse von der Umwelt abzugrenzen (vgl. LUHMANN 1996, S. 31). Durch selbstreferentielle rekursive Prüfungen der ausgehenden Annahmen, der Komponenten, hier eines Soll-Ist-Vergleichs, können sich diese „Muster“ verändern. Damit kann Lernen stattfinden, und es können sich Entwicklungsmöglichkeiten und Prozesse einstellen und konstruiert werden, wie sie Klimecki u.a. beschreiben (vgl. KLIMECKI u.a. 1994). Es bleibt zu fragen, ob in einem dynamischen sich wandelnden Umfeld dieses Lernen die Überlebensfähigkeit des Unternehmen stützt oder ob das Verständnis der „Steuerungsfähigkeit“ sich nicht eher problematisch auswirkt.

4.11.2 Anpassung als Ansatz

Das Anpassungslernen (Soll-Ist-Vergleich und Abweichung) geht von der Voraussetzung aus, daß die Organisation nur definierbare Probleme hat, und daß diese Probleme mit dem Einsatz von Mitteln und Maßnahmen angemessen gelöst werden können.

Definierte Probleme sind gekennzeichnet:

- durch eindeutige Ziele (Soll) oder Zielvorgaben
- durch ein eindeutiges Wissen über die vorliegenden Bedingungen
- durch ihre auch in Zukunft geltenden Wirkungen und Zusammenhänge.

Anpassungslernen beschränkt sich auf den Bereich der zielführenden Mittel und Verfahren, weil das für die Organisation relevante Wissen und Können der Mitarbeiter und ihr Verhalten als Mittel zur Organisationszielerreichung gesehen werden und ggf. verbessert werden können. Die Organisationsziele werden in dieser Sichtweise nicht problematisiert, ebenso wird die Steuerungsfähigkeit von Organisationen ausgeklammert, und alle Fragen der Entwicklung, Begründung von Organisationszielen als befriedigend beantwortet und gelöst betrachtet (vgl. GEIßLER 1995, S. 52-61). Das bedeutet, daß innerbetriebliche Probleme zur Verbesserung des Kooperationsverhaltens im Rahmen einer Bildungsbedarfsanalyse ermittelt werden können und müssen. Damit werden Kooperationsprobleme in individuelle „Probleme“ transformiert, die damit ein objektives Defizit auf der individuellen Ebene darstellen in Form

- einer klar definierten Wissenslücke, die es zu schließen gilt.
- eines Mangels zur Umsetzung des Wissens in Handlungen
- einer Einsichtigkeit und Akzeptanz der Mitarbeiter in die Bedarfe.

Auf diese Weise in individuelle Qualifikationsdefizite transformiert, werden die Abweichungen und Defizite notwendigen Wissens, Könnens und Wollens ausgewiesen, auf die mit entsprechenden Qualifizierungsprogrammen und -maßnahmen im Sinne fertiger Katalogangebote mit detaillierten Curricula zu reagieren ist. Erfahrungsorientiertes, offenes und auf Austausch basiertes Lernen widerspricht dem Anpassungsansatz. Aber gerade auf Offenheit, Kommunikation und Kooperation kommt es in dynamischen Zusammenhängen an.

Die geschilderte Sicht geht davon aus, daß die Organisation problemlos oberste Ziele identifizieren und formulieren kann, die von allen Organisationsteilnehmern akzeptiert werden. In der Auseinandersetzung über diese

Ziele findet kein „Lernen“ statt, da Konsens gegeben ist. Die Lernziele betrieblicher Qualifizierungsmaßnahmen rechtfertigen sich ausschließlich in Bezug auf übergeordnete Organisationsziele. Diese wiederum sind aus der Betrachtung ausgeklammert. In diesem hierarchisch funktionalen Verständnis und Organisationsaufbau werden die Zielvorgaben in einem kaskadenartigen Prozeß an die Entscheidungsträger der untergeordneten Hierarchieebenen weitergegeben. Dieses Anpassungslernen verlangt ein entsprechendes Kooperationsverhalten, bei dem die vorgegebenen Ziele nicht problematisiert werden. Zusammenfassend läßt sich dieser Anpassungsansatz folgendermaßen charakterisieren:

- Es wird davon ausgegangen, daß sowohl die Organisationsziele als auch die vorliegenden Bedingungen beim Mitarbeiter klar bestimmbare Größen sind, so daß ihre Differenz als Soll-Ist-Analyse ermittelt werden kann
- Die so verstandene Bildungsbedarfs-Soll-Ist-Analyse, steht gleichwertig neben der Technologiebedarfsanalyse oder einer Umstrukturierungsbedarfsanalyse.
- Für jeden Bereich sind optimale Maßnahmen zu entwickeln, die untereinander funktional in Beziehung zu setzen sind.
- Jede durchgeführte Maßnahme schließt mit einer Erfolgsmessung ab, die Auskunft darüber gibt, in welchem Umfang und Grad die jeweiligen Bereichsziele und die Gesamtheit der gesteckten Organisationsziele erreicht werden konnten. Mögliche Abweichungen werden nach dem gleichen Muster bearbeitet.

Der Blick (im Rahmen unterschiedlicher Projekte) in die Unternehmen zeigt deutlich, daß die Praxis in Organisationen fast nur durch schlecht definierte Probleme und Aufgaben gekennzeichnet ist,

- weil die Organisationsziele in der Regel unklar und die hinter ihnen stehenden Motivationen der verschiedenen Organisationsmitglieder zum Teil widersprüchlich sind und
- weil es unmöglich ist, ein klares, von allen anerkanntes Wissen über die vorliegenden Bedingungen und über die in einem Unternehmen vorherrschenden Begründungszusammenhänge zu bekommen.

Daraus folgt, daß Unternehmensziele nicht problemlos gegeben sind, sondern daß sie „ausgehandelt“ werden müssen. Erst wenn diese Aufgabe befriedigend gelöst ist, kann man in diesem Konsens weiterarbeiten. Die grundsätzliche Auseinandersetzung mit den (Unternehmens-) Zielen berührt Normen und Werte, die möglicherweise einen modifizierten Organisationsrahmen nach sich ziehen.

Argyris/Schön nennen das Modell, das die strategische Bestimmung von Zielen und Bedingungen dem Lernprozeß vorschaltet, „double-loop learning“ im Gegensatz zum „single-loop-learning,“ bei dem die grundsätzlichen

Annahmen in der Organisation nicht in Frage gestellt werden und „nur“ Anpassungslernen stattfindet (ARGYRIS/SCHÖN, in: vgl. GEIßLER 1995, S. 63; vgl. KLIMECKI u.a. 1994, S. 69-70; vgl. WEBER 1995, S. 38).

4.11.3 System und Lernen

Aufgrund des stets begrenzten „Wissens von Realität“ kann es keine absolut richtigen Soll-Größen geben, die mit „objektiven“ Ist-Größen zu vergleichen sind. Denn „ein Mitarbeiter reagiert nicht einfachhin als gleichsam willenloser Teil eines größeren Systems, sondern er handelt aktiv aufgrund der Gedanken und Annahmen“, seiner Konstrukte von der Welt, in der er sich befindet (KÖNIG/VOLMER 1994, S. 25).

Die meisten Bildungskonzepte in Organisationen basieren mehr oder weniger darauf, Mitarbeiter im Erlernen neuer Fachinhalte, veränderter Techniken und gewünschtem sozialen Verhalten einzuüben, die nach Grad der „Fortschrittlichkeit“ des Unternehmens, dem didaktisch-methodischen Repertoire und dem Glauben der Trainer von einem kleineren oder größeren Freiheitsanteil des Teilnehmers in der Weiterbildung verbunden sind. Fachliche und methodische Aus- und Weiterbildung stellt unumstritten einen notwendigen Bestandteil von Lernen in Organisationen dar. Entscheidend bei dieser Art von Lernen ist aber, daß es sich dabei um ein Lernen im System (Unternehmen) handelt, nicht um ein Lernen des (Systems) Unternehmens.

Systemisch Lernen kann bezeichnet werden als Lernen auf einer Metaebene. Gelernt wird dabei nicht die Fähigkeit zur Verbesserung einer Methode oder eines neuen fachlichen Inhaltes an sich, sondern gelernt wird die „Fähigkeit zum Standpunkt-, zum Perspektivenwechsel“ (die Reflexion der jeweiligen Determinantenvertreter und ihrer Sicht), zur Reflexion eigener Ideen, Grenzen, Sichtweisen und Konstruktionen und des Umgangs mit denen anderer, also die Fähigkeit zu Lernen wie man lernt und daraus resultierendes Handeln (vgl. KLIMECKI u.a. 1994, S. 46).

Verändertes TUN setzt verändertes DENKEN voraus.
Lösungen von Problemen sind aus dieser Perspektive weder gut noch schlecht, sondern eher funktional oder dysfunktional, aber immer subjektiv und nie objektiv, im jeweiligen Kontext. Dies ist ein kleiner, aber entscheidender Unterschied. Auf die Problematik und die Anforderungen von Bildungsbedarfsanalysen im Rahmen von prozeßorientierten Veränderungsprozessen bezogen, können systemische Denkansätze interessante und brauchbare Orientierungen geben.

Die zentralen Merkmale des systemischen Ansatzes (sozialer Systeme) liegen in der zugrunde liegenden ganzheitlichen Betrachtung. Dabei werden

- die Personen eines sozialen Systems,
- ihre subjektiven Deutungsmuster (Konstruktionen),
- die Organisationsregeln,
- die Interaktionsstrukturen,
- die Systemumwelt
- und die Veränderungsmöglichkeiten einer Organisation

entsprechend berücksichtigt (vgl. KÖNIG/VOLMER 1994, S. 32-38).

Die Vorteile liegen dabei unter anderem:

- in der Möglichkeit, „Konstruktionen“ deutlich zu machen, sich der eigenen und der Konstruktion anderer bewußt zu werden und damit die für das Handeln in Organisationen „eigentliche“ Wirklichkeit zu erfassen,
- darin, Widersprüche zu erkennen und als dysfunktional empfundene Verhaltensweisen abzuändern,
- in der Art und Weise, wie (der Berater es schafft, daß sich) das System, die Organisation in die Lage versetzt, selbst seine eigene, zu ihm passende Lösung zu finden.

Für Reparaturaktionen eignen sich systemische Ansätze weniger. Systemische Ansätze benötigen die Bereitschaft, liebgewonnene Vorstellungen aufzugeben, also Abschied zu nehmen von einer ganzen Reihe ehemals tauglicher Muster. Es bedeutet, den Mut zu haben, das Risiko einzugehen, sich auf neue Wege einzulassen und erfordert Toleranz im Umgang mit den Konstrukten anderer.

Die Anwendung systemischer Vorgehensweisen beinhaltet dabei nicht eine Frage des „Entweder - oder“, sondern vielmehr eine Frage des „Sowohl - als auch“.

4.11.4 Berater im System

Systemisch zu beraten setzt hohe Professionalität voraus. Die Auswahl und der Einsatz der Methoden und Verfahren zur Diagnose und Intervention sozialer Systeme, angefangen von den verschiedenen Formen systemischer Fragetechniken über Formen der Prozeßarbeit, der Arbeit mit Symbolen und Metaphern, diverser Visualisierungstechniken bis hin zur Arbeit mit Skulpturen, um nur einige zu nennen, beinhaltet mehr als nur das Beherrschen eines „Instrumentariums“. Verantwortliches Umgehen mit diesen Techniken erfordert neben einem Verständnis für „Organisationen“ Ethik in der Beratung, Verantwortung für den Kunden und den ablaufenden Prozeß, aber auch die Verantwortung für sich selbst (wo sind die Grenzen meiner selbst). Daraus ergibt sich, daß der systemische Berater mehr tut als ein „Irgendwie - miteinander - reden“ (KÖNIG/VOLMER 1994, S. 242).

Der systemische Berater:

- ist in erster Linie unterstützender Begleiter von Personen in Prozessen unter Berücksichtigung der Regeln und der Umwelt des Systems,
- bietet andere Muster an, macht auf Widersprüche im System aufmerksam, weist auf dysfunktionale Muster hin, überläßt aber den Personen die Entscheidung darüber, was sie wollen, wie sie es wollen und wohin sie wollen,
- schafft gemeinsam mit dem System die Bedingungen, damit sich das System selbst verändern kann,
- weiß um seine eigenen subjektiven Vorstellungen und die subjektiven Vorstellungen der anderen,
- nimmt die Organisation so an wie sie ist,
- verzichtet auf ein Verhalten, das ihn glücklich macht, nach dem Motto: „Was muß der Kunde tun, daß der Berater zufrieden ist?“,
- ist kein Analysefanatiker und Methodenfetischist, sondern eher Handlungsoptimierer.

Damit rückt der systemische Berater weit ab vom klassischen Arzt-Patienten Modell, vom „Wissenden“ auf der einen und dem „Kranken“ auf der anderen Seite. Er ist auch nicht der „harte Sanierer“, der gerufen wird, um das Steuer herumzureißen, und der allein den Takt angibt, nach dem die Musik spielt.

Der systemische Berater geht anders vor. Er stellt Fragen, gibt „seine“ Antworten, die eigentlich gar nicht wie Antworten erscheinen, eher wieder Fragen beinhalten. Er wirkt auf Prozesse in der Form ein, daß das Unternehmen oder die jeweilige Gruppe „ihre Lösung“ findet. Die Stabilität einer Lösung durch die Beteiligten ist dabei um ein vielfaches größer als das fertige Konzept nach dem Motto: „Gleichgültig, welches Problem, wir haben ein Modell, das ist die Lösung.“

4.11.5 Organisationen - konstruierte Wirklichkeiten

Der Bedeutung von „Wirklichkeiten“ Einzelner, Gruppen und Organisationen wird in systemischen Überlegungen sehr viel stärkere Bedeutung beigemessen als bisher. Das bedeutet eine zwingende Voraussetzung für die Überlebensfähigkeit von Organisationen in einem immer komplexer und dynamischer werdenden Umfeld.

Herkömmliche organisatorische Lernkonzepte führen meist zu einer Stabilisierung des zu ändernden mißlichen Zustandes. Vor diesem Hintergrund müssen Organisationen ein sinnvolles Maß an Variation ihrer Handlungsmöglichkeiten erreichen. Ein Zuviel führt möglicherweise ins Chaos, ein Zuwenig geht nicht weit genug und läßt alles beim alten.

Eine geänderte Sicht- und Handlungsweise im Umgang mit komplexen Systemen setzt voraus, daß man das, was dort geschieht, auch wahrnehmen und nachvollziehen kann. In diesem Wahrnehmen sind wir Menschen jedoch ungeübt. Durch die Sozialisation und eine über Jahrhunderte hinweg angewandte Praxis des „kartesianisch-newton`schen Denkens" (CAPRA 1991, S. 107-115) haben wir gelernt, die Welt kausal auf rein logisch-analytischem Weg nach dem Prinzip von Ursache und Wirkung zu betrachten. Normalerweise gehen wir davon aus, daß das, worüber man spricht, übereinstimmt mit dem, wie es andere sehen. Diese Hoffnung ist trügerisch. Auf das Phänomen des Wahrnehmens, den Konstruktivismus (vgl. WATZLAWIK 1995), wies bereits Kant hin, indem er auf den Unterschied des Gegenstandes und seiner Erscheinung aufmerksam machte. Allerdings scheint sich das Bewußtsein für die Bedeutung der Aussagen des Konstruktivismus erst heute zu bilden (vgl. CAPRA 1991).

Die Auseinandersetzung mit der Frage „Wie wirklich ist die Wirklichkeit?" (vgl. WATZLAWIK 1995), und wie gelangen wir zu ihr, ist vielleicht die wichtigste erkenntnistheoretische Erfahrung der letzten Jahrzehnte, und ist einer der Bereiche, die systemisches Denken und Handeln mit am nachhaltigsten beeinflußt haben. Jeder Mensch konstruiert seine eigene Realität. Der Konstruktivismus leugnet nicht die Existenz der Welt an sich, sagt aber deutlich, daß wir die Welt, so wie sie ist, nicht wahrnehmen können.

Die Bedeutung dieser Aussagen für „Denken und Handeln" in Organisationen ist offensichtlich. Jemand, der die subjektive Überzeugung besitzt, daß Organisationen Instrumente zur Durchsetzung sozialer Herrschaft sind, wird andere Fragen stellen und andere Antworten geben als jemand, der in Organisationen informationsverarbeitende oder produzierende Systeme sieht.

Wenn es nun die Wirklichkeit an sich nicht gibt und die einzige Wirklichkeit die des Beobachters ist, gibt es auch keine wie immer bezeichneten Abläufe, Strukturen, Konzepte an sich. Alles sind Konstrukte, die nicht unabhängig vom Beobachter existieren (vgl. v. SALDERN 1991, S. 172-179). Die Bedeutung für menschliches Handeln in Organisationen liegt nicht in den Dingen selbst, sondern in den subjektiven Vorstellungen, die wir uns von diesen Dingen machen.

Auf eine Workshop-Situation übertragen sind die in einem Brainstorming ermittelten Kriterien keine „objektiven" Kriterien eines zu analysierenden Bereiches, sondern das Ergebnis der „aktuellen Konstruktion" aller am Workshop-Beteiligten. Das gilt genauso für die in einem Wirkungs-Diagramm ermittelten Kriterien und ihre Auswirkungen als Ergebnisse der Wirkungsanalyse (vgl. VESTER 1993; ULRICH/PROBST 1991, S. 136-158).

Kommunikation in Organisationen kennzeichnet somit den Austausch von Beobachtungen zwischen Beobachtern. Damit wird die Wirklichkeit in sozialen Systemen durch den fortlaufenden Prozeß der Neugestaltung individueller und kollektiver Vorstellungswelten hervorgebracht. Diese Konstrukte sind für Menschen handlungsleitend und schaffen in Organisationen erst die Realität, die sie letztlich umgibt. Man könnte auch sagen, daß Organisationen Hersteller von Mustern sind. Die Muster sind in Momentaufnahmen, ähnlich dem einzelnen Bild eines Films, in Standbildern hinterlegt, die dauernd variieren, da sich die Vorstellungen der Menschen in Organisationen permanent wandeln, Dinge ausgeschlossen werden und Neues hinzukommt.

Die Vielfalt und Koexistenz von Konstruktionen, die Fähigkeit der Mitglieder einer Organisation zur Reflexion ihrer eigenen subjektiven Vorstellungen und die Fähigkeit der Mitglieder, die eigenen und fremden Konstruktionen zu kommunizieren und anstehende Probleme zu lösen, stellt das entscheidende Kriterium für die Entwicklung und das Lernen sozialer Systeme dar (vgl. KLIMECKI 1994, S. 43-50). Je differenzierter diese Fähigkeit vorhanden ist, desto günstiger ist die Chance, entwicklungs- und wandlungsfähig zu sein und zu bleiben.

Der Aspekt der unterschiedlichen Sichten und Konstrukte der Beteiligten findet in den Aussagen zur dialogischen Perspektive der Bildungsbedarfsanalyse zwar seine Berücksichtigung, aber immer unter der Grundannahme eines möglichen Soll-Ist-Abgleichs mit festgelegtem Steuer- und Regelmechanismus in einem quasi geschlossenen System. Der Soll-Ist Abgleich kann eigentlich erst rekursiv überprüft werden und wird zum Ausgangspunkt für weiteres Verhalten; das System bezieht sich auf sich selbst (vgl. v. SALDERN 1991, S. 203; zum Begriff der Selbstreferenz: vgl. LUHMANN 1996). Wenn Organisationen aber ihre Umwelt nicht kennen und es keinen direkten Kontakt zwischen innen und außen gibt, bedeutet „Beobachtung nach eigenen Kriterien die Anwendung eines Differenzschemas, ..., in Form eines Input-Output-Modells mit stark reduzierten Parametern" (WEBER 1995, S. 40), von denen man zwar annimmt, aber nicht weiß, ob sie das beobachten, was relevant in der Umwelt passiert.

Zusammenhänge zwischen Input-Output, zwischen Ursache-Wirkung herzustellen (vgl. Willke 1996, S. 40), geschieht auf der Ebene der Kausalattributionen mit den diskutierten hohen Risiken. Ein Denken in kausalen Zusammenhängen bedingt beim Erkennen von Fehlern innerhalb sozialer Organisationen erhebliche Schwierigkeiten, die um so größer werden, wenn es darum geht, die Konsequenzen zu ziehen, um einen organisatorischen Lernprozeß zu unterstützen.

4.11.6 Wer lernt in der Organisation?

In den Ausführungen zu den Problemen und Anforderungen, den Methoden und den Instrumenten der Bildungsbedarfsanalysen wird unterstellt, daß alle Unternehmensmitglieder in eine Bildungsbedarfsanalyse und das Lernen mit einzubeziehen sind. Viele Publikationen zum Konzept der lernenden Organisation (vgl. z.B. MÜNCH 1995(c)) gehen davon aus, daß sinnvolles und effektives Handeln in Organisationen verlangt, möglichst alle subjektiven Teile der Organisation zu betrachten, zu berücksichtigen und zu entwickeln, also auch in der Erhebung von Qualifikationsanforderungen im Rahmen einer Bildungsbedarfsanalyse und in der Einbeziehung in abgeleitete Maßnahmen. Geschieht dies nicht, wirkt sich das „Nichtbeachten" in den allermeisten Fällen negativ aus. Mangelnde Akzeptanz (vgl. DOPPLER/LAUTERBURG 1995, S. 293-303) in der Organisation, latente Widerstände bis hin zu akuten Krisen sind die Folgen. Im Extremfall wird die Organisation instabil und droht auseinanderzubrechen.

Diese Sichtweise unterstellt, daß die Ermittlung eines Bedarfes und die daraus resultierenden Maßnahmen den inneren Kontext des Individuums berühren und ein Lernen und Erkenntnis nach sich ziehen. Geißler nennt dieses Lernen „inkubatives individuelles Lernen" (GEIßLER 1994, S. 92) und meint damit die Auseinandersetzung von Individuen der Organisation mit Lernfeldern. Wenn sich dieses Individuum oder eine Gruppe z.B. zu organisatorischen Verbesserungsmaßnahmen entschließen, beginnt „organisatorisch inkubatives Lernen" (GEIßLER 1994, S. 93). Wie erfolgreich sich dieses Lernen im Unternehmenskontext in „organisationskontextuell sich entfaltenden Organisations-Lernen" umsetzt, hängt davon ab, wie es in der Organisation in konkrete Maßnahmen umgesetzt werden kann (GEIßLER

1994, S. 94). Die Bedingungsfaktoren sind Macht und Qualifikation der Mitglieder und der Synergiegrad der Gruppe.

In vielen Fällen lassen sich diese Maßnahmen sozusagen mit einem Federstrich realisieren. In anderen Fällen jedoch ergibt sich eine notwendige langwierige Entwicklungsarbeit. Mit Beginn der Maßnahmenrealisierung ändert sich der organisationsinterne Kontext zwar nicht unbedingt in allen Bereichen der Organisation und ggf. zunächst auch nur relativ marginal. Die so vollzogene Änderung des organisationsinternen Kontextes bedeutet: Die Organisation hat begonnen zu lernen, indem sie ihr Steuerungspotential bezüglich der Bearbeitung und Lösung organisationsinterner und -externer Aufgaben und Probleme zu verändern beginnt. Eine solche Änderung des organisationsinternen Kontextes bedingt seinerseits vielerlei Rückwirkungen auf die einzelnen Organisationsmitglieder:

- Organisationsmitglieder werden von der Veränderung nicht berührt; ihr Verhalten und ihr Steuerungspotential ändern sich nicht.
- Organisationsmitglieder erleben die Veränderung des organisationsinternen Kontextes als motivationsunterstützende Verbesserung oder auch als Verschlechterung ihrer Arbeitsbedingungen; ihr Arbeitsverhalten ändert sich. In diesem Zusammenhang können sich anschließende individuelle Lernprozesse ergeben.
- Andere Organisationsmitglieder sehen in der Veränderung des Kontextes nicht nur einen positiven bzw. negativen Motivationsfaktor für ihr konkretes Arbeitsverhalten, sondern nehmen ihn als eine persönliche Lernherausforderung auf, ohne sich dabei für eine bestimmte Veränderung des organisationsinternen Kontextes, den sie von sich aus gestalten könnten, zu engagieren.
- Organisationsmitglieder engagieren sich, das heißt, sie nehmen die ihnen vorgegebenen organisationsinternen Veränderungen zum Anlaß, von sich aus diesen Prozeß des Organisationslernens mitzutragen und voranzutreiben und zwar im Zuge eines „organisationskontextuell sich voll entfaltenden Lernprozesses" dieser Individuen (GEIßLER 1994, S. 95).

Daraus lassen sich folgende Aussagen ableiten:

- Organisationslernen ist das Resultat individueller Lernprozesse einiger weniger Organisationsmitglieder. Andererseits ist das Organisationslernen Anlaß für individuelle Lernprozesse von Organisationsmitgliedern, die bisher noch nicht involviert waren.
- Organisationslernen erfordert individuelle Lernanstrengungen. Aber nicht alle individuellen Lernanstrengungen, Organisationslernen zu initiieren oder zu verbessern, sind erfolgreich. Häufig stehen großen Lernanstrengungen von einzelnen Organisationsmitgliedern oder Organisationsgruppen nur sehr geringe oder auch gar keine Lernerfolge der Organisation gegenüber.

- Minimale Lernanstrengungen einiger weniger Organisationsmitglieder können ausreichen, um das Steuerungspotential der Organisation außerordentlich stark zu erhöhen. Eine solche Konstellation liegt vor, wenn sehr fähige Mitglieder an strategischen Positionen sitzen, die für Organisationslernen besonders wichtig sind, und wenn diese Personen Instrumente und Maßnahmen entwickeln, die erstens für das Organisationslernen eine strategisch extrem große Bedeutung haben, die zweitens bei allen Organisationsmitgliedern auf eine hohe Akzeptanz stoßen, weil sie drittens geringe Realisierungsprobleme aufwerfen und deshalb minimale Lernprozesse von den Organisationsmitgliedern verlangen.

Diese „glückliche" Konstellation trifft man selten an. An den für Organisationslernen strategischen Positionen sitzen nicht optimal qualifizierte Personen und zweitens sind nicht nur ein bis zwei strategische Instrumente zu entwickeln und zu implementieren, sondern sehr umfangreiche grundlegende Veränderungen der Organisationspraxis notwendig (GEIßLER 1994, S. 95). Treffen diese Praxisbedingungen zu, muß eine größere Anzahl an Organisationsmitgliedern sich entwickeln, um zum Promotor und Träger des Organisationslernens werden. Sie stellen ihr eigenes individuelles Lernen in der Organisation auf dieses Organisationslernen hin ab.

4.11.7 Lassen sich Systeme steuern?

Aus dem Blickwinkel traditioneller Gestaltung von Organisationen ist Steuerung eine extreme Form der Reduktion organisationaler Komplexität. Die Problematik ergibt sich aus der Tatsache, daß soziale Systeme wie Organisationen keine trivialen Maschinen, sondern komplexe dynamische Systeme sind (vgl. ULRICH/PROBST u.a. 1991, S. 57-65).

Die in Organisationen bestehende Komplexität des betrieblichen Geschehens läßt sich jedoch nie ganz ausschalten sondern höchstens handhabbar machen. Traditionelle Steuerung impliziert Rationalität und Kontrolle. Dies kann jedoch nur dann funktionieren, wenn Manager ein halbwegs objektives und vollständiges Wissen über die „Wirklichkeit" einer Organisation besitzen und gleichzeitig in der Lage sind, Information zum Zwecke der Planung und Steuerung organisatorischer Vorgänge in Organisationen zu kommunizieren.

Die Überzeugung, man kann Organisationen beherrschen und lenken, ist in der Unternehmenspraxis tief verwurzelt, erkenntnistheoretisch stellt sie einen Rückfall in die Zeit des naiven Glaubens dar. Wie fatal das sein kann, verdeutlicht Dörner mit den Computersimulationen „Tanaland" und der „Lohausen" Studie (vgl. DÖRNER 1992). Für die katastrophalen Konsequenzen eines solch einseitig-mechanistischen Denkens steht der Reaktor vier des Kernkraftwerkes in Tschernobyl. Tschernobyl zeigte sehr deutlich die Tendenz der Menschen, in hochkomplexen dynamischen Situationen systemisch zu handeln. Gravierender Auslöser für die Explosion seinerzeit war die Übersteuerung von Prozessen im System, die letztendlich zur Katastrophe führte.

Übertragen auf Organisationen kann dies ein Erklärungsmuster sein für die Gründe des Scheiterns vieler Projekte. Die Simulationsergebnisse bieten Ansätze zur Erklärung der Unmöglichkeit, präziser Vorhersagen in Organisationen und geben sicherlich Anlaß zur Diskussion über die Effizienz und Effektivität rein „quantitativer" Controllingmaßnahmen in Organisationen (vgl. ZINK 1993).

Organisationen sind offene Systeme, sie nehmen Informationen aus der Umwelt auf, interagieren mit dem „Außen", der Umwelt. Gleichzeitig sind sie aber auch geschlossen, was bedeutet, daß nicht der Impuls von außen entscheidet, was der einzelne damit tut, sondern vielmehr bestimmt die kognitive Struktur seines Erkenntnisapparates, also das Innere, was mit dem Impuls geschieht.

Auf eine betriebliche Situation und den einzelnen Menschen übertragen bedeutet dies: Wenn ein Vorgesetzter einen Mitarbeiter oder ein Kollege einem anderen Kollegen ein Anliegen vorträgt, irgend etwas zu tun oder zu unterlassen, dann bestimmt nicht das Bemühen des Vorgesetzten beziehungsweise des Kollegen, wie der andere mit dem Anliegen umgeht, sondern vielmehr der angesprochene Mitarbeiter selbst bestimmt, was mit der Information geschieht. Damit ist eine „instruktive Kommunikation" geradezu unmöglich. Diese Erkenntnis besitzt gravierende Bedeutung für Gestaltungsprozesse in Organisationen.

Zunächst einmal heißt es Abschied nehmen von dem Glauben an die Objektivität unserer Vorstellung und dem Glauben, auf rein kausal-analytischem Wege sämtliche Prozesse organisationalen Geschehens erfassen und gestalten zu können. Zusammenhänge in Organisationen zu erfassen, beinhaltet vielmehr ein Spielen mit mehreren möglichen Wirklichkeitsformen. Die Entwicklung von Organisationen geschieht primär über den Prozeß der Veränderung subjektiver Konstruktionen, das Ziel von Organisationen richtet sich dabei auf die Erhaltung der Lebensfähigkeit des

Systems. Lebensfähigkeit beinhaltet automatisch die Fähigkeit, sich zu wandeln, zu entwickeln.

Wenn Probleme in Organisationen im Kontext der Konstruktion von Mitgliedern einer Organisation gedeutet werden, also menschliches Handeln ganz entscheidend von den zugrundeliegenden subjektiven Vorstellungen geprägt ist, dann erscheint es sinnvoll, Probleme derart zu lösen, daß die Betroffenen, die Besitzer dieser subjektiven Vorstellungen, unterstützt werden, ihre Welt anders zu sehen, d.h., dysfunktional empfundene Muster und Verhaltensweisen zu verändern. Hierzu können systemische Ansätze mit ihren Diagnose- und Interventionskonzepten entscheidend beitragen (vgl. KÖNIG/VOLMER 1994).

5 Handlungskompetenzmodell

Versteht man Handlungskompetenz als die Fähigkeit, sein Handeln bewußt unter Einbezug der sozialen Rolle an dem situativen, betrieblichen und gesellschaftlichen Kontext auszurichten, werden die darin enthaltenen Prämissen deutlich. Ein Unternehmen erweist sich dann überlebensfähig, wenn diese Anpassungsbereitschaft und -fähigkeit vorliegt. In der Evolution überlebt eine Spezies nur, wenn ihre Lerngeschwindigkeit gleich oder höher ist als die Änderungsgeschwindigkeit der Umwelt (vgl. SATTELBERGER 1991, S. 19). Das bedingt einen permanenten Lernprozeß, der nicht nur geduldet, sondern vom Menschen selbst und den Unternehmensleitungen gefordert werden muß, denn nur dann kann der Mensch und das Unternehmen den zukünftigen Herausforderungen gerecht werden. Menschen wie Unternehmen sind keine statischen Gebilde sondern passen sich den gegebenen Umweltbedingungen an. Entscheidend ist, wie bereits im Vorfeld als präventive Maßnahme, oder als unausweichliche Anpassung durch Konfrontation mit den äußeren Gegebenheiten umgegangen wird.

Einflußgrößen, denen Unternehmen in den nächsten Jahren ausgesetzt sein werden, sind bereits eingangs erwähnt und skizziert worden (vgl. Abb.: 1). Natürlich haben diese Einflußfaktoren und die damit verbundenen Entwicklungen Einfluß auf die Anforderungen der Mitarbeiterqualifikation. Um diesen neuen Kundenbedürfnissen gerecht zu werden, reichen klassische Tugenden wie Fleiß und Pünktlichkeit bei weitem nicht mehr aus. Sie müssen ergänzt werden durch Kreativität und Flexibilität der Mitarbeiter, d.h., daß man sich bezogen auf Mitarbeiterqualifikation weniger um reine Wissensvermittlung bemühen sollte, sondern Mitarbeitern Hilfestellung zur Entfaltung und Förderung ihrer Potentiale geben muß.

In der Tatsache, daß sich Wissen in einem rasanten Tempo verändert - man geht inzwischen von einer Wissensverdoppelung in einem Zeitraum von drei bis vier Jahren aus - liegt ein weiteres Argument, weshalb die ausschließliche Vermittlung von Fakten und Theorien inzwischen als überholt eingestuft wird (vgl. NAGEL 1991, S. 30). Sehr viel entscheidender ist und wird die Fähigkeit sein, sich schnell neue Inhalte selbst aneignen zu können und dies in einem dauerhaften Prozeß. Der Begriff des lebenslangen Lernens erfährt somit eine Veränderung von einer Fragestellung zum absoluten Erfordernis.

Zunehmende Bedeutung erfährt außerdem die Fähigkeit, Dinge und Situationen in ihrer Komplexität wahrnehmen zu können, sie in ihrer Gesamtheit zumindest zu erahnen zu, um der geforderten Fähigkeit zum vernetzten Denken zu entsprechen. Dieses Bewußtsein hat Auswirkungen auf das Verhalten und die Einstellungen der Mitarbeiter und Führungskräfte dahingehend, daß einzelne Maßnahmen nicht länger in einer chronologischen Abfolge von Ursache und Wirkung betrachtet werden, sondern man sich um die Tragweite von Entscheidungen bewußt wird (vgl. Kap. 4.11). Ein Mitarbeiter wird sich dann im Entscheidungsprozeß nicht nur darüber Gedanken machen, was sein Vorgesetzter dazu sagen wird, sondern er wird die Konsequenzen für den Kunden, für den Lieferanten und für Zielerreichung des Unternehmens in seine Überlegungen und damit in seine Entscheidungen mit einbeziehen. Das bedingt Bewußtsein, Bewußtsein einmal über die Wirkung innerhalb des Gesamtkomplexes Unternehmung, aber auch im Hinblick auf die Zusammenhänge außerhalb, mit anderen Systemen. Dieser Aspekt dürfte besonders in Verbindung mit ökologischen Auswirkungen unternehmerischer Entscheidungen mehr und mehr an Bedeutung gewinnen.

Neue Anforderungen an die Qualifikation ergeben sich jedoch nicht nur aufgrund der neuen Bedarfe der Unternehmen, sondern auch die Mitarbeiter selbst stellen andere Anforderungen an ihre Qualifikation. Das allgemein gestiegene Bildungsniveau breiter Bevölkerungsschichten verstärkt diese Forderungen. Nicht nur, daß Weiterbildung bestimmten Zielgruppen vor-behalten bleibt, sondern auch die passive, eher unverantwortliche Rolle der Teilnehmer innerhalb von Weiterbildungsmaßnahmen steht zur Diskussion.

Wer in seiner Berufspraxis mit der Neueinstellung von Mitarbeitern zu tun hat, erfährt den Anspruch auf Weiterbildungs- und Entwicklungsmöglichkeiten sehr drastisch. Unternehmen, die in dieser Hinsicht „nichts zu bieten" haben, werden auf dem Markt um Arbeitskräfte sehr schnell die Verlierer sein. Ein Kampf, der dem um Kunden voraussichtlich nicht nachstehen wird (vgl. FAIX/BUCHWALD/WETZLER 1991, S. 25). Dem dürfte das Angebot von kompakten Bildungsprogrammen in Zukunft deshalb immer weniger entsprechen. Transparenz über langfristige, individuelle Entwicklungsmöglichkeiten wird gefordert. Diese neuen Bedürfnisse sollten aufgenommen werden und die daraus gewonnen Erkenntnisse müssen sich entsprechend in der Mitarbeiterweiterbildung und -förderung niederschlagen.

Dieser Aufgabe der Personalentwicklung versuchen die Unternehmen durch entsprechende Konzepte (Bedarfsanalysen) nachzukommen.

Die Qualifizierung der Führungskräfte stellt eine weitere Anforderung an die betriebliche Bildungsarbeit dar. Sie werden sich immer mehr zum Berater ihrer Mitarbeiter entwickeln müssen. Befragungen ergeben, daß der Wunsch nach persönlicher Unabhängigkeit und nach kooperativer und delegativer Führung in den nächsten Jahren noch weiter zunehmen wird, formeller Gehorsam und Karrieremotivation tendenziell eine eher abnehmende Tendenz aufweisen (vgl. WUNDERER 1993, S. 115). Betrachtet man das alltäglich praktizierte Führungsverhalten, wird der enorme Qualifizierungsaufwand, vorausgesetzt entsprechendes Potential ist überhaupt vorhanden, deutlich.

Führungskräfte haben nicht nur mit veränderten Werthaltungen der Mitarbeiter zu tun, sie selbst prägen Werte und damit die Kultur eines Unternehmens. Werte dienen als Maßstab für Verhalten, sie bestimmen das Verhalten. Verändern sich Werte, werden sich mittelfristig auch die Verhaltensweisen bzw. die Handlungsweisen verändern. Werte können deshalb die Funktion von Frühwarnindikatoren übernehmen (vgl. BESSOTH 1994). Aus dem Wandel der Werte leitet sich eine zusätzliche wichtige Aufgabe für Unternehmen ab. Veränderungen in der Wertehierarchie haben zur Folge, daß die Übereinstimmung der Unternehmensziele mit den Mitarbeiterzielen überdacht und gegebenenfalls korrigiert werden muß. Die Anpassung des einzelnen an die Unternehmenskultur, aber auch die Reflexion der Organisation bzw. der Führungskräfte über die sich abzeichnenden Veränderungen ist erforderlich. Diese Anpassungsfähigkeit der Unternehmensmitglieder zu fördern, ist wiederum eine originäre Aufgabe der Personalentwicklung (vgl. BECKER 1993, S. 12 u. 41). Das Handlungskompetenzmodell liefert dafür eine entsprechende Systematik.

5.1 Handlungskompetenz

Wann kann man von einer Handlung sprechen, bzw. wann handelt ein Mensch? Er handelt dann, wenn er bei weitgehender Innensteuerung selbstgesetzte Ziele unter Einbeziehung verschiedener Alternativen zu realisieren versucht. Handlungen sind demnach die Mittel zur Erreichung von vom Individuum frei gesetzten und wählbaren Zielen. Diese Wählbarkeit ermöglicht den „subjektiven Sinn" für den Handelnden. Ein Handelnder ist somit auch verantwortlich für sein Tun.

Handlungskompetenz heißt letztlich nichts anderes als das Vermögen oder die Fähigkeit, bestimmte Situationen bewältigen zu können. Diese Fähigkeit ist individuell unterschiedlich ausgeprägt und kann, ein entsprechendes Potential vorausgesetzt, unter bestimmten Voraussetzungen verbessert werden. Wesentliche Voraussetzung dafür ist die Qualifizierungsbereitschaft des Mitarbeiters. Diese wiederum hängt ab von den Bedürfnissen, Motiven, Zielen und vor allem vom Selbstkonzept des Mitarbeiters. Unter Selbstkonzept versteht man die Bewertung einer Person in Bezug auf sich selbst, hier speziell ihrer Entwicklungsmöglichkeiten (vgl. FREI 1984, S. 39, 98).

Handlungskompetenz eines Mitarbeiters bezeichnet eine durch Kommunikations- und Austauschprozesse unterstützte und erlernte Persönlichkeitseigenschaft. Auf deren Vorhandensein wird geschlossen, wenn der Mitarbeiter in der Lage ist, realistische Handlungspläne zu entwickeln und sie effektiv umzusetzen (vgl. GEORG 1991, S. 105). Damit sind seine Aktivitäten sinnorientiert, wertorientiert, freiheitsgebunden und verantwortet.

5.1.1 Elemente der Handlungskompetenz

Das Spektrum der Kompetenzbereiche, nach dem die Personalentwicklung seit längerem arbeitet, liefert eine Systematik, an der sich auf der individuellen Ebene jeder Einzelne hinsichtlich seiner Stärken und Schwächen einschätzen kann. Das ermöglicht die aus dieser Perspektive gezielte Ermittlung des Bildungsbedarfes für den einzelnen und dann möglicherweise einen gezielten Besuch von Weiterbildungsveranstaltungen, um Stärken auszubauen, ungenutzte Potentiale zu nutzen und Schwächen abzubauen.

Der grafische Überblick (angelehnt an HÜLSHOFF 1993) zeigt die unterschiedlichen Kompetenzbereiche und deren Vernetzung untereinander. Um die Übersichtlichkeit zu wahren, wurde auf die Darstellung aller Pfeile untereinander verzichtet. Eine grobe Skizzierung der Kompetenzbereiche sieht wie folgt aus (vgl. HÜLSHOFF 1996, S. 38):

- **Firmenkompetenz**: das Unternehmen und sein Leistungsspektrum kennen und darstellen können.
- **Fachkompetenz**: das fachliche Know-How, also das Wissen und die Qualifikation in den fachlichen Themen.
- **Methodenkompetenz**: systematisch Probleme bearbeiten und dabei Methoden und Instrumente anwenden.
- **Soziale Kompetenz**: Kommunikations- und Kooperationsfähigkeit und die Bereitschaft zur Teamarbeit.

- **Personale Kompetenz**: Selbstmanagement und die Darstellung der eigenen Person gegenüber dem Kunden ebenso wie gegenüber dem Vorgesetzten, Kollegen oder Mitarbeiter im eigenen Unternehmen.

Elemente der Handlungskompetenz

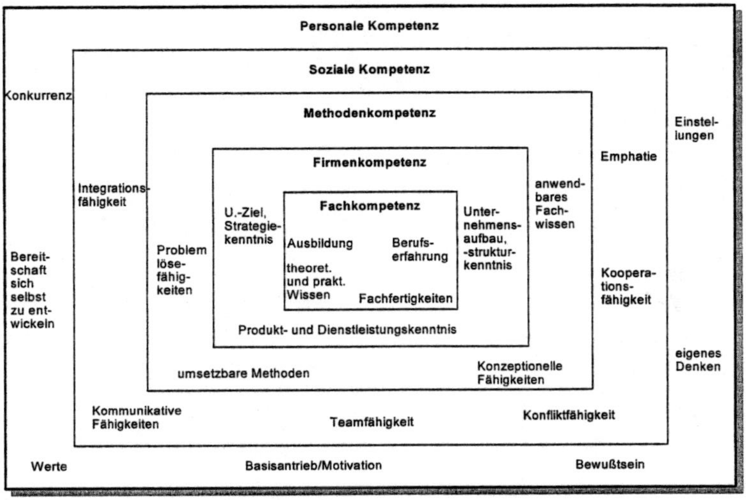

Abb. 25: Elemente der Handlungskompetenz

5.1.2 Kompetenzbereiche

Ein Mitarbeiter wird als handlungskompetent bezeichnet, wenn er in allen Kompetenzbereichen eine entsprechende Befähigung aufweist. Hinzuweisen ist hierbei auf den Unterschied zwischen Kompetenz und Qualifikation, da Kompetenz eher ein psychologisches Konstrukt darstellt. Qualifikation dagegen kann bezeichnet werden als der Teil der aktualisierten Befähigung, die also tatsächlich im Arbeitsumfeld realisiert wird.

Das Stadium der Kompetenzentwicklung eines Mitarbeiters bestimmt nicht nur die Art der Tätigkeiten, die er auszuüben in der Lage ist, sondern auch, welche Art von Qualifikationsmaßnahmen der Mitarbeiter in Anspruch nehmen kann. Wie erwähnt ist das Selbstkonzept eines Mitarbeiters im Hinblick auf seine Qualifikationsbereitschaft ein außerordentlich wichtiger Einflußfaktor.

Kompetenzbereiche

Handlungskompetenz				
„WISSEN“	„WISSEN“	„KÖNNEN“	„VERHALTEN“	„BEWUßTSEIN“
Firmen-kompetenz	Fach-kompetenz	Methoden-kompetenz	Soziale Kompetenz	Personale Kompetenz

Abb. 26: Kompetenzbereiche

Wichtig ist deshalb, den Teilnehmern bereits im Bildungsprozeß ihre Lernfortschritte transparent zu machen, um die Veränderung der eigenen Kompetenz in das Selbstkonzept zu integrieren (vgl. FREI 1984, S. 32, 96, 103). Eine detailliertere Einteilung der Kompetenzbereiche mit Ansatzpunkten zeigt die folgende Abbildung:

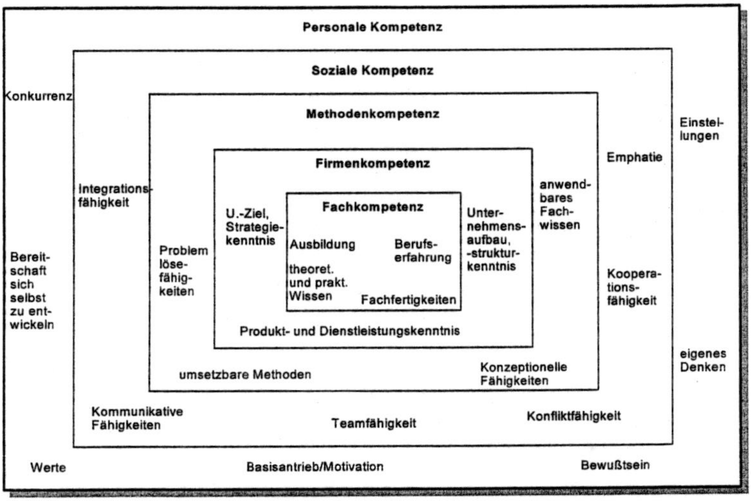

Abb. 27: Elemente der Handlungskompetenz (detailliert)

Zwischen den einzelnen Kompetenzbereichen kann eine klare Abgrenzung nicht immer getroffen werden. Der Modellcharakter dieses Konzepts erhebt keinen Anspruch auf Eindeutigkeit. Das Modell dient als Basis, Qualifizierung und die zu ergreifenden Maßnahmen zielorientierter und effizienter gestalten können. Zwischen den Kompetenzbereichen existieren keine Gewichtungen.

Die folgende Grafik veranschaulicht in Form von Fragen, von welchen Intentionen und Überlegungen sich ein handlungskompetenter Mitarbeiter bei der Ausübung seiner Tätigkeit „leiten“ läßt (vgl. HÜLSHOFF, WSB Baustein 106, 1993 und WSB Baustein 107, 1995). Die konkrete Umsetzung im Arbeitsumfeld wird an dieser Stelle nicht betrachtet.

Definition von Kompetenzbereichen

Handlungskompetenz				
Mit wieviel Eigenverantwortung und Bewußtsein entscheidet sich der Mitarbeiter zwischen Handlungsalternativen unter Berücksichtigung von Zielen?				
Firmenkompetenz	**Fachkompetenz**	**Methodenkompetenz**	**Soziale Kompetenz**	**Personale Kompetenz**
Welche firmenbezogenen Anforderungen soll ein Mitarbeiter erfüllen?	Welche fachlichen Anforderungen soll ein Mitarbeiter erbringen?	Wie soll ein Mitarbeiter seine Fachkenntnisse einsetzen, um methodisch richtig zu handeln?	Wie soll ein Mitarbeiter mit anderen kommunizieren und zusammenarbeiten?	Von welchen Überzeugungen, Einstellungen und Werten soll sich ein Mitarbeiter leiten lassen?

Abb. 28: Definition von Kompetenzbereichen

5.1.2.1 Firmenkompetenz

Unter Firmenkompetenz werden die Fähigkeiten, Fertigkeiten und Kenntnisse zusammengefaßt, die benötigt werden, um in einem gegebenen Firmenumfeld erfolgreich zu sein. Die Fachkenntnisse aus vergleichbaren früheren Tätigkeiten reichen oft nicht aus. Es sind zuerst verschiedene firmenspezifische Verfahren, Regelungen, „Instanzen“ zu verinnerlichen. Die Firmenkompetenz wird in der Regel in speziellen Einführungsveranstaltungen von erfahrenen Mitarbeitern der unterschiedlichen Hierarchieebenen „vorgelebt“. Gleichzeitig oder sogar oft im Vordergrund wird spezielles Fachwissen transportiert, doch das „Wie läuft das hier?“, steht unausgesprochen an erster Stelle.

5.1.2.2 Fachkompetenz

Unter Fachkompetenz werden alle erforderlichen fachlichen Fähigkeiten, Fertigkeiten und Kenntnisse zur Bewältigung beruflicher Aufgaben aus Ausbildung und Berufserfahrung verstanden. FAIX/BUCHWALD/WETZLER formulieren dies als „State of the art"- Wissen (vgl. FAIX/BUCHWALD/WETZLER 1991, S. 81). Anders ausgedrückt, das fachliche Know-How bezieht sich auf das Wissen und die Qualifikation in den Fachthemen.

Qualifizierung innerhalb dieses Kompetenzbereichs bildet den klassischen Ansatz beruflicher Weiterbildung. Um die erforderliche Fachkompetenz eines Mitarbeiters für den jeweiligen Arbeitsplatz zu ermitteln, eignet sich beispielsweise folgende Fragestellung: *„Welche fachlichen Anforderungen soll ein Mitarbeiter erfüllen, über welches Wissen soll er verfügen, um die erforderlichen Tätigkeiten kompetent ausführen zu können?"*

5.1.2.3 Methodenkompetenz

Betrachtet man den Bereich der Methodenkompetenz, der zum Beispiel Problemlösungsfähigkeiten und konzeptionelle Fähigkeiten beinhaltet, lautet eine mögliche Fragestellung: *„Wie soll ein Mitarbeiter seine Fachkenntnisse einsetzen, um methodisch richtig (kompetent) zu handeln?"*

Damit sind die Methoden gemeint, die den Mitarbeiter befähigen, sein fachliches Potential im Sinne der Zielsetzung seines Aufgabenfeldes und Verantwortungsbereichs zu gestalten (vgl. LEONHARDT 1984, S. 12). Teilweise findet im Bereich der Methodenkompetenz eine Überschneidung mit den sogenannten Schlüsselqualifikationen statt. Damit sind all jene Fähigkeiten gemeint, die nicht in unmittelbarem Zusammenhang zu bestimmten Tätigkeiten stehen, sondern die Eignung für unterschiedliche Funktionen vermitteln, „die also den Schlüssel zur raschen und reibungslosen Erschließung von wechselndem Spezialwissen darstellen sollen" (GEORG 1991, S. 176).

Bereits im Bereich der Methodenkompetenz wird deutlich, daß dieser wesentlich schwieriger zu fassen und zu bearbeiten ist als der Bereich der fachlichen Kompetenz.

5.1.2.4 Soziale Kompetenz

Im Bereich der sozialen Kompetenz erfährt die Komplexität der Lerngestaltung eine weitere Dimension. Die Komponente beinhaltet Fähigkeiten zur Kommunikation und Kooperation, aber auch die Fähigkeit im Umgang mit Konflikten oder zur Teamarbeit.

Entscheidend ist natürlich weder, welche Meinung ein Mensch im Hinblick auf seine Sozialkompetenz hat, noch über welches theoretische Wissen er in diesem Zusammenhang verfügt. Ausschlaggebend ist nur, wie kompetent sich jemand in seinem sozialen Umfeld tatsächlich verhält, bzw. wie er handelt. Soziale Kompetenz ist nur in dem Maße vorhanden, in dem sie tatsächlich gelebt wird (vgl. ANTON 1993, S. 24).

Hier wird bereits deutlich, daß ein Individuum zur Verbesserung seiner sozialen Kompetenz auf Resonanz seiner Umwelt, seiner Mitmenschen angewiesen ist. Diese Tatsache dürfte gerade im Bereich der Führungskräfteentwicklung besondere Tragweite haben mit der Chance der Rückmeldung für die Führungskräfte durch die eigenen Mitarbeiter. „Wie werde ich als Führungskraft von meinen Mitarbeitern erlebt?", könnte eine Fragestellung in diesem Kontext sein. Die Möglichkeit eine Bildungs- oder besser Entwicklungsbedarfsermittlung auf der Ebene der Führungskräfte durchzuführen, wird in vielen Unternehmen bereits erkannt, in einigen sogar bereits praktiziert.

Oft sind die Reaktionen auf Kritik geprägt durch „Verteidigung und Rechtfertigungstiraden", „Gegenangriff" oder „Flucht"; Funktionen, mit denen wir ausgestattet wurden, um zu Urzeiten unser Überleben zu sichern. Es erscheint plausibel, daß diese Verhaltensweisen eigentlich für Extremsituationen gedacht sind. Wir verhalten heute uns noch so, als ginge es um unser Überleben, anstatt die Gründe und Konsequenzen von Kritik zu hinterfragen und dann verschiedene Handlungsalternativen bewußt abzuwägen oder neue aufzubauen (vgl. HINZ 1991, S. 76).

Natürlich ist damit keine Forderung nach totaler Anpassung gemeint. Die Fähigkeit des Individuums zur Selbstreflexion muß ergänzt werden um die Fähigkeit, trotz der Vielfältigkeit der heran getragenen Erwartungen authentisch zu bleiben und gleichzeitig sein Handeln in sozial angemessener Weise zu vollziehen. Um diese „soziale Leistung" erbringen zu können, muß das Individuum zunächst in der Lage sein, seine soziale Situation „richtig" zu interpretieren. Außerdem muß es den Mut zur Echtheit haben. Echt zu sein heißt, sich so geben zu können, wie man ist, z.B. auch auf pseudo-professionelles Gehabe zu verzichten und das auszusprechen, was an Gedanken und an Gefühlen vorhanden ist (vgl. EDELMANN 1993, S. 103).

Leider herrscht im beruflichen Alltag eine Atmosphäre der Wertschätzung nur sehr selten vor, die wäre aber nötig, die sozialen Kompetenzen zu erweitern. Alleine wieviel Energie würde freigesetzt werden, wenn beispielsweise die Führungskräfte dem Anspruch nach Echtheit, im Sinne von Glaubwürdigkeit und Berechenbarkeit, gerecht würden? (vgl. SPRENGER 1995).

5.1.2.5 Personale Kompetenz

Personale Kompetenz macht die Einstellungen, die Werte, das Menschenbild, das Bewußtsein, das Selbstmanagement eines Individuums aus. Die Frage, um die Anforderung eines Mitarbeiters in Bezug auf seine personale Kompetenz zu definieren, lautet zum Beispiel: *„Von welchen Einstellungen/Wertorientierungen soll sich der Mitarbeiter in seinem Handeln leiten lassen?"*

Der Bereich der personalen Kompetenz scheint der Bereich zu sein, in dem Entwicklungsarbeit am schwierigsten geleistet werden kann, aber auch der Bereich, bei dem Veränderungen die nachhaltigste Wirkung zeigen. Bereits die Ermittlung des Entwicklungsbedarfs gestaltet sich als äußerst schwierig. Das Selbstkonzept und die grundsätzliche Veränderungsbereitschaft eines Mitarbeiters sind eine primäre Voraussetzung, um in diesem Bereich Maßnahmen überhaupt erfolgreich durchführen zu können. Anderseits sind Werthaltungen und Einstellungen oft nur sehr schwer zu ermitteln. Die sicherste Methode scheint die zu sein, aufgrund von Verhaltensweisen Indikatoren für bestimmte Einstellungen ausfindig zu machen (vgl. DAUMENLANG 1995).

Wenn es um den Bereich der Entwicklung der personalen Kompetenz geht, entstehen sehr schnell unterschiedliche Auffassungen, ob eine Entwicklung in diesem Sinne überhaupt stattfinden kann, wenn sie möglich ist, ob sich die Weiterbildung/Personalentwicklung nicht damit bereits im Grenzgebiet zur Beratung und Therapie befindet. Danach bleibt zu fragen, unter welchen Bedingungen und mit welchen Grenzen eine Entwicklung möglich ist.

Lernen insgesamt, gleichgültig in welchem Kompetenzbereich ist immer gleichzeitig auch ein Stück Persönlichkeitsentwicklung „Man lernt immer, die Frage ist nur was?" (vgl. HÜLSHOFF, WSB Baustein 105, 1993 und 118, 1993), vergleichbar dem bekannten Axiom von Watzlawik: „Man kann nicht nicht kommunizieren" (in: BIRKENBIHL 1993, S. 81).

Die Entwicklung der Kompetenzen hat dort Grenzen, wo das natürliche Potential eines Menschen überstrapaziert wird. Problematisch sind Veränderungen an den Grundüberzeugungen eines Menschen betreffende Einstellungen, welche die Basis seiner Identität sind. In der Regel verfügen wir Menschen jedoch über eine ungeahnte Fülle brachliegender Ressourcen und einer damit verbundenen Veränderungsmöglichkeit von Überzeugungen. Und genau diese Überzeugungen und damit sich selbst und andere mit Neugierde zu entdecken und zu reflektieren, kann ein unerschöpflicher Fundus für jeden Einzelnen und einbezogen in den Unternehmenskontext für das Unternehmen werden.

5.2 Anforderungsprofile

Anforderungsprofile stellen ein wichtiges Instrumentarium im Bereich der Personalentwicklung dar, da an Hand dieser Profile der erforderliche Qualifizierungsbedarf bestimmt wird. In der Praxis wird häufig mit unspezifischen und pauschalen Anforderungskriterien gearbeitet (vgl. Anhang 2). Das Kriterium „Durchsetzungsvermögen" ist trotz einer sehr breit gestreuten Interpretationsmöglichkeit beispielsweise in fast jedem Anforderungsprofil zu finden.

Das häufig anzutreffende semantische Chaos wird speziell bei der Verwendung der Anforderungsprofile für Auswahlverfahren noch verstärkt. Aus ökonomischen Gründen und um sich überhaupt verständlich machen zu können, werden die vielfältigen Merkmale noch zu einzelnen Kategorien zusammengefaßt. Das bekannte Problem, das grundsätzlich bei Generalisierungen auftaucht, wird hier besonders deutlich, nämlich daß erhebliche Informationsverluste hingenommen werden müssen und dennoch der Anspruch auf Spezifität erhoben wird (vgl. JESERICH 1981, S. 56).

Ein weiteres Defizit besteht in der statischen Handhabung des Instrumentariums. Bei der Suche und Auswahl von Führungskräften erstaunt es immer wieder festzustellen, wie wenig sich trotz massiver Änderungen der wirtschaftlichen und gesellschaftlichen Situation die Anforderungen an das Management vordergründig verändern (vgl. RIEKHOF 1989, S. 60).

Das Anforderungsprofil wird innerhalb dieses Konzeptes verstanden als eine funktionsbezogene Darstellung der Anforderungen, die an einen Mitarbeiter im Hinblick auf seine Qualifikation gestellt werden. Es werden folglich keine Persönlichkeitskriterien wie Auffassungsgabe, Belastbarkeit o.a. definiert, sondern die Anforderungen, die an dem speziellen Arbeitsplatz benötigt werden, bilden die direkte Grundlage zur Profilerstellung.

Die Übersicht zeigt einen Ausschnitt eines Profils, das genau jene Persönlichkeitskriterien enthält, die nach dem Verständnis der vorliegenden Arbeit nicht Bestandteil von Anforderungsprofilen sein sollen (vgl. Lexikon des Personalmanagements 1994, S. 7). Die Begründung liegt darin, daß die Zuverlässigkeit, um ein Kriterium herauszugreifen, alleine generell noch kein Garant für die optimale Erfüllung seines Aufgabengebietes ist. Um noch einen Schritt weiterzugehen: entscheidend ist letztlich nicht, aufgrund welcher Ausgangsvoraussetzungen ein Mitarbeiter seine Tätigkeit erfüllt oder auch, wie er die Erfüllung der einzelnen Anforderungen erbracht hat, sondern lediglich, ob er den Anforderungen im Sinne einer Aufgabenerfüllung gerecht geworden ist.

Beispiel eines Anforderungsprofils (Ausschnitt)

Anforderungsmerkmale	Bewertung				
	1	2	3	4	5
Belastbarkeit		•			
Zuverlässigkeit			•		
Initiative			•		
Ausdauer				•	
Sozialverhalten		•			

Abb. 29: Beispiel eines Anforderungsprofils

Sicher ist einzuwenden, daß die Qualifikation an sich auch noch keine Garantie dafür sein kann, daß die Aufgaben durch den Mitarbeiter optimal erfüllt werden. Es gewährleistet jedoch zum einen eine sehr viel stärker funktionsbezogene Annäherung, und zum anderen ist der Rückschluß auf mögliche andere Ursachen sehr viel einfacher möglich, als wenn von verschiedenen Persönlichkeitsmerkmalen ausgegangen wird, die zu der Position in einem eher indifferenten Zusammenhang stehen.

5.2.1 Anforderungen

Anforderungen (oder synonym: Qualifikationsanforderungen, Arbeitsanforderungen) sind als Sollvorstellungen über diejenigen menschlichen Leistungsvoraussetzungen zu verstehen, die von einer spezifischen Aufgabenstellung im situativen Kontext ausgehen und die von einem Stelleninhaber erfüllt sein müssen, um die Aufgabe hinreichend bewältigen zu können. Sie stellen das Bindeglied zwischen Stellen- und Personenmerkmalen dar. Von daher sollten sinnvoll nur solche Anforderungen bzw. Anforderungsarten formuliert werden, die auch als persönliche Qualifikationsmerkmale festgestellt werden können (vgl. BERTHEL 1995, S. 119; Lexikon des Personalmanagements 1994, S. 6-7).

5.2.2 Inhalte von Anforderungsprofilen

Mit einem Anforderungsprofil werden verschiedene Anforderungen an die Qualifikation eines Mitarbeiters als Gegenstück zum Qualifikationsprofil für eine Stelle visuell dargestellt. Dazu werden zunächst die Anforderungen a-nalytisch differenziert in einzelne, für wichtig erachtete Kriterien. Die Bedeutung der einzelnen Anforderungsmerkmale für einen bestimmten Arbeitsplatz wird danach in ihren jeweiligen Ausprägungen in der Abbildung zum Anforderungsprofil beispielhaft veranschaulicht (vgl. obiges Beispiel des Anforderungsprofils).

Auf der Grundlage einer vorhanden Arbeitsplatzbeschreibung und einer Arbeitsplatzanalyse wird ein Anforderungsprofil erstellt. Anforderungsprofile dienen der Überprüfung, ob die individuellen Fähigkeiten eines Mitarbeiters mit den Anforderungen, die sein Arbeitsplatz an ihn stellt, übereinstimmen. Das Ergebnis der Überprüfung bildet die Grundlage für Fördergespräche mit dem Mitarbeiter. Es wird deutlich, welche Entwicklungsmaßnahmen speziell für diesen Mitarbeiter erforderlich sind. Außerdem dient das Anforderungsprofil dazu festzustellen, ob potentielle Bewerber für Stellenneubesetzungen den gestellten Anforderungen entsprechen. Anforderungsprofile sind einerseits somit die Basis für Interviews, Fördergespräche und Beurteilungsgespräche. Andererseits bieten gerade diese Gespräche eine gute Möglichkeit, die Aktualität von Stellenbeschreibungen und Anforderungsprofilen zu überprüfen und ggf. Änderungen vorzunehmen.

Anforderungsprofile enthalten die typischen Arbeits- und Verhaltensanforderungen nach Art und Ausprägung. Das Unternehmen muß sich also über die grundlegenden Anforderungen im klaren sein. Die gewünschten Anforderungen ergeben die Handlungskompetenz des Mitarbeiters und lassen sich folgende Kompetenzbereiche aufgliedern:

Anforderungsprofil mit Kompetenzbereichen

Firmenkompetenz	Fachkompetenz (Kenntnisse)	Methoden-kompetenz (Fertigkeit)	Soziale Kompetenz (Fähigkeiten)	Personale Kompetenz (Einstellungen, Wertorientierungen)
Welches Wissen benötige ich, um in diesem Unternehmensumfeld erfolgreich arbeiten zu können	Welches Wissen benötige ich, um die erforderlichen Tätigkeiten kompetent ausführen zu können?	Wie wende ich mein Wissen an, um die erforderlichen Tätigkeiten kompetent auszuführen?	Wie gehe ich mit Mitarbeitern/Menschen in konkreten Situationen um?	Von welchen Einstellungen, Werten, Überzeugungen, welchem Selbstverständnis lasse ich mich leiten?
• Verfahren • Unternehmensstruktur, Unternehmenskultur • Unternehmensprozesse	• Ausbildung • Fachkenntnisse • Berufserfahrung	• Anwendung fachlicher Kenntnisse und Wissen • Problemlösungsprozesse gestalten	• Kommunikation • Teamgespür • Motivationskraft, Überzeugungsfähigkeit • Konflikt-, Kritikfähigkeit	• Basisantrieb, Energie • Intelligenz, analytische Fähigkeiten, "Helikopter-Fähigkeiten" • Kreativität, Innovationsfreudigkeit • Leidenschaft, Stabilität • Moral, Ethik, Integrität
• Darstellung des Unternehmens	• Handhabung der Informationstechnologie • Interviewarten	• Moderieren von Workshops • Führen von zielorientierten Verkaufsgesprächen • Auswahl geeigneter Bewerber	• Schaffen positiver Gesprächsatmosphäre • Eingehen auf unterschiedliche Persönlichkeiten • Zusammenarbeit mit Kollegen	• Positives Menschenbild • Kreativität • Frustrationstoleranz

Abb. 30: Anforderungsprofil mit Kompetenzbereichen

5.2.3 Entwicklung von Anforderungsprofilen

Bei der Erstellung von Anforderungsprofilen sind mehrere Aspekte zu beachten:

- Anforderungsprofile werden gemeinsam mit dem oder den betreffenden Mitarbeitern und den entsprechenden Führungskräften erarbeitet.
- Das gewünschte Verhalten wird präzise beschrieben.
- Bei aller Präzision muß berücksichtigt werden, daß es von Kompetenzbereich zu Kompetenzbereich immer mehrere Möglichkeiten gibt, eine Aufgabe zu erledigen.

Das gewünschte Verhalten muß trotzdem so beschrieben werden, daß es beobachtbar ist. Dabei hilft beim Erstellen von Anforderungsprofilen die Frage: *„Woran werde ich erkennen, daß der Mitarbeiter sich effektiv verhält?"*

Es werden also nur solche Kriterien aufgenommen, die eindeutig beobachtbar und für die Erfüllung der Tätigkeiten unbedingt erforderlich sind. Die in den Tätigkeits- und Aufgabenbeschreibungen ermittelten Anforderungen und die daraus resultierenden Tätigkeitsbeschreibungen (im Bereich der erforderlichen Kompetenzen) reichen in der Regel aus, um einen Arbeitsplatz ausreichend zu beschreiben. Eine größere Anzahl birgt die Gefahr, daß die einzelnen Kriterien nicht mehr eindeutig voneinander zu unterscheiden sind. Es können jedoch von Fall zu Fall auch weitere Kriterien herangezogen werden.

Zusätzlich zu den notwendigen Anforderungen können noch wünschenswerte Anforderungen mit aufgenommen werden. Damit sind Fähigkeiten der Mitarbeiter gemeint, die zwar noch für den Arbeitsplatz typisch sind, die jedoch unterschiedlich ausgeprägt sein können und auch noch während des Beschäftigungsverhältnisses vervollständigt werden können.

5.2.4 Stufen der Skills

In einem weiteren Arbeitsschritt sind die ausgewählten Merkmale zu gewichten, d.h. es muß festgelegt werden, in welchem Ausprägungsgrad das jeweilige Anforderungskriterium vorhanden sein soll. FAIX/BUCHWALD/WETZLER formulieren: „die Aussagekraft dieses (Soll-Ist) Vergleichs erhält jedoch eine andere Qualität, wenn sowohl die strategisch vorgegebenen Wissensgebiete als auch die individuellen Fähigkeiten eine Abstufung (im Sinne von Unterscheidung, nicht von Hierarchie) erfahren" (FAIX/BUCHWALD/WETZLER 1991, S. 84). Es leuchtet unmittelbar ein, daß sich andernfalls ein Vergleich des „Soll" mit dem „Ist" stark schwarz- weiß- gefärbt ergeben würde.

Eine Abstufung kann dargestellt werden durch:

- eine Zahlenskala (1,2,3,4,5),
- abgestufte Verbaldefinitionen (muß gegeben sein, sehr wichtig; wichtig; weniger wichtig, unwichtig) oder
- Kennen, Wissen, Können, Experte, Training oder
- eine Plus-Minus-Skalierung (++; +; O; -; --)

Wird für jeden Arbeitsplatz ein Anforderungs-Soll-Profil erstellt, besteht dann in einem zweiten Schritt die Möglichkeit, diesem Soll-Profil ein Ist-Profil des jeweiligen Mitarbeiters gegenüberzustellen. Die Darstellung kann auch als Beurteilungsskala verwendet werden. Die Analyse der vorhandenen Qualifikation mit der Gegenüberstellung der erforderlichen Qualifikation kann selbstverständlich auf das ganze Unternehmen und alle Hierarchieebenen ausgedehnt werden.

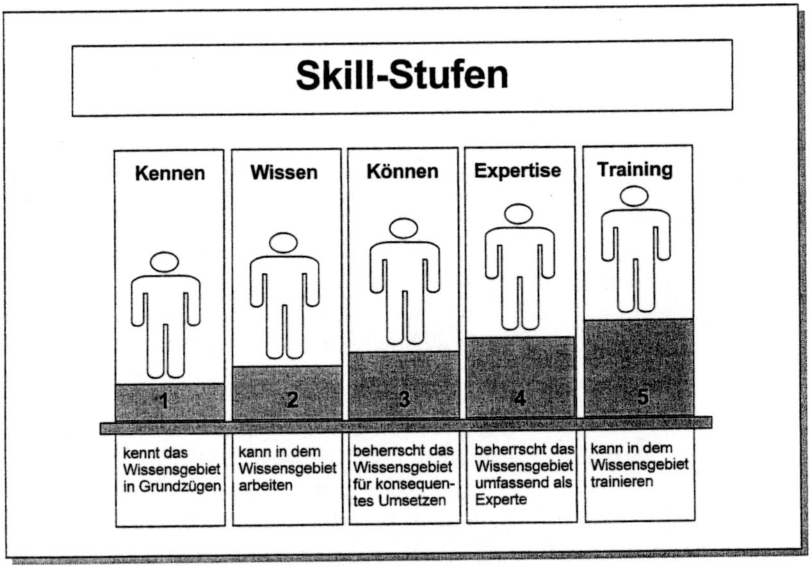

Abb. 31: Skill-Stufen, (angelehnt an: FAIX/BUCHWALD/WETZLER 1991, S. 85)

Wichtig ist, dem Mitarbeiter bei Einteilung seiner Anforderungen in die unterschiedlichen Stufen zu verdeutlichen, daß innerhalb seiner Tätigkeiten verschiedene Stufen nicht nur natürlich sondern unumgänglich sind. Das Vorhandensein einer überwiegenden Skalierungsstufe 4 würde keinen Indikator für Wichtigkeit der Funktion oder gar des Mitarbeiters darstellen. So gestaltete Anforderungsprofile beinhalten die Beschreibung der gewünschten Handlungskompetenz eines Mitarbeiters und stellen eine Antwort auf die Frage dar, welche Ausprägung an Anforderungen ein Mitarbeiter für diesen Arbeitsplatz haben soll (vgl. HÜLSHOFF, WSB-Baustein 107, 1995, S. 11).

Die erforderlichen Ausprägungsgrade der Anforderungen an den Arbeitsplatz stellen den Sollzustand dar. Der Ausprägungsgrad muß realistisch sein. Häufig werden alle Anforderungen mit „sehr wichtig" oder „Experte" gewichtet. Das ist unrealistisch sowohl bezogen auf die tatsächlichen Anforderungen des Arbeitsplatzes als auch auf die Verfügbarkeit der Fähigkeiten eines Mitarbeiters, bzw. auf die zu ergreifenden Maßnahmen, um einen Qualifizierungsbedarf in Angriff zu nehmen.

5.3 Stellen- und Arbeitsplatzbeschreibungen

Eine Stellenbeschreibung beinhaltet die verbindliche, in schriftlicher Form abgefaßte Zusammenfassung aller wesentlichen Merkmale einer Stelle. Der gegenwärtige Zustand einer Stelle wird systematisch, klar und möglichst objektiv dargestellt. Dabei werden ausschließlich Sachverhalte, die den Arbeitsplatz betreffen aufgeführt. Personenbezogene Dinge gehören nicht in eine Stellenbeschreibung; sie finden sich im Anforderungsprofil wieder.

Die Stellenbeschreibung gibt Auskunft darüber, was getan wird, wie es getan wird und warum es die Stelle gibt. Sie liefert eine vollständige und abgesicherte Beschreibung der gegenwärtigen Arbeitsinhalte.

Die wesentlichen Teile einer Stellenbeschreibung sind die

- Aufzählung der wichtigsten von der Stelle erwarteten Ergebnisse,
- Darstellung der Art der Aufgaben und Problemstellungen,
- Darstellung der Zuständigkeiten und Verantwortlichkeiten,
- Eingliederung der Stelle in die Gesamtstruktur des Unternehmens.

Beschreibungen von Arbeitsstellen sind immer Momentaufnahmen der aktuellen Situation. Darum muß eine regelmäßige Überprüfung auf Aktualität sichergestellt sein. Um den Sinn der von der Stelle ausgehenden Tätigkeiten klarzumachen, ist es erforderlich, den Zweck oder auch das Ziel einer Stelle zu definieren. Dieses leitet sich immer aus den Grundsätzen des Unternehmens ab. Es handelt sich also um ein im Rahmen der Gesamtzielsetzung gegebenes Funktionsziel und nicht um ein Leistungsziel.

Der Mitarbeiter kann sich aufgrund der Stellenbeschreibung ein Bild vom Kontext und der organisatorischen Eingliederung in die Gesamtstruktur machen. Er erhält mit der Stellenbeschreibung eine verbindliche Abgrenzung seines Handlungs- und Verantwortungsbereichs. Aufgrund des definierten Stellenzwecks kann er Schwerpunkte unter den Tätigkeitsfeldern erkennen und Prioritäten setzen (vgl. STROMBACH 1992, S. 21-27).

Stellenbeschreibungen galten lange Zeit als Indikator fortschrittlicher Personalarbeit. Inzwischen werden sie immer häufiger heftiger Kritik ausgesetzt. Die beschriebenen Punkte sind in der betrieblichen Praxis oft veraltet, überwiegend viel zu detailliert formuliert und haben grundsätzlich einen eher statischen Charakter. Sie wirken deshalb oft flexibilitätshemmend und sind in Zeiten des permanenten und raschen Wandels, in dem sich die meisten Unternehmen heute befinden, nur noch bedingt geeignet zukunftsgerichtete Ableitungen zu ermöglichen (vgl. BROMMER 1992, S. 77).

Der enorme Aufwand der Erstellung von Stellenbeschreibung rechtfertigt sich deshalb durch die geringe Nutzung kaum. Offensichtlich kann man mit diesem Instrument den Anforderungen einer zeitgemäßen Unternehmensführung nicht mehr gerecht werden. Unflexibles Verhalten der Mitarbeiter, das reine Abarbeiten der Stellenbeschreibung wird durch diese statische Arbeitsplatzbeschreibung unterstützt. Aufgrund exakt vorgegebener Verantwortlichkeiten wird die Wahrnehmung von Verantwortung nicht gefördert und die Entscheidungsspielräume eines Mitarbeiters ebensowenig erhöht. Ein weiteres Manko besteht darin, daß die betroffenen Mitarbeiter nur eine sehr geringe Mitwirkungsmöglichkeit besitzen (vgl. BROMMER 1992, S. 76). Die Tatsache, daß in der Praxis Stellenbeschreibungen häufig ohne Mitwirkungsmöglichkeiten des Mitarbeiters erstellt werden, fördert nicht die Motivation und Identifikation mit ihnen.

5.4 Aufgaben und Tätigkeitsbeschreibungen

Basis der Kompetenzermittlung durch Formulierung von tätigkeitsbezogenen Anforderungen bildet die sogenannte Aufgaben- und Tätigkeitsbeschreibung. Sie besteht aus einer Zuordnung in Kompetenzbereiche und einer sich daran angliedernden Beschreibung der tätigkeitsbezogenen Anforderungen. Um Mitarbeiter in Bezug auf ihre Arbeitsleistung stärker an den Unternehmenszielen auszurichten, bedient man sich der Methode der Zielvereinbarung. In den Zielvereinbarungen ist exakt enthalten, was von einem Mitarbeiter in einem bestimmten Planungszeitraum erwartet wird.

Abgrenzung zu Stellenbeschreibung und Zielvorgabe

Stellenbeschreibung	Aufgaben- und Tätigkeitsbeschreibung	Zielvorgabe
an funktionalen Abläufen des Unternehmens orientiert	an Zielen des Unternehmens orientiert	an Zielen des jeweiligen Arbeitsplatzes orientiert
• statisch	• dynamisch	• dynamisch
• stellenbezogene Ausrichtung	• prozeßbezogene Ausrichtung	• zielbezogene Ausrichtung
• Vorgabe	• Mitgestaltung des Mitarbeiters	• Zielvorgabe durch den Vorgesetzten
• eingeschränkte Nutzung des Mitarbeiterpotentials	• erweiterte Nutzung und Aktivierung des gesamten Mitarbeiterpotentials	• Nutzung des Mitarbeiterpotentials eingeschränkt durch Fixierung auf Zielerreichung
• kein ganzheitlicher Ansatz	• ganzheitlicher Ansatz	• kein ganzheitlicher Ansatz

Abb. 32: Stellenbeschreibung, Aufgaben- und Tätigkeitsbeschreibung (vgl. NAGEL 1991, S. 174f.)

Es werden Arbeitsziele und die dazu erforderlichen Wege und nötigen Mittel festgelegt. Außerdem werden Kriterien für die Ziel- oder Ergebniserreichung definiert. Die geforderte Orientierung dieser Leistungsziele an den Unternehmenszielen besteht in der Praxis leider nur sehr selten. Zielvereinbarungen werden außerdem häufig als Zielvorgaben verwendet, d.h. eine Vereinbarung mit dem Mitarbeiter erfolgt nicht, sondern der Vorgesetzte formuliert für ihn die zu erreichenden Ziele. Zielvereinbarungen beinhalten im Gegensatz zur Stellenbeschreibung die Möglichkeit einer Erfolgskontrolle, was für den Mitarbeiter und den Vorgesetzten eine bedeutende Erleichterung bei der Leistungsbemessung darstellt (vgl. LEITER 1982, S. 40f.).

5.4.1 Sinn und Zweck von Aufgaben- und Tätigkeitsbeschreibungen

Flexibilität und Innovation werden heutzutage verstärkt in den Unternehmen verlangt und gebraucht. Die personalpolitischen Instrumente müssen diesem Anspruch nicht nur gerecht werden, sondern eben genau diese Erfordernisse durch entsprechende Konzepte unterstützen. Anstelle von organisatorischen Regeln müssen Mitarbeiter verstärkt die Möglichkeit zur Selbstregulation und Selbststeuerung erhalten. Dafür ist einerseits Transparenz über die Erfordernisse des eigenen Arbeitsplatzes, aber auch die Ableitung der eigenen Ziele mit den Unternehmenszielen notwendig. Die

Möglichkeit zur Selbstregelung auch in Bezug auf den individuellen Weiterbildungsbedarf basiert auf diesen tätigkeitsbezogenen Anforderungen. Es kann dann ein sogenanntes Anforderungsprofil dem Qualifikationsprofil gegenübergestellt werden. Der Mitarbeiter hat so die Möglichkeit, seinen Qualifizierungsbedarf selbst zu erkennen und abzuleiten.

Tätigkeitsbezogene Anforderungen in den Kompetenzbereichen

Kompetenzbereich	Tätigkeitsbezogene Anforderungen (am Beispiel einer Teamassistentin)
Firmenkompetenz	d.h. Kundenanfragen im Rahmen definierter Prozesse an die entsprechenden Teams weiterleiten
Fachkompetenz	z.B. Seminaranmeldungen/Angebote gemäß den entsprechenden Vereinbarungen abwickeln/erstellen
Methodenkompetenz	z.B. anfallende Tätigkeiten nach Dringlichkeit und Wichtigkeit priorisieren und erledigen
Soziale Kompetenz	z.B. Reklamationen/Beschwerden angemessen, bzw. freundlich und bestimmt aufnehmen und einer Klärung zuführen
Personale Kompetenz	z.B. sich selbst in der Prozeßkette als eine wichtigen Unterstützung der Kollegen im Sinne einer Kundenorientierung zu sehen.

Abb. 33: Tätigkeitsbezogene Anforderungen in den Kompetenzbereichen

Die tätigkeitsbezogenen Anforderungen sollten so gestaltet werden, daß eine Verifizierung in regelmäßigen Zeitabständen erfolgt. Eine Überprüfung im Rahmen der in der Regel einmal im Jahr stattfindenden Mitarbeiter-Jahresgespräche kann dem Anspruch der kontinuierlichen Zielentsprechung von den Unternehmens- über die Bereichs- zu den Mitarbeiterzielen generell gerecht werden. Die tätigkeitsbezogenen Anforderungen sollten nicht nur ständig aktualisiert, sie sollten auch offen und transparent für jeden gestaltet werden. Oft stellt bereits die Formulierung dieser Anforderungen an sich einen wichtigen Lern- und Erkenntnisprozeß für Führungskraft und Mitarbeiter dar. Wie selten werden Tätigkeiten auf ihre Priorität oder gar ihre Sinnhaftigkeit (Kundenorientierung) hin untersucht oder gewichtet? Und gerade dies ist in einer prozeßorientierten Unternehmung immens wichtig. Häufig hat eine Führungskraft erstaunlich wenig Einblick in die wichtigsten Beiträge ihrer Mitarbeiter in unternehmensrelevanten Prozessen.

5.4.2 Ziele von Aufgaben- und Tätigkeitsbeschreibungen

Mit der Aufgaben- und Tätigkeitsbeschreibung werden zum Teil vergleichbare Ziele wie mit der Zielvereinbarung oder auch der Stellenbeschreibung verfolgt. Ein bedeutender Unterschied besteht jedoch darin, daß die Aufgaben- und Tätigkeitsbeschreibungen Teil eines umfassenden integrierten Gesamtkonzeptes sind und eine grundlegende Basis für ein funktionierendes Personal- und Organisationsentwicklungssystem darstellen.

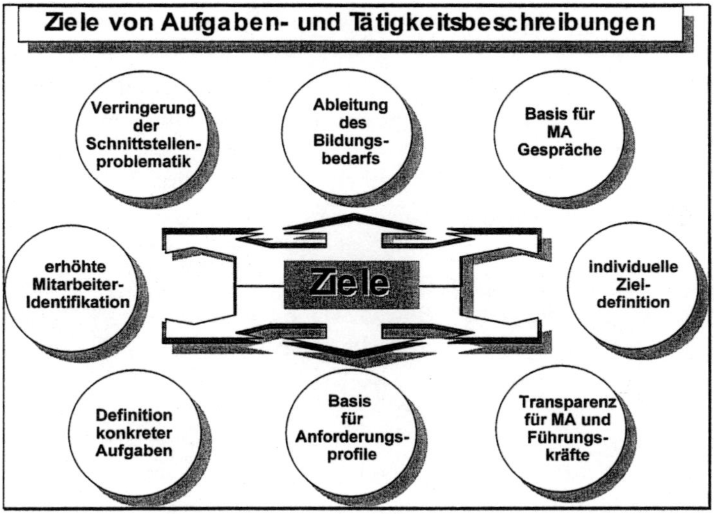

Abb. 34: Ziele von Aufgaben- und Tätigkeitsbeschreibungen

Eine wichtige Funktion stellt die konkrete und gewichtete Definition von Aufgaben und Tätigkeiten dar. Die Formulierung der wichtigsten Aufgaben und Tätigkeiten sollte von den Führungskräften gemeinsam mit ihren Mitarbeitern durchgeführt werden. Die Führungskräfte sollten bei der Anwendung dieses Konzepts auf alle Fälle für die Formulierung dieser Aufgaben- und Tätigkeitsbeschreibungen qualifiziert werden. An dieser Stelle ergibt sich damit auf der Führungskräfteebene ein Bildungsbedarf, den es zu bearbeiten gilt. Daß es dabei mit der reinen Methode der Erstellung dieser Aufgaben- und Tätigkeitsbeschreibung und der Vermittlung derselben nicht getan ist, sondern daß hier auch wieder die personalen Kompetenzen der Führungskräfte gefordert sind versteht sich von selbst.

Für die Definition und Abgrenzung der verschiedenen Kompetenzbereiche muß bei den Führungskräften zunächst ein entsprechendes Bewußtsein geschaffen werden. Der Prozeß der Formulierung von Aufgaben und Tätigkeiten sollte zumindest dahingehend trainiert werden, daß die Führungskraft sicher und überzeugend ihre Mitarbeiter bei der Formulierung der eigenen Aufgaben- und Tätigkeiten unterstützen kann. Führungskräfte sollten diese Formulierung unter keinen Umständen für ihre Mitarbeiter durchführen; denn Identifikation der Mitarbeiter kann nur durch ihre Einbindung erreicht werden. Durch die sich anschließende quantitative Begrenzung werden die bedeutendsten drei Aufgaben mit ihren Tätigkeiten herausgefiltert.

Nachdem dann die drei wichtigsten Aufgaben mit den drei wichtigsten dazugehörigen Tätigkeiten festgelegt wurden, erfolgt eine Gewichtung in Form von drei Kategorien. Diese Priorisierung der tätigkeitsbezogenen Anforderungen kommt einer Formulierung individueller Ziele gleich.

Über eine derartig hohe Transparenz der Aufgabeninhalte der Mitarbeiter kann die Führungskraft Schnittstellen sehr schnell erkennen und im Sinne der Aufgabendurchgängigkeit beheben. Aber auch die Mitarbeiter bekommen so ein ausgeprägtes Bewußtsein für ihre wichtigsten Aufgaben und Tätigkeiten, was einen zielgerichteten Arbeitsprozeß sehr fördert. Dieser Prozeß der Zielfindung bzw. der Klärung von Erwartungen in Bezug auf einen bestimmten Arbeitsplatz wird in der betrieblichen Praxis bisher nur sehr selten durchgeführt. Ein weiteres Ziel der Aufgaben- und Tätigkeitsbeschreibung besteht in der möglichen direkten Ableitung eines Anforderungsprofils. Das kann bei erforderlicher Stellenneubesetzung den Prozeß der Auswahl eines geeigneten Kandidaten wesentlich erleichtern.

Auf Basis der Aufgaben- und Tätigkeitsbeschreibung kann anschließend im Rahmen eines Mitarbeitergesprächs zum einen der Aufgabenstatus, d.h. wie der Mitarbeiter seine Aufgaben im vergangenen Jahr erfüllt hat, definiert werden. Zusätzlich wird, auch wieder basierend auf der Aufgaben- und Tätigkeitsbeschreibung, der Qualifikationsstatus ermittelt, indem mit dem Mitarbeiter die vergangenen und zukünftigen Qualifizierungsmaßnahmen besprochen werden. Folgend wird ein einfaches Beispiel eines Formulars zur Erfassung von Aufgaben- und Tätigkeitsbeschreibungen gezeigt.

Aufgaben- und Tätigkeitsbeschreibung

Name: ______________________ **PNR:** ____ **KST:** ____

Bereich: ______________________

Abteilung: ______________________

Position: ______________________

Vorgesetzter: ______________________ **Datum:**

Kompetenzbereiche	Tätigkeitsbezogene Anforderungen
Firmenkompetenz • • •	
Fachkompetenz • • •	
Methodenkompetenz • • •	
Soziale Kompetenz • • •	
Personale Kompetenz • • •	

Abb. 35: Aufgaben- und Tätigkeitsbeschreibung

5.4.3 Erstellen von Aufgaben- und Tätigkeitsbeschreibungen

Zur Erstellung von Aufgaben- und Tätigkeitsbeschreibungen empfiehlt sich folgende Vorgehensweise:

1. Es werden zunächst die wichtigsten Aufgaben eines Arbeitsplatzes ungeordnet aufgelistet. Die Beschreibung sollte in Substantiven erfolgen, da diese meistens einem Aufgabenbereich entsprechen, z.B. Reisekosten, Akquisition, Angebotserstellung.
2. Im nächsten Schritt werden die Aufgaben den Kompetenzbereichen zugeordnet. Außerdem erfolgt jetzt bereits eine Selektion. Es werden lediglich die drei wichtigsten Aufgabenbereiche pro Kompetenzbereich betrachtet.
3. Danach folgt die Beschreibung der entsprechenden Tätigkeiten zu den Aufgaben. Für diese Beschreibungen werden Verben benutzt, z.B. „Formular zur Reisekostenabrechnung ausfüllen". Pro Aufgabe sind maximal drei Tätigkeiten vorgesehen, um auch hier sicherzugehen, daß nur die tatsächlich wichtigsten definiert werden.
4. Zum Abschluß erfolgt eine Gesamtkontrolle, inwieweit die wirklich entscheidenden Aufgaben und die dazugehörigen Tätigkeiten formuliert wurden. Zur Kontrollerleichterung kann die Frage gestellt werden:
   „Hängt es von der Bewältigung dieser Aufgabe bzw. Tätigkeit ab, ob der Stelleninhaber seine Arbeit mit oder ohne Erfolg erledigen kann, was bedeutet: ist „sein" interner oder externer Kunde mit seiner Leistung zufrieden?"

5.5 Qualifikationsprofil

Unter Qualifikation wird das gesamte Leistungspotential eines Mitarbeiters verstanden (vgl. DORSCH 1994, S. 634). Es beinhaltet:

- seine Eignungen
- seine Arbeitskenntnisse
- seine an die Arbeitssituation geknüpften individuellen Ziele und Erwartungen

und

- seine Bereitschaft, situativen Anforderungen der Arbeitssituation gerecht zu werden.

Feststellbar werden Qualifikationen als personenorientierte Ist-Vorstellungen. Den Gegenbegriff dazu bilden die arbeitsplatzorientierten Anforderungen. Sie werden benötigt, um Personen die Merkmale zuordnen zu können, die sie als Voraussetzungen zur Erbringung bestimmter, definierter Leistungen besitzen. Eine dynamische Sichtweise bezieht auch die Möglichkeiten der Vermittlung dieser Merkmale durch Arbeits- und Lernprozesse ein, die über Personalentwicklungsmaßnahmen in die Wege geleitet werden können.

Informationen über Anforderungen erhalten erst dann einen Nutzen, wenn sie im Zusammenhang mit Informationen über Qualifikationen stehen. Angaben über Qualifikationen von Mitarbeitern besagen, inwieweit diese den Anforderungen entsprechen können und wollen, die mit Aufgaben bestimmter Stellen in den einzelnen Unternehmensbereichen verbunden sind. Daraus ergibt sich sinnvoll, nur Qualifikationen im Hinblick auf tätigkeitsbezogene Anforderungen zu definieren, denn nur dann finden Anforderungen ihre Gegenpole. Bestimmte Persönlichkeitsmerkmale sind in ihren Ausprägungen bei den Mitarbeitern deren tatsächlich vorhandene Leistungsvoraussetzungen. Sie ermöglichen ein bestimmtes Leistungsverhalten, dessen Ergebnisse auch durch die vorhandenen Arbeitsbedingungen, die Arbeitsorganisation und die Interaktionsbeziehungen beeinflußt werden. Die folgende Abbildung verdeutlicht den Zusammenhang. Während Anforderungsanalyse und deren Ermittlung die Soll-Seite bearbeiten, bemühen sich Qualifikationsanalysen, Diagnosen (oder Qualifikationsstatus) und Prognosen (Qualifikationspotential) um die Ist-Seite.

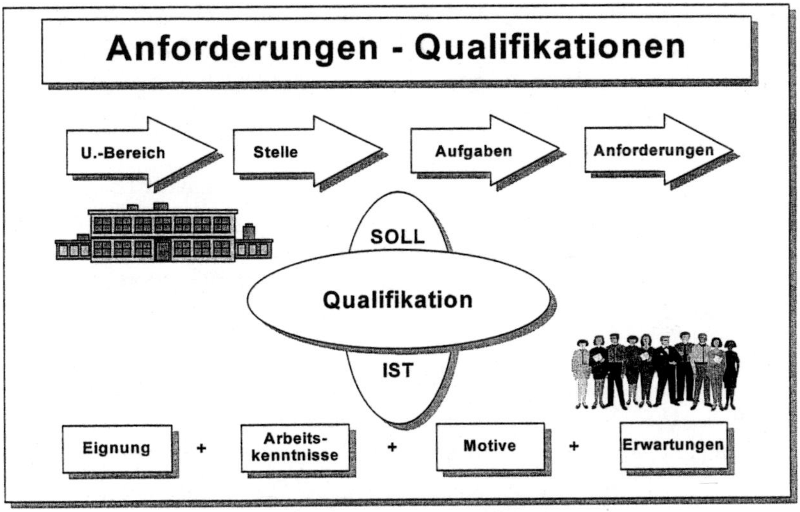

Abb. 36: Anforderungen - Qualifikationen

5.6 Potentialstatus

Mit der Erstellung des Qualifikationsprofils besitzen die Führungskräfte in den Unternehmen die Möglichkeit, den Qualifikationsstand ihrer Mitarbeiter, bezogen auf die jeweiligen individuellen Anforderungen, zu ermitteln. Das Qualifikationserfordernis ergibt sich dabei aus den festgestellten Ist-Qualifikationen in Gegenüberstellung zu den gegenwärtig bzw. zukünftig geforderten Soll-Qualifikationen.

Die Unternehmensleitung oder die Vorgesetzten in den Abteilungen haben zudem die Möglichkeit, anhand der unterschiedlichen Kompetenzbereiche sehr schnell zu analysieren, in welchen Bereichen die höchsten Potentiale oder Defizite bestehen. Diese Information kann wiederum mit der Unternehmensstrategie oder den Bereichs- und Abteilungszielen in Beziehung gesetzt, und damit kann sehr schnell die Priorität der durchzuführenden Qualifizierungen bestimmt werden.

Da die Betrachtung pro Mitarbeiter erfolgt, wird sehr schnell erkennbar, welche Mitarbeiter ihrem Soll-Profil bereits entsprechen und deshalb in absehbarer Zeit für verantwortungsvollere Positionen falls es solche gibt in Frage kommen. Der Potentialstatus berücksichtigt diesen Sachverhalt entsprechend.

Es sind verschiedene Einstufungen möglich, wobei betont werden muß, daß die Einschätzung des Vorgesetzten mit dem Mitarbeiter besprochen werden sollte. Die Mitarbeiterförderung hängt nämlich auch vom Wollen des Mitarbeiters ab, was für manchen Vorgesetzten möglicherweise schwer nachvollziehbar ist.

Die Bestimmung des Potentialstatus kann als Grundlage zur weiteren Personalplanung sehr gut verwendet werden. Es sind folgende Eingruppierungen denkbar, wobei mit der Bezeichnung „nächsthöhere Position“ nicht zwangsläufig hierarchische Leitungsfunktionen verknüpft sind:

1. Der Mitarbeiter ist sofort in der Lage, eine nächst höhere Position zu übernehmen.
2. Der Mitarbeiter ist mittelfristig (ca. drei Jahre) in der Lage, eine nächst höhere Position zu übernehmen.
3. Der Mitarbeiter ist in absehbarer Zeit nicht in der Lage, eine nächst höhere Position zu übernehmen.
4. Der Mitarbeiter möchte aus persönlichen Gründen keine andere Position übernehmen.
5. Der Mitarbeiter ist nicht in der Lage, eine andere Position zu übernehmen.

Im Rahmen eines einführenden Trainings müssen Führungskräfte vorbereitet werden, auch die für den Mitarbeiter möglicherweise eher unangenehmen Themen anzusprechen. In der Praxis fühlt sich der Mitarbeiter oft durch fehlende Informationen von Seiten der Vorgesetzten zurecht nicht ernst genommen. Diese Frustration würde durch eine rechtzeitige, auch unangenehme aber klare Aussage über den Status sehr viel geringere Ausmaße annehmen. Leider werden immer noch Versprechungen gemacht, bei denen der Vorgesetzte bereits schon vorab um ihre Unmöglichkeit weiß. Wichtige Prinzipien im Führungsverhalten, nämlich Glaubwürdigkeit, Fürsorge und Berechenbarkeit, werden außer Kraft gesetzt mit entsprechender Auswirkung auf die Motivation und den Einsatz der Mitarbeiter (vgl. ADAMS 1997, S. 66).

Entscheidet sich ein Unternehmen, bei der Beurteilung seiner Führungskräfte die Fähigkeit zur Mitarbeiterförderung mit heranzuziehen und ihrer Verantwortung für die Qualifikation ihrer Mitarbeiter stärkere Bedeutung beizumessen, dient eine Qualifikationsanalyse auch in diesem Sinn als fundierte Informationsgrundlage.

Eigentlich müßte es für die Unternehmen sehr interessant sein, diese Qualifikationsanalyse unternehmensweit durchzuführen. Damit erhalten sie Transparenz dahingehend, ob ihre Humanressourcen den zukünftigen Zielen des Unternehmens im Hinblick auf ihre Qualifikationen überhaupt gewachsen sind. Alternativ können dann rechtzeitig Maßnahmen zu deren Sicherstellung ergriffen werden. Strategische Überlegungen wie:

- Sind wir mit dem vorhandenen Profil insgesamt zufrieden?
- Welche Kompetenzkategorien sind stärker bzw. schwächer ausgeprägt?
- Welche Defizite müssen/können wir durch Weiterbildung kurz-, mittel- und langfristig behoben werden?

sollten den Prozeß unterstützen (vgl. NAGEL 1991, S. 152).

5.7 Umsetzung in die Praxis

Die zukünftigen, zugegebenermaßen oft unsicheren Anforderungen an die Mitarbeiter sollten ermittelt und möglichst Anforderungsprofile auf allen Unternehmensebenen erstellt werden. Die Qualifikationsstruktur, das Qualifikationsniveau und Potential der Beschäftigten gilt es zu analysieren, einen entsprechenden Abgleich herzustellen und somit einen aktuellen, möglicherweise kurzfristig behebbaren oder zukünftigen Qualifizierungs- oder Bildungsbedarf den Kompetenzbereichen zu ermitteln.

Entscheidend ist der Ansatz, die Mitarbeiter proaktiv mit den Qualifikationen auszustatten, die zur Umsetzung der relevanten Strategien benötigt werden und in Zukunft ein Überleben der Unternehmen sichern, auch wenn heute noch niemand sicher weiß, welche Anforderungen in Zukunft mit welchen Ausprägungen in welchen Prozessen definitiv gestellt werden, um Ziele zu erreichen.

Das Problemfeld „veraltetes Wissen" gilt es mit zu berücksichtigen, denn damit verbundene bewährte Handlungsmuster müssen zunächst entlernt oder korrigiert werden. Die Korrekturen können in allen der vorgestellten Kompetenzbereichen ein erhebliches Beharrungsvermögen zeigen und ohne explizite Berücksichtigung eigentlich richtige Maßnahmen ins Leere laufen lassen.

Von dem Erfolg einer Bildungsmaßnahme im Rahmen der Personalentwicklung kann dann gesprochen werden, wenn sowohl die Ziele des Unternehmens als auch die Erwartungen des Mitarbeiters erfüllt wurden.

Die Ziele einer proaktiven Personalentwicklung mit einem unterstützenden Kompetenzmodell bestehen darin, durch Vermittlung entsprechender Qualifikationen Handlungskompetenz beim Mitarbeiter aufzubauen und den bestmöglichen Einsatz der Mitarbeiter im Unternehmen sicherzustellen.

Die Erfolgserwartungen der Mitarbeiter richten sich auf zunehmende persönliche Entfaltung und des beruflichen Weiterkommens. Eine vollkommene Übereinstimmung zwischen Mitarbeiterzielen und Unternehmenszielen wird nicht immer möglich sein. Dennoch sollten beim Lerntransfer und bei der Erfolgskontrolle von Seminarmaßnahmen beide Interessenlagen berücksichtigt werden. Dies allein macht deutlich, welchen Einfluß die sorgfältige Auswahl der jeweiligen Bildungsmaßnahmen auf den Erfolg einer Bildungsinvestition hat.

Das eigentliche Ziel von Bildungsmaßnahmen wird jedoch erst erreicht, wenn die erworbenen Qualifikationen dazu beitragen, die gestellten betrieblichen Aufgaben zu bewältigen. Ein guter Lernerfolg im Seminar, nachgewiesen durch eine gute Benotung z.B. in Klausuren oder dem Ablegen von Zertifizierungstests, bietet noch keine Gewähr für einen hohen Anwendungserfolg in der betrieblichen Praxis. Der Erfolg des Praxistransfers hängt sowohl vom Mitarbeiter als auch von Bedingungen oder Hemmnissen ab, die der Mitarbeiter nicht beeinflussen kann.

Eine entscheidende Rolle bei Praxistransfer und Lernerfolg nimmt der unmittelbare Fach- und Dienstvorgesetzte ein. Je konsequenter die Methoden der Transfersicherung, die hier nur stichpunktartig erwähnt werden, praktiziert werden, um so mehr werden die Mitarbeiter selbst zu Subjekten ihrer Lernarbeit. Dies wird nicht nur wieder ihnen selbst sondern auch der Leistung bei der Ausübung ihrer betrieblichen Aufgaben, also ihrer Handlungskompetenz, zugute kommen.

Die Fähigkeit eines Unternehmens und seiner Mitarbeiter zu lernen, ist als die wichtigste Erfolgskomponente anzusehen, denn nur dadurch kann eine Organisation sich den permanent ändernden Umwelteinflüssen anpassen oder ihnen bereits im Vorfeld entgegenwirken.

Damit eine proaktive Lernkultur überhaupt entstehen kann, müssen sich die Menschen innerhalb einer Organisation in ihrer Persönlichkeit und in ihrem betrieblichen Umfeld entwickeln können, denn Hindernis oder aber Impulsgeber wird letztlich immer der Mensch bleiben. Mitarbeiter werden sich nur dann langfristig in einem Unternehmen engagieren und sich mit diesem identifizieren, wenn sie ihre Identität in diesem Unternehmen bewahren und weiterentwickeln können.

Es ist nicht nur die Aufgabe der Unternehmensführung, hierfür geeignete Maßnahmen und Instrumente zur Verfügung zu stellen sowie die Umsetzung geeigneter Strategien zu forcieren. Die Mitarbeiter selbst sind in hohen Maße zur ihrer eigenen Weiterentwicklung verpflichtet (vgl. HILB 1995, S. 81).

Eine besondere Schlüsselposition kommt den Führungskräften zu. Für sie muß die Weiterbildung ihrer Mitarbeiter als eine ihrer wesentlichsten Aufgaben angesehen werden, denn letztlich ist ihr eigener Erfolg abhängig von der Qualifikation und der Leistungsfähigkeit ihrer Mitarbeiter. Außerdem kann nur durch die absolute Einbindung der Führungskräfte in die Förderung ihrer Mitarbeiter, eine enge Orientierung der Weiterbildung am Bedarf erfolgen. Abgesehen davon werden durch diese Einbindung der Lerntransfer wesentlich erleichtert, der Stellenwert der Personalentwicklung verändert und die Kapazität für die Weiterbildung erhöht (vgl. SCHWUCHOW 1992, S. 41).

Damit Vorgesetzte diesem Auftrag nachkommen können, ist selbstverständlich deren eigene Qualifikation, in diesem Zusammenhang besonders in den Bereichen der sozialen und personalen Kompetenz, erforderlich. Es sind wie ausgeführt spezielle Einstellungen und Grundhaltungen dafür notwendig.

Ein Vorgesetzter muß über eine zumindest grundsätzliche humanistische Orientierung im Menschenbild verfügen, was u. a. bedeutet, andere als eigenständig denkend, lern- und entwicklungsfähig zu akzeptieren. Ein gewisser Grad emotionaler Reife wird benötigt damit sich der Vorgesetzte nicht in Konkurrenz zum Mitarbeiter definiert, sondern vielmehr als kooperativer Helfer, als Coach seiner Mitarbeiter. Selbstverständlich muß eine Führungskraft bereit sein, in die Entwicklung seiner Mitarbeiter, bzw. seines Teams Zeit zu investieren. Schließlich muß er natürlich selbst bereit zur Weiterentwicklung sein. Ein Mensch, der immer die beste Lösung kennt, der sich selbst nicht weiterentwickelt, kann andere in ihrem Entwicklungsprozeß nicht unterstützen (vgl. STIEFEL 1991, S. 77).

Bei der Einstellung und Auswahl von Führungskräften gehört ein besonderes Augenmerk auf deren personale Kompetenz gerichtet. Das ist der Kompetenzbereich, in dem das individuelle Werte- und Normensystem, welche Menschenbilder, Überzeugungen oder Einstellungen ein Mensch hat, festgelegt ist. Diese sind beim Erwachsenen stabil, aber nicht statisch (vgl. DAUMENLANG 1994). Letztlich wird alles, was wir tun, von unserem Wertesystem beeinflußt, wie man sein Leben führt, welche Ziele prägend sind und auf welche Art der Mensch Beziehungen gestaltet. Selbstverständlich werden auch die Beziehungen zwischen Vorgesetzten und Mitarbeitern durch Werthaltungen geprägt.

Im Rahmen von organisationspsychologischen Untersuchen wurde festgestellt, daß sich Mitarbeiter dann in ihrer Arbeitsumwelt am wohlsten fühlen, wenn sie den optimalen Grad der Realisierung ihrer Talente und Fähigkeiten erreichen und wenn ihre Bedürfnisse, Werte und Zielsetzungen denen ihrer (Team-) Kollegen entsprechen (vgl. SCHULER 1991, S. 48).

Ein strategieumsetzendes Personal-Management, dem in den vorausgehenden Abschnitten skizzierten Vorgehen mit entsprechender Unterstützung von Geschäfts- und Unternehmensleitung, verbindet sich immer mit dem Anspruch einer Veränderung in den Kompetenzbereichen der Mitarbeiter. Da es mehr um Veränderungsprozesse in dem nichtfachlichen Bereich geht, müssen die eingeleiteten Maßnahmen und Entwicklungsprozesse langfristig konzipiert und konsequent durchgeführt werden. Von ad hoc Maßnahmen und unkoordinierten Seminarbesuchen ist Abstand zu nehmen. In der Kontinuität des Prozesses liegt ein entscheidendes Kriterium, in der permanenten und offenen Kommunikation untereinander ein weiteres.

Entschließt sich ein Unternehmen dazu, das formulierte Konzept des umzusetzen, bedarf es eines Bewußtseins, das eine langfristige Ausrichtung präferiert. Die Weiterbildungsziele gehören mit den Unternehmenszielen abgestimmt bzw. daraus abgeleitet, d.h., eine Verknüpfung der Personal- mit der Unternehmensstrategie erfolgt. Aus der Verknüpfung von Planung und Umsetzung sind dann die Anforderungen an ein strategisches Personal-Management und eine übergreifende Personalentwicklung abzuleiten.

Die Formulierung und Gegenüberstellung der Profile bildet die Grundlage für die Festlegung von Qualifizierungszielen. Die Umsetzung erfolgt dann unter Beteiligung aller Hierarchieebenen mit dem Ziel, einen kontinuierlichen Lernprozeß im Unternehmen zu schaffen. Bei der Umsetzung sollte in einer überschaubaren Abteilung oder Filiale begonnen werden, die mit einer hohen Erfolgswahrscheinlichkeit als Pilot auswählt wird. Die dort in kleinem Rahmen gesammelten Erfahrungen, können dann sukzessive auf andere Einheiten übertragen oder von ihnen adaptiert werden. Ein Unternehmen hat dann „ein Ziel“ erreicht, wenn solche beschriebenen Entwicklungsprozesse in den Köpfen aller Beteiligten Platz greifen und ohne jegliches Formular fortlaufend praktiziert werden, d.h. wenn die in der Übersicht rechts stehenden Merkmale gelebt werden. Auch wenn diese Aussage aus heutiger Sicht sehr idealistisch anmutet und vielleicht immer Utopie bleiben wird, gilt es doch, diese Vision mit aller Macht zu verfolgen.

Neue Rolle des Mitarbeiters

Gestern und Heute	Morgen
Arbeitsplatz-orientiertes Denken	Systemisches, übergreifendes, unternehmerisches Denken
Aufgaben nach Stellenbeschreibung	Ziele bestimmen die Aufgaben
Mitarbeiter	Subunternehmertum u. Verantwortlichkeit für Prozesse
Wenig Rechte	Erweiterte Rechte
Reagieren	vorausschauendes Agieren
Kostenorientierung	Prozeßorientierung im Sinne von Nutzen-, Qualitäts-, und Kundenorientierung
Unsere Firma	Meine Firma
Fehler vermeiden	Suche nach Freiräumen, Handlungsspielräumen, Herausforderungen, Chancen
Was wir denken	Was unsere Kunden denken
Arbeit in Abteilungen/Bereichen	Arbeit in Projekten/Teams

Abb. 37: Neue Rolle des Mitarbeiters

6 Wandlungsprozeß in einem IT-Konzern

Die Bull-Gruppe, Paris, ist ein international führender Informationstechnologie (IT)- Konzern. In Europa zählt Bull zu den drei größten Systemintegratoren und gilt als treibende Kraft bei IT-Dienstleistungen.

Der Konzern sieht es als seine Aufgabe an, die IT-Infrastruktur bei seinen Kunden zu entwickeln und umzusetzen. Zur Angebotspalette gehören Großrechner, Offene Systeme, Personal Computer, ausgewählte Software-Werkzeuge und Dienstleistungen wie Installation, Betrieb oder Wartung. In der IT-Branche ist Bull anerkannt für seine Innovationen in Bereichen wie Multiprozeßor-Systemen, Netzwerk-Management, Chipkarten und Sicherheitslösungen.

Die BULL Aktiengesellschaft (BULL AG), Köln, ist die deutsche Vertriebs- und Servicegesellschaft der Bull-Gruppe. Zusammen mit kompetenten Partnern entwickelt, produziert und vertreibt Bull leistungsstarke Systeme zur Erfassung, Verarbeitung und Bereitstellung von Informationen. Der überwiegende Teil des Bull AG-Jahresumsatzes stammt aus Dienstleistungen wie Beratung, Lösungsentwicklung und -realisierung sowie Services (vgl. Anhang 17).

Im deutschsprachigen Länderverbund „BULL-Cluster Central Europe" (Deutschland, Österreich und Schweiz), für den die BULL AG die Managementverantwortung trägt, wird - einschließlich der Tochtergesellschaften- mit ca. 1.400 Mitarbeitern ein Umsatz von fast 600 Millionen DM erwirtschaftet.

6.1 Notwendigkeit zum Wandel

Spätestens seit Mitte der achtziger Jahre herrscht in der Informationstechnologie (IT)-Branche ein nicht zu übersehender Verdrängungswettbewerb, der zwischenzeitlich für eine ganze Reihe von Unternehmen in den Ruin oder zumindest zum Verlust ihrer Eigenständigkeit führte.

6.1.1 Ausgangslage der IT-Industrie

Als Anfang der achtziger Jahre der damalige Weltmarktführer IBM den Personal Computer (PC) lancierte, ahnte niemand, welche revolutionären Auswirkungen dieser Schritt auf die IT- Branche haben würde.

Bis zu diesem Zeitpunkt beherrschten die Hardware-Hersteller den Markt. Hatte ein Anwender erst einmal eine Kaufentscheidung für einen bestimmten Hersteller getroffen, so war er ihm weitgehendst ausgeliefert. Da die Systeme unterschiedlicher Hersteller und in der Regel sogar die Produktlinien eines Herstellers in sich völlig inkompatibel waren, hätte ein Herstellerwechsel einen kompletten Programmwechsel oder zumindest dessen aufwendige Anpassung bedeutet. Die dazu notwendigen Investitionen in Hardware, Software, Schulung und Organisationsumstellungen hätten die Kraft vieler Unternehmen überschritten. Die wenigen, die es dennoch versuchten, sich aus den Abhängigkeiten eines Herstellers zu befreien, mußten oft nach vielen Jahre der Investition von Geld, Zeit und Kraft feststellen, daß sie nun von einem anderen Anbieter abhängig waren und sich ihre Situation im Grunde kaum verändert hatte. Die Hersteller diktierten die Preise für Komponenten, Lizenzen und Wartung; sie bestimmten durch Ihre An- und Abkündigungspolitik, wann ein Anwender neue Systemelemente zu beschaffen bzw. sich von alten zu trennen hatte.

Anders als die „proprietären" Großrechner bzw. Rechner der mittleren Datentechnik ist der PC aus Standardbausteinen zusammengesetzt und arbeitet mit einem Betriebssystem, das von allen PC-Herstellern in Lizenz erworben wird. Somit ist im Grunde jeder in der Lage, einen PC zu bauen, mit Software auszustatten und zu vermarkten. Das von allen gemeinsam genutzte Betriebssystem garantiert dem Käufer, daß einmal angeschaffte Anwendungsprogramme auch auf den PC anderer Hersteller lauffähig sind.

Das Prinzip der Verwendung von standardisierten Komponenten in Hard- und Software hatte auch starke Ausstrahlung auf den Markt des UNIX-Systems, eines offenen, also nicht im Besitz eines einzelnen Herstellers befindlichen Betriebssystems, welches bis dahin von einigen Universitäten und technischen Instituten genutzt wurde. Der Markt der offenen Systeme gewann unter dem Druck, den insbesonders neue Hersteller ausübten, immer mehr an Bedeutung. Die Anwender waren weniger und weniger bereit, sich in die Abhängigkeit eines einzelnen Anbieters zu begeben. Beim Kauf eines offenen Systems bot sich Ihnen die Möglichkeit, jederzeit den Hardwarehersteller zu wechseln, ohne ihre Investitionen in Software, Organisation und Mitarbeiterqualifizierung zu gefährden. Der Verkäufermarkt der siebziger Jahre entwickelte sich zu einem Käufermarkt. Als Folge entbrannte ein bis heute andauernder dramatischer Preiskampf. Da die offenen Systeme unterschiedlicher Hersteller sich im Grunde kaum unterscheiden, stellt der Preis das ausschlaggebende Kriterium bei der Kaufentscheidung dar. Hersteller, die auf diesem Markt bestehen wollen, sind gezwungen, ihre Produktivität permanent zu steigern. Ein Preisverfall von dreißig bis vierzig Prozent innerhalb von 12 Monaten ist die Regel.

6.1.2 Vom Staatsunternehmen zum Keyplayer in der offenen Welt

Vor rund siebzig Jahren vom Norweger Frederik R. BULL gegründet, blickt das Unternehmen auf eine lange Tradition mit Höhen und Tiefen zurück (vgl. Anhang 16). Obwohl die BULL-Gruppe seine Wurzeln in einer Welt der Rechner hat, die durch bulleigene Betriebssysteme gesteuert werden, gilt das Unternehmen als Pionier der konsequenten Förderung offener Systeme. Zusammen mit Partnern entwickelt, produziert und vertreibt die BULL-Gruppe leistungsstarke Systeme zur Erfassung, Verarbeitung und Bereitstellung von Informationen.

1995 gab der französische Staat als Mehrheitseigner das Startsignal zur Privatisierung der Gruppe. Der Anteil des französischen Staates reduzierte sich von 79,6 auf heute 36,4 Prozent. In dem Zusammenhang legte die Konzernspitze Anfang 1996 eine neue, wachstumsorientierte Konzernorganisation für die Gruppe mit dem Ziel der Neuausrichtung und Zukunftsorientierung fest.

6.1.3 Veränderung der Unternehmenskultur

In Deutschland wurde Mitte 1995 ein neuer Vorstand mit der Aufgabe betraut, das „Cluster Central Europe“ (Deutschland, Österreich, Schweiz, vgl. Anhang 16)) in eine profitable Zukunft zu führen. Die erste Bestandsaufnahme zeigte, daß der harte Wettbewerb der vergangenen Jahre und der damit verbundene Personalabbau deutliche Spuren hinterlassen hatte. Insgesamt mußte die Produktivität im Cluster als zu gering bewertet werden. Das Wachstum der letzten Jahre war negativ. Auf den Top-Listen der IT-Unternehmen war BULL im deutschsprachigen Europa nur auf Rängen unterhalb der ersten Zehn zu finden.

Eine 1995 durchgeführte Mitarbeiterbefragung zeigte, daß die Stimmung innerhalb der Belegschaft nicht gut war (vgl. Anhang 10). Die Unzufriedenheit resultierte aus mangelnden Perspektiven und einem hohen Arbeitsdruck. Das Fehlen eines klaren Leitbildes (vgl. Anhang 11) machte es den Mitarbeitern schwer, sich zu orientieren und entsprechende Prioritäten zu setzen. Bei einigen mußte gar befürchtet werden, daß sie ihren Dienst zwar noch „nach Vorschrift“ verrichteten, innerlich aber bereits gekündigt hatten.

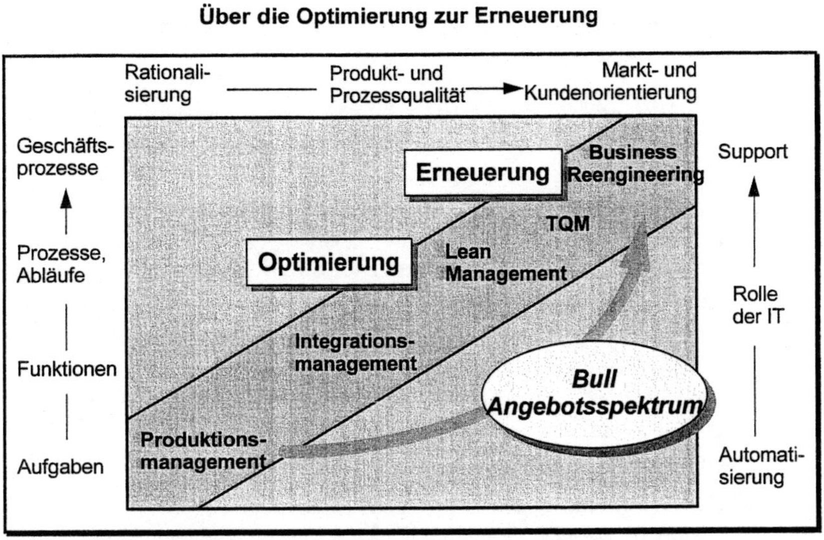

Abb. 38: Über die Optimierung zur Erneuerung

In der Geschäftsleitung wurde schnell Einigkeit darüber erzielt, daß die Überlebens-, Anpassungs- und Wettbewerbsfähigkeit des Unternehmens wesentlich davon abhängt, inwieweit es im Rahmen eines evolutionären Prozesses gelingen wird, die Mitarbeiter als wichtigstes Erfolgspotential zum Zuge kommen zu lassen, sie zu fördern sowie für eine Strategie der Modernisierung und des ständigen Lernens zu gewinnen. Das Innovationspotential sollte durch geeignete Organisations- und Personalentwicklungsmaßnahmen entfaltet werden in Form eines kaskadenartigen Umsetzungskonzeptes (vgl. ZINK 1995, S. 59). Es war klar, daß der Change Prozeß eine Veränderung von Einstellung und Verhaltensweisen bei allen Beteiligten voraussetzen und damit gleichzeitig zu einer neuen Unternehmenskultur führen würde (vgl. ZINK 1995, S. 56-61).

6.2 Aufsetzen des Change-Prozesses

Ein Unternehmensberater erhielt den Auftragt, gemeinsam mit dem Unternehmensbereich Total Quality Management (TQM) ein Konzept für den Change-Prozeß zu entwickeln (vgl. Anhang 13). Das Konzept sollte Zug um Zug alle Mitarbeiter im Cluster Central Europe mit einbeziehen und

BULL helfen, seine Prozesse konsequent auf den Kunden auszurichten (vgl. ZINK 1995, S. 59).

6.2.1 BULL 2000 - eine Vision für die Zukunft

Unter dem Stichwort BULL 2000 wurde der Geschäftsleitung ein Konzept für ganzheitliches Change-Management präsentiert (vgl. Anhang 14). Ausgangspunkt für den Change-Prozeß bildete die Erstellung und Kommunikation einer Vision als unerläßliches Element für komplexe und langfristig angelegte Veränderungsprozesse. Die Entwicklung einer Vision stellt primär die Aufgabe der Führungsmannschaft dar. Das Konzept sah vor, die von der Geschäftsleitung ausgehenden Kerngedanken der Vision ein Stück weit mit der Belegschaft zu diskutieren und sie mit deren Ansichten angereichert zurückzunehmen und weiterzuentwickeln. Vor Abwickeln einer Kommunikationskampagne sollte sichergestellt sein, daß die Mitarbeiter sich in den Aussagen der Vision wiederfinden.

Bereits im September 1995 wurde vom Vorstand zu einer Führungskräftetagung eingeladen. Die Teilnehmer rekrutierten sich - neben den eigentlichen Führungskräften - aus jungen Mitarbeitern, die als sog. „high potentials" identifiziert waren und an entsprechenden Förderungsprogrammen teilgenommen hatten. Ziel der Führungskräftetagung war einerseits die Information der Führungsmannschaft über die aktuelle Situation sowie die Erkennung sich unmittelbar daraus ergebender Prioritäten. Andererseits stand der Gedankenaustausch zwischen den Führungskräften und der „high potentials" im Vordergrund.

Als Ergebnis der Führungskräftetagung wurden folgende sieben Task Forces ins Leben gerufen, jede unter der Leitung eines Geschäftsleitungsmitgliedes:

1. Firmenkultur, Werte, Leitlinien
2. Skill Management, Personalentwicklung
3. Produkte und Services/Leistungsangebot
4. Interne Kommunikation
5. Kundennähe/-nutzen
6. Management by Objectives (MbO)
7. Firmenstruktur

Die Teilnehmer der Führungskräftetagung ordneten sich den Task Forces zu und vereinbarten, erste Ergebnisse auf nächsten Führungskräftetagung (Januar 1996) vorzustellen.

Zwecks Koordination der Change-Aktivitäten bildete sich ein vierköpfiges Culture Change Kernteam (CCT) aus Mitarbeitern folgender Bereiche (vgl. Anhang 12):

- Qualitätsmanagement
- Vertrieb
- Personalwesen
- Betriebsrat

Der Leiter des Qualitätsmanagement erhielt als direkter Mitarbeiter des Vorstandes den Auftrag, die Moderation des Teams zu übernehmen sowie als Bindeglied zur Geschäftsleitung den permanenten Austausch von Ideen und Informationen über Stand und Fortgang der Aktivitäten zu gewährleisten. In vier von dem Unternehmensberater moderierten Workshops bereitete sich das vierköpfige Team auf seine Aufgaben im Change-Prozeß vor.

Zwischen Geschäftsleitung, den Task Forces und dem CCT ermittelte man clusterweit etwa 80 Change-Agents(zunächst glaubte man mit 60 Personen auszukommen, vgl. Anhang 15). Im Auswahlprozeß achtete man darauf, alle Bereiche und Standorte des Unternehmens ausgewogen durch Change-Agents repräsentiert zu haben. Mitarbeiter, die sich in der Vergangenheit durch Mitarbeit an kulturellen Werten der Organisation sowie durch engagierte Arbeit in der Zusammenarbeit gezeigt hatten wurden ohne Berücksichtigung der hierarchischen Einordnung präferiert.

6.2.2 Change-Agents und Change-Projekte

In dreitägigen Workshops bereiteten sich die Change-Agents darauf vor, regional jeweils etwa vier weitere Mitarbeiter zu rekrutieren und gemeinsam mit ihnen an Veränderungsprojekten zu arbeiten. Die Prioritäten für diese Projekte gaben die Geschäftsleitung und das CC-Team vor, Thema und Zielsetzung des Projekts wurden im Workshop herausgearbeitet, ebenso ein grober Projektplan aufgestellt und eine Reportstruktur beschlossen. Man verabredete sich, nach ca. 10 Wochen in einem Update Workshop den Status der einzelnen Projekte zu kommunizieren, Probleme zu diskutieren sowie die weitere Vorgehensweise abzustimmen. In der Zwischenzeit übernahmen die Mitglieder des CCT die Rolle als Coach der Change Teams. Sie informierten sich regelmäßig über die Situation im Team, halfen dabei, notwendige Ressourcen freizuschalten, und sorgten für ausreichende Management-Attention (vgl. Anhang 15).

Die aufgesetzten Change-Projekte unterlagen bewußt keiner expliziten Genehmigung durch das Management. Man wollte dadurch einen Effekt vergangener Veränderungsanläufe vermeiden, nämlich den, daß durch die Belegschaft eine ganze Reihe guter Ideen auf den Schreibtischen des Managements landen, die dann, anstatt entschieden zu werden, peu à peu in diversen Schubladen verschwanden.

BULL 2000 - über Change-Projekte zur lernenden Organisation

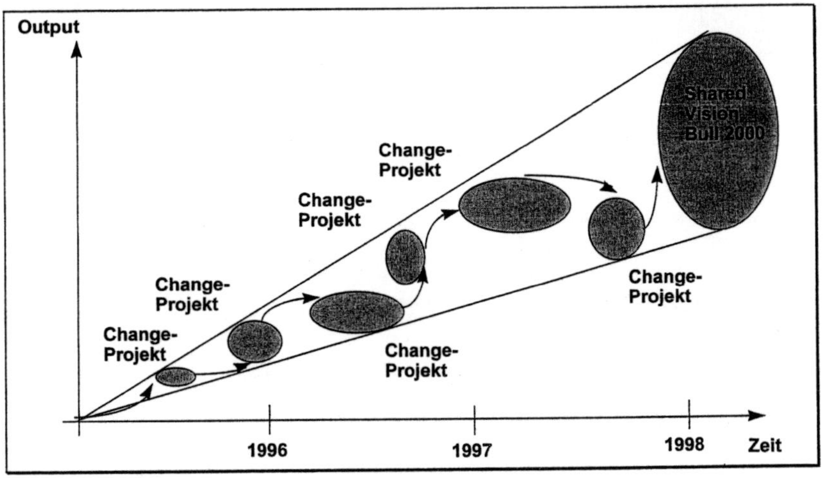

Abb. 39: BULL 2000

Die Abbildung 39 zeigt, welche Aufgabe den Change-Projekten, bezogen auf die Vision BULL 2000, zukommt. Das erste Projekt wird mit bestimmten Zielsetzungen bezüglich der Veränderung in Verhalten und Zusammenarbeit der Teammitglieder sowie zwischen dem Projektteam und seiner Umwelt aufgesetzt. Die Erkenntnisse aus diesem Projekt sollen in das nächste Change-Projekt einfließen, welches wiederum mit neuen, erweiterten Zielsetzungen ausgestattet wird (entsprechend dem Konzept der überlappenden Zirkel, vgl. HILB 1995, S. 168-170). Dadurch, daß die Projekte immer wieder andere Bereiche des Unternehmens abdecken, soll auf diese Weise gelernt und erfahren werden, wie das Verhalten aller Mitarbeiter der Organisation sich verändern muß, damit das Unternehmen als Ganzes im Markt erfolgreich sein kann. Die Change-Projekte sind somit

Lernfelder für eine von allen getragene neue Unternehmenskultur (vgl. Abb. 42). Eines der Change Teams machte es sich u. a. zur Aufgabe, eine Lotus Notes-Datenbank zur Kommunikation der Projekte zu entwickeln. Die mit den Teams vereinbarten Projektpläne und -berichte wurden in die Datenbank für alle Mitarbeiter des Unternehmens sichtbar abgelegt. Zudem konnte die gesamte Belegschaft über die Datenbank mit einzelnen, dem Projektteam, dem CCT oder der Geschäftsleitung in Verbindung treten. Auf diesem Weg konnte sich jede Führungskraft über Zielsetzung und Status der Projekte informieren. Hatte jemand das Gefühl, eine Entwicklung sei an den Bedürfnissen seines Bereichs oder des Unternehmens vorbeigegangen, konnte er an den Meetings des Projektteams teilzunehmen und seinen Standpunkt dort in den Diskussionsprozeß einzubringen. Sollte es an irgendwelchen Stellen zu Konfliktfällen zwischen Managern und Change-Agents kommen, so stand das CCT als Schiedsgremium bereit und stellte ggf. einen direkten Kontakt zur Geschäftsleitung her.

Jeder Mitarbeiter des Unternehmens war aufgerufen, sich über die Change-Projekte zu informieren und Informationen über Parallelentwicklungen, bereits vorliegende Ergebnisse oder weiterführende Ideen einzubringen. Parallel zu den Change-Agents wurden die Führungskräfte in zweitägigen Workshops mit ihrer neuen Rolle vertraut gemacht. Sie übernahmen die Aufgabe, die Projekte zu begleiten und zu sponsern, ohne jedoch die direkte Projektführung an sich zu nehmen oder die Projekte in ihrem Sinne zu manipulieren. Führungskräfte setzten auch Change-Projekte auf, die sich i.d.R. mit dem Zusammenspiel der Unternehmensbereiche auf höchster Ebene beschäftigten. Über die neugeschaffene Lotus Notes-Datenbank wurde auch der Fortgang dieser Change-Projekte kommuniziert.

6.3 Auf dem Weg zum lernenden Unternehmen

6.3.1 Ausgangspunkt „shared vision“

Die Führungskräfte und Change-Agents in den Workshops beklagten das Fehlen einer Vision als Leitbild des Handelns und Kernelement des Change Prozesses. Um hier möglichst schnell weiterzukommen, wurden die Arbeitsergebnisse der Task Force „Firmenkultur, Werte, Leitlinien“ in die Workshops eingebracht und diskutiert. Die auf diesem Weg erarbeiteten Visionsansätze griffen dann zwei kooperierende Change Teams auf, ein deutsches und ein Schweizer Team in Zusammenarbeit mit Studenten der Hochschule St. Gallen, um sie zu verfeinern. Unter Einbeziehung aller Mitarbeiter im Cluster durch schriftliche Kommunikation (Fragebögen, Diskussion über Lotus Notes) entwickelten sie einen Visionsvorschlag, der nach Abstimmung und Ergänzung durch die Geschäftsleitung unter dem Slogan „Zukunft durch Information“ vorgestellt, verabschiedet und zur Innen- und Außenkommunikation freigegeben wurde (vgl. Anhang 4).

Zukunft durch Information

- **Wir sind Ihr innovativer Technologie-Anbieter und Integrator von flexiblen IT-Infrastrukturen**
- **Unsere Partnerschaften, langjährige Erfahrung und Mitarbeiterkompetenz garantieren größeren Erfolg in Ihrem Geschäft**
- **Ein gelebtes Wertesystem, überdurchschnittliches Wachstum und Profitabilität sind unsere Ziele. Messen Sie unsere Leistung an Qualität, Schnelligkeit und Effektivität!**

Abb. 40: Vision: Zukunft durch Information

Die Abbildung zeigt die Kernsätze der Vision des Clusters Central Europe. Dahinter liegende Werte wie Fairneß, Kontinuität, Teamgeist, Disziplin usw. wurden ebenfalls heraus gearbeitet, im Abstimmungsprozeß diskutiert und verabschiedet (vgl. Anhang 4).

6.3.2 Projektziele

Allen Projekten ist gemeinsam, daß sie BULL helfen sollen, sich besser auf seine Kunden auszurichten. Einige der aufgesetzten Change-Projekte zielen in Richtung Verbesserung der Unternehmensprozesse. Deshalb sollen Projekte aus dem unmittelbaren Bereich, die schnell mit vorhandenem Know-How zu bearbeiten sind und zu realisieren sind (vgl. Anhang 15). Viel wichtiger als die Verbesserung ins Stocken geratener Abläufe ist jedoch, daß sowohl die Change-Agents als auch die von ihnen rekrutierten Kollegen über die Projektarbeit unternehmerisches Denken und Handeln begreifen. Sie sollen erkennen, wie Mitarbeiter auf ein gemeinsames Ziel hin ausgerichtet und zur kontinuierlichen Mitarbeit angeregt werden können. Zudem muß natürlich verantwortungsvoll mit den zur Verfügung gestellten Ressourcen umgegangen werden.

Das Konzept sieht weiterhin vor, daß Change Teams sich nach Abschluß ihres ersten Projektes neue Aufgaben suchen, sehr häufig ergeben sich diese als Anschlußaktivitäten aus dem ersten Projekt, und daß nun jedes Projektteam-Mitglied neue Mitarbeiter rekrutiert, mit denen es eine der neuen Aufgaben löst. Auf diesem Weg sollen in etwa drei „Kaskaden" alle Mitarbeiter des Clusters erreicht und in Change-Projekte eingebunden werden (vgl. HILB 1995, S. 168).

In den etwa 10 Wochen nach Projektbeginn stattfindenden Update Workshops werden auch die Veränderungen in Kommunikation und Zusammenarbeit herausgearbeitet, so daß erkennbar wird, welche Fortschritte BULL in Richtung lernendes Unternehmen und wirklichem Leben der in der Vision beschriebenen Ansprüche und Werte macht.

6.4 Schwierigkeiten in der Praxis

6.4.1 Verzögerungen durch Überlastung

Der immense Kostendruck in der IT-Branche hat auch bei BULL in den letzten Jahren zu einer deutlichen Reduzierung der Belegschaft geführt. Nicht in allen Bereichen konnten die Geschäftsprozesse gleichzeitig so verschlankt werden, daß sie mit den verbliebenen Mitarbeitern problemlos bearbeitet werden konnten.

Die Auslastung insbesondere der engagierten und fähigen Mitarbeiter - die ausgewählten Change-Agents gehören ausnahmslos dieser Mitarbeitergruppe an - hatte in Schlüsselbereichen die Grenze der Zumutbarkeit erreicht. Die in den Workshops aufgesetzten Change-Projekte wurden i. d. R. mit viel Euphorie von den Change Teams begonnen, jedoch mußten viele Change-Agents schon nach wenigen Tagen feststellen, daß sie vom Alltag eingeholt wurden. Die Summe der sich aus dem Tagesgeschäft ergebenden Aufgaben ließ kaum Zeit, sich auch noch um die Change-Projekte zu kümmern. Geplante Zusammenkünfte mußten immer wieder verschoben werden, weil die Teammitglieder nicht zur Erledigung der von ihnen übernommenen Aufgaben gekommen waren.

Das Rekrutieren von Teammitgliedern gestaltete sich ebenfalls in einigen Feldern schwierig. Viele Kollegen waren selbst bereits derart mit Aufgaben überfüllt, daß an eine Projektmitarbeit gar nicht zu denken war. Andere wurden von mehreren Teams gleichzeitig umworben und resignierten vor der Flut der aus den Change-Projekten an sie gerichteten Anforderungen. Diese Situation führte dazu, daß in einigen Fällen die geplanten Realisierungstermine deutlich überschritten wurden. Einige Teams erkannten, daß sie sich mit ihrer Aufgabe völlig übernommen hatten. Sie setzen das Projekt mit revidierten Zielsetzungen neu an oder gaben auf.

6.4.2 Überblick geht verloren

Mitte 1996 hatten sich im Cluster mehr als 30 Change Teams organisiert. Die zum Informationsaustausch eingesetzte Notes-Datenbank erwies sich als schlecht strukturierbar, so daß der Überblick über den Stand der einzelnen Projekte verloren ging. Im Grunde wußte keiner mehr so genau, wo der Change Prozeß steht und wann mit welchen Ergebnissen gerechnet werden konnte.

Die Mitglieder der Change Teams beschwerten sich mehr und mehr darüber, daß das Top Management dem Prozeß und ihrer Arbeit in diesem Prozeß zu wenig Beachtung schenken würde. Einige hatten den Eindruck, daß ihre Projekte gar nicht richtig ernst genommen wurden und fragten sich, wofür sie eigentlich den Mehraufwand auf sich nahmen.

6.4.3 Ausweg aus der Krise

Um den Change Prozeß aus der mittlerweile äußerst kritischen Situation herauszubringen - einige Mitarbeiter erklärten den Gesamtprozeß bereits als gescheitert - beschloß das CCT, zunächst eine Bestandsaufnahme der geleisteten Aktivitäten und erreichten Ziele durchzuführen. In persönlichen Gesprächen mit den Change-Agents wurde die Situation eines jeden Projektes diskutiert und ermittelt, welche Möglichkeiten es zur Weiterführung gibt.

Change-Agents, die sich aufgrund anderweitiger Belastungen außer Stande sahen, ihr Projekt weiter voranzutreiben, entband man von ihrer Rolle im Change Prozeß, so daß sich die Gesamtzahl der Change-Agents im Cluster auf etwa 60 reduzierte. Einige Projekte mußten dadurch abgebrochen werden. Freiwerdende Projektmitarbeiter verteilten sich freiwillig auf andere Change-Projekte.

In einer Klausurtagung trug das CCT die Ergebnisse der Bestandsaufnahme sowie die Forderungen der Teams der Geschäftsleitung vor. Gemeinsam wurden Aktionspläne erarbeitet, um den Change Prozeß neu zu beleben. Im Anschluß daran priorisierte die Geschäftsleitung die Change-Projekte. Um die Wachstums- und Profitziele des laufenden Geschäftsjahres zu erreichen, hatte die Geschäftsleitung zusätzliche Projekte unter der Leitung eines Geschäftsleitungsmitgliedes aufgesetzt. Diese Projekte spiegelten die Prioritäten des Clusters:

- Umsatzgenerierung (RG)
- Senkung der Produktionskosten (COR)
- Senkung der Vertriebs- und Verwaltungskosten (SG&A)

Jedes Change-Projekt erhielt eine Bewertung hinsichtlich seiner Bedeutung bezüglich der Prioritäten und bekam ein Geschäftsleitungsmitglied als Pate zugeordnet. Der Pate hatte die Aufgabe, das Team bei der Erreichung der Projektziele zu unterstützen sowie entsprechende Fortschritte oder Probleme an die Geschäftsleitung zu berichten.

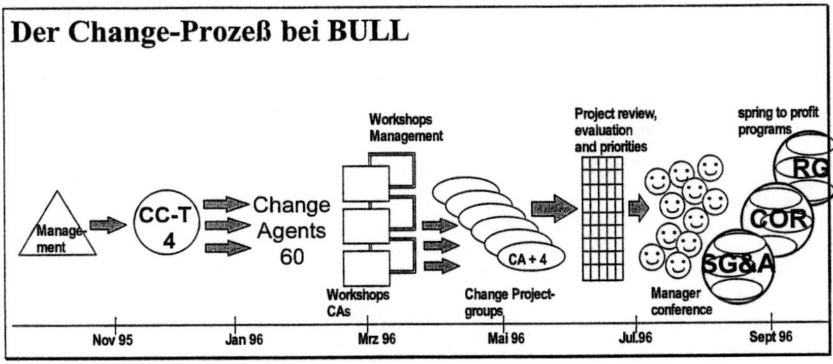

Abb. 41: Der Change-Prozeß bei BULL

Die Geschäftsleitung lud die Change-Agents in den großen Standorten zum Gedankenaustausch mit einigen ihrer Mitglieder und dem Vorstand ein. Die Ergebnisse der Treffen wurden über Notes kommuniziert.

Die Abbildung zeigt den Ablauf des Change Prozesses von der Managemententscheidung über die Benennung des Culture Change Teams (CCT) und die Auswahl der Change-Agents bis hin zur Bewertung und Einordnung der Projekte nach den Kernprioritäten Umsatzgenerierung (RG), Produktionskosten (COR) und Vertriebs- und Verwaltungskosten (SG&A).

Projekte mit hoher Priorität sollten sich im Rahmen der nächsten Führungskräftetagung Ende August 1996 präsentieren. Die Geschäftsleitung beschloß, alle Change-Agents ebenfalls zu dieser Tagung einzuladen, um dort in Workshops gemeinsam am Change Prozeß zu arbeiten. Das CCT erhielt den

Auftrag, kontinuierlich über Projektfortschritte in internen Publikationen sowie auf Betriebsversammlungen zu berichten.

6.4.4 Erste Erfolge

Zur Führungskräftetagung Ende August 1996 konnte festgestellt werden, daß eine ganze Reihe der Change-Projekte Erfolge zeigten. Einige standen sogar kurz vor dem Abschluß.

Ein Team, welches es sich zur Aufgabe gemacht hatte, Vertriebsinformationen über Lotus Notes bereitzustellen, präsentierte eine Bildschirmoberfläche, die es ermöglicht, bereits bestehende Marketing- und Vertriebswerkzeuge zu integrieren und je nach Benutzerprofil eine spezifische Arbeitsumgebung zu generieren. In einem anderen Projekt konnte die Erreichbarkeit von BULL-Mitarbeitern, insbesondere solcher, die im Außendienst tätig sind, nachweisbar deutlich erhöht werden. Durch die Führung einer elektronischen Abwesenheitsliste konnte zudem die Auskunftsfähigkeit der beteiligten Sekretariate erkennbar erhöht werden. Ein Team setzte sich mit Telearbeit auseinander und hatte alle Vorbereitungen und Analysen durchgeführt, um mit einer gezielt ausgewählten Versuchsgruppe in den Test zu gehen.

Damit befand sich BULL bezogen auf den Change Prozeß mitten in der ersten Realisierungsphase. Etwa 200 der geplanten 1250 Mitarbeiter waren in die Change Aktivitäten in irgend einer Form involviert. Erste zaghafte Ansätze waren erkennbar, in denen sich Teammitglieder absplitteten um spezielle, sich in der Folge aus dem Kernprojekt ergebende Zusatzaufgaben in einem eigenen Team zu erarbeiten.

Diese Erfolge konnten aber nicht darüber hinwegtäuschen, daß der Gesamtprozeß nach wie vor nur langsam vorankam. Eine Veränderung der Kultur bezüglich der Zusammenarbeit und Kommunikation läßt sich in größeren Unternehmen nur sehr langsam bewerkstelligen. Change braucht Zeit! Demgegenüber steht immer wieder der Zwang zu schnellen Ergebnissen, um Monats-, Quartals- oder Jahresziele erreichen zu können. Zudem ist die beste Voraussetzung für den Erfolg der Erfolg selbst. Nur wenn in angemessener Zeit erkennbar wird, welche Vorteile sich aus einer veränderten Zusammenarbeit ergeben, hat das neue Muster eine Chance, akzeptiert und in der Breite adaptiert zu werden.

6.4.5 Nächste Schritte

Einer der wichtigsten Schritte bestand darin, die abgeschlossenen Projekte den operativen Bereichen zuzuführen, damit dort deren Implementierung in die bestehenden Prozesse erfolgen kann. Einige für BULL sehr wichtige Prozesse sind in den letzten Monaten trotz aller Anstrengungen kaum weitergekommen. Diese Projekte wurden auf der Führungskräftetagung identifiziert, sie müssen nun teilweise mit neuen Mitarbeiter ausgestattet und neu aufgesetzt werden. Change-Agents, die ihre Projekte abgeschlossen haben, können entsprechend der von der Geschäftsleitung festgelegten Prioritäten neuen Projekten zugeführt werden.

6.5 Weiterführung des Change-Prozesses

Wenn eine Veränderung im Unternehmen wirklich greifen soll, ist es wichtig, daß die Gruppe der unteren Führungskräfte (firstline Manager) überzeugt wird und zwar deshalb, weil die firstline Manager sehr häufig als Meinungsführer fungieren. Viele Mitarbeiter orientieren sich am Meinungsbild ihres Vorgesetzten. Die eigentliche Kommunikation über Unternehmensveränderungen findet nicht per Videokommunikation oder Betriebsversammlung zwischen dem Top-Management und der Mitarbeiterschaft statt, sondern in den anschließenden Gesprächen zwischen Mitarbeitern und ihren direkten Vorgesetzten. Diese können aber nur das weitergeben, was sie selbst verstanden haben, sie können nur überzeugen, wenn sie selbst überzeugt sind. Fühlen sie sich im Kommunikationsprozeß ausgegrenzt, weil sie selbst nicht mehr Informationen erhalten haben als ihre Kollegen, wird man kaum auf das firstline Management als Motor für den Veränderungsprozeß zählen können. In dieser Hinsicht sind einige Versäumnisse der Vergangenheit aufzuholen. Aus der Angst heraus, das firstline Management könne den Change Prozeß blockieren, wurde an dieser Gruppe vorbeikommuniziert. Die Rolle dieser Manager im Veränderungsprozeß wurde unterschätzt; ein Fehler mit deutlichen Folgen für die Akzeptanz der Change Aktivitäten.

Die Abbildung 42 zeigt den Entwicklungsprozeß hin zum lernenden Unternehmen. Auf der Ordinatenachse ist die Entwicklung von der Stab-, Linienorganisation über die Matrixorganisation bis hin zu einer Organisation in Projekten dargestellt. Mit dieser Entwicklung einher geht eine Erhöhung der Flexibilität einer Organisation. Die Abszisse zeigt die Entwicklung der Arbeitsform vom Spezialistentum zur Arbeit in selbststeuernden Teams und die damit verbundene Erhöhung der Selbstorganisation. Der auf den Kunden ausgerichtete Graph zeigt die Entwicklung im Führungsverhalten von der direktiven Führung hin zur mentalen Führung über Visionen, Ziele und Bilder. Die Change-Projekte sind als Lernfelder dargestellt, in denen sich Mitarbeiter und Führungskräfte auf ihre Rolle in einem lernenden Unternehmen vorbereiten.

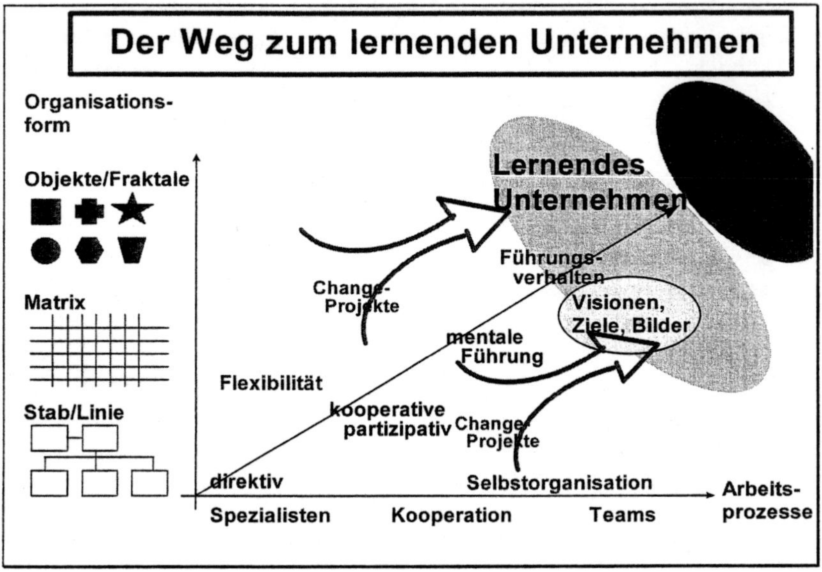

Abb. 42: Der Weg zum lernenden Unternehmen

Die Führungsmannschaft von BULL war sich von vornherein darüber im Klaren, daß der Veränderungsprozeß Zeit braucht. Andererseits werden Führungskräfte in aller Regel an ihrer kurzfristigen Ergebniserreichung gemessen. Der dadurch erzeugte Druck läßt das Wissen um die benötigten Zeiträume für kulturelle Veränderungen in einem Unternehmen immer wieder in Vergessenheit geraten. Der Erfolg des Gesamtprozesses wird ganz wesentlich davon abhängen, inwieweit die notwendige Geduld und Ausdauer aufgebracht wird. Ein weiterer Aspekt scheint bedeutend, nämlich der, daß ohne Einbindung der Führungskräfte der ersten Ebene, auch wenn diese als „Bremser“ aus Geschäftsleitungssicht bewertet werden, ein solcher Wandlungsprozeß nicht oder nur schleppend vorankommt.

7 Beispiel - BULL AG

7.1 Rahmenbedingungen für die Arbeit in Prozessen

Der Ansatz zum Erfolg liegt für die BULL AG in einer prozeßorientierten Projektorganisation und in dem Verständnis von Führung. Koordinieren, Innovationen unterstützen, Prozesse gestalten, Kooperation und Flexibilität fördern, Streß und Konflikte managen sowie eine Harmonie und Akzeptanz der Gegensätze erreichen, sind die Aufgaben des Managements. Führung geschieht über gemeinsame Visionen, Unternehmens-, Bereichs-, und Handlungsziele, und wird ermöglicht durch gezielte Unterstützung der Führungskräfte in ihrer Führungsarbeit.

7.1.1 Von der Linienstruktur zur flexiblen Organisation

Die BULL AG hat in den vergangenen Jahren eine Reihe von organisatorischen Veränderungen erlebt. In ihrer Gesamtheit haben sie den Weg zu einer modernen Organisation bereitet, die sich komplexer als die frühere Linienorganisation aber auch flexibler gegenüber Kunden und Markt darstellt.

Ausgangspunkt der organisatorischen Veränderungen war Anfang der neunziger Jahre die Talfahrt der IT-Branche. Alle großen IT-Konzerne mußten sich am Markt neu positionieren und sich vom Hersteller und Vertreiber von Hard- und Software-Produkten zum Dienstleister wandeln, der Lösungen für Informationsverarbeitungsprobleme eines Kunden bereithält. Das erforderte eine viel intimere Kenntnis des Kunden und seines Geschäfts als es bis dahin nötig war. Kundenorientierung war nicht nur gefragt sondern wurde zum entscheidenden Erfolgskriterium.

Um die Kundenorientierung nicht nur als Floskel zu propagieren sondern auch im Unternehmen umzusetzen, mußte sich die BULL AG in ihren Strukturen und Prozessen verändern, und das Verhalten der Führungskräfte und Mitarbeiter mußte sich wandeln.

7.1.2 Flexibilisierung der Aufbauorganisation - strukturelle Veränderung

Die frühere Form der Stab - Linien Organisation (vgl. SCHULER 1993, S. 419-422) erwies sich als unflexibel gegenüber einem immer schneller „drehenden" Markt. Schnittstellen zwischen Bereichen/Abteilungen und Hierarchieebenen führten zu Reibungsverlusten in Form von Zeit- und Informationsverlust, und sie erzeugten Konkurrenzen und Abgrenzungen. Das war kostenträchtig und der Kunde mußte dies letztlich bezahlen.

Teilweise wurde die Linienstruktur durch eine Matrixstruktur (vgl. SCHULER 1993, S 421) ersetzt, um die Kooperation zu verbessern und die Abstimmung zu erleichtern. Die Umsetzung war und ist schwierig, da die vorgegebenen Kooperationsnotwendigkeiten komplex und der Aufwand hoch sind.

Eine entscheidende organisatorische Wende konnte Anfang der neunziger Jahre mit der Bildung von Account Teams vollzogen werden. Zusammen mit bereits vorhandenen Projektteams bildeten sie den Ausgangspunkt zu einer Teamorganisation in kleinen Einheiten, die ohne Zeitverzug gegenüber dem Kunden agieren können (vgl. HEITGER, 1994, S. 121).

Heute hat die BULL AG Account Teams, Projektteams, Produktteams und Problemlöseteams Change-Teams. Allen Teams kommt ein hohes Maß an Verantwortung zu. Diesen Weg gilt es konsequent weiterzugehen und das Unternehmen strukturell zu einer Teamorganisation zu entwickeln. Pate dafür ist das Projektmanagement: Teams, die betraut sind mit der Abwicklung von Aufgaben und das - im Gegensatz zur Projektbearbeitung - zum Teil auf unbefristete Dauer.

Bei der Teamorganisation werden allerdings auch in Zukunft im Hintergrund organisatorische Linien- und Matrixstrukturen erhalten bleiben, um die notwendige Kontinuität zu wahren. Dies Strukturen sollen unterstützen bei der wertschöpfenden Arbeit, die zunehmend in den Teams abgewickelt wird.

7.1.3 Teamarbeit mit Komplettbearbeitung von Prozessen

Wenn bei der Aufbauorganisation drei quasi-historische Stationen des Wandlungsprozesses der letzten Jahre markiert wurden, so ergibt sich ein ähnliches Bild hinsichtlich der Ablauforganisation.

Lange Zeit dominierte die Spezialisierung und das Spezialistentum. Das besaß den unbezweifelbaren Vorteil, daß Aufgaben mit hohem Sachverstand bearbeitet werden konnten. Nachteilig war und ist, daß Kundenbedarfe und ihre Erfüllung im Arbeitsprozeß zerlegt werden. Für den Kunden sind lange Durchlaufzeiten die Folge, und im Inneren des Unternehmens kommt es regelmäßig zu Verständigungsproblemen der Spezialisten untereinander. Überdies geht für den einzelnen leicht der Gesamtzusammenhang des Auftrages verloren und damit der Kundenbezug. Spezialisierung ist als Arbeitsform die notwendige Ergänzung zur Linienstruktur, und in der Tat galt in früheren Zeiten das Prinzip: jeder tut in seinem Kästchen seine Arbeit und damit ist es genug.

Die Nachteile der Spezialisierung hat man in vielfältiger Form aufzufangen versucht. Kooperation hieß die Forderung! Allerdings wurde der Kooperations- und Abstimmungsbedarf so ungeheuer, daß viele Führungskräfte und Mitarbeiter primär mit Meetings beschäftigt schienen. Während dieser Zeit waren sie nicht für den Kunden verfügbar - schlimmer noch: der Kunde mußte diese Meetingzeit letztlich auch noch finanzieren.

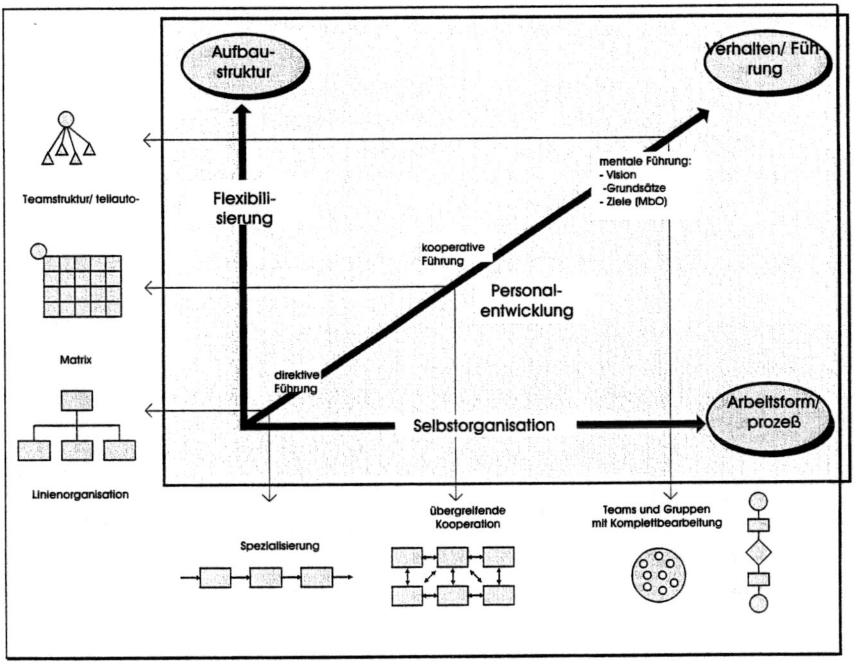

Abb. 43: Von der Linien- zur Prozeßorganisation

Derzeit sind viele Unternehmen dabei, die Arbeitsform der Spezialisierung und der Kooperation zu überwinden durch Teamarbeit; alle Mitarbeiter, die in einen Kundenauftrag eingebunden sind, arbeiten in einem Team zusammen. Die Teams übernehmen damit eine komplette Kette von Schritten, die der Erfüllung eines externen oder internen Kundenbedarfes dienen.

Der Wandel von der spezialisierten Arbeitsform durch einzelne Sachbearbeiter hin zur Teamarbeit beinhaltet im Kern eine Wendung um 180 Grad, nämlich Hinwendung zur Selbstverantwortung der Mitarbeiter und Selbstorganisation des Teams, um dem Kunden flexibel seine Bedarfe erfüllen zu können. Zur Teamarbeit als ablauforganisatorische Form gehört selbstverständlich die Teamstruktur als das notwendige Gegenstück in der Aufbauorganisation.

7.1.4 Mentale Ausrichtung des Unternehmens

Die Formen der Aufbau- und Ablauforganisation stehen in einer wechselseitigen Ergänzung zueinander. Es stellt sich die Frage, wie derartige Kombinationen in das Verhalten der Mitarbeiter umzusetzen sind?

Wenn man, in der Abbildung durch den Schnittpunkt der horizontalen und vertikalen Pfeillinie dargestellt, die Linienorganisation und die Spezialisierung zusammenführt, so wird deutlich, daß nur eine direktive Führung - anordnen und befolgen - das spezialisierte Arbeiten in den „Kästchen“ gewährleisten kann. Wo es sinnvoll erscheint, auch in Zukunft spezialisiert in „Kästchen“ zu arbeiten, ist es folglich Sache der Führungskraft, durch einen klaren, anweisenden Führungsstil die Mitarbeiter zu dirigieren, damit sie das tun, was von ihnen erwartet wird. Der Nachteil dieser Organisation und des mit ihm sich zwangsläufig ergebenden Führungs- und Mitarbeiterverhaltens liegt darin, daß die Kreativität und das Mitdenken sich nur wenig entwickeln können. Eigeninitiative und Selbstorganisation sind sogar eher schädlich und bringen das organisatorische Gefüge durcheinander.

Verbindet man die Matrixorganisation und die Kooperation als Arbeitsform, so ergibt sich wiederum eine stimmige Verbindung. Verhaltensmäßig ist diese Kombination dann mit einer intensiven Kommunikation und Kooperation zwischen den jeweils Beteiligten umzusetzen: Kooperativer Führungsstil. Führungskräfte haben entsprechend dafür Sorge zu tragen, daß eine flüssige Information und Kommunikation und eine reibungslose Kooperation stattfinden. Dies hat in den Bereichen, in denen die Organisation matrixartig angelegt ist, tatsächlich zu einem deutlichen Schub an Kommunikation geführt. Als Nachteil haben sich allerdings häufig drei Punkte erwiesen:

- Der Abstimmungsbedarf in der kooperativen Matrixorganisation ist hoch und nimmt viel Zeit in Anspruch.
- Entscheidungsprozesse sind erheblich verlangsamt.
- Bei unklarer Machtverteilung zwischen horizontalen und vertikalen Linien kommt es zu Konflikten und Konkurrenzen.

Um diese Schwächen zu überwinden, war es nur folgerichtig, daß sich das Unternehmen immer mehr einer Teamstruktur annäherte mit Teamarbeit als prinzipieller Arbeitsform. Damit wird eine qualitativ neue Organisationsform angesteuert:

- Von der Zentralisierung zur Delegation von Verantwortung.
- Von der Kontrolle hin zu Eigenständigkeit und Selbstverantwortung in den Teams.
- Aus der Liniendominanz hin zum Handlungs- und Entscheidungsfreiraum als Vorbedingung für Teamstrukturen.
- Selbstorganisation, Ergebnis- und Budgetverantwortung für die Teams.

Teamarbeit in vernetzten Strukturen verlangt eine qualitativ neue Dimension des Führungsverhaltens, die mentale Führung. Sie findet „im Kopf" jedes einzelnen statt. Jeder Mitarbeiter muß wissen, woran er sein Handeln orientieren und ausrichten soll. Die Mittel dazu liefert die Vision und das Wertesystem des Unternehmens, und auf der operativen Ebene die Unternehmens-, Bereichs-, Teamziele und die persönlichen Ziele. Führungsarbeit bedeutet jetzt Zielführung. Jeder einzelne im Team muß von der Ausrichtung überzeugt und beseelt sein, damit er und insgesamt das Team alle Kraft darauf konzentrieren kann, die Ziele zu erreichen. Auf Seiten der Führungskräfte setzt das ein hohes Maß an Überzeugungskraft und strategischem Denken voraus. Auf Seiten des Teams verlangt die Teamstruktur Selbstverantwortung, Fähigkeit zur Selbstorganisation, Identifikation und Teamgeist. Der Nutzen liegt auf der Hand: es entstehen selbstorganisierte Teams, die mit enormer Flexibilität den Kundenbedarfen entsprechen können (vgl. zu Führung und Kommunikation in Arbeitsgruppen: v. ROSENSTIEL, 1993, S. 321-348).

7.1.5 Folgerungen für die Führungspraxis in der Zukunft

In Zukunft werden weiterhin je nach Art der Arbeitsaufgaben in den verschiedenen Bereichen des Unternehmens unterschiedliche Organisationsformen nebeneinander existieren: Linien-, Matrix- und Teamstruktur. Es muß jedoch überall Ziel sein, auf die letztere Organisations- und Arbeitsform hinzuarbeiten, um die Vorteile an Flexibilität gegenüber dem Kunden zu nutzen.

Für Führungskräfte stellen sich vor dem Hintergrund der obigen Überlegungen folgende Schwerpunkte ihrer Führungsarbeit dar :

1. Teams in vernetzten Strukturen führen bedeutet, den Mitarbeitern bzw. dem Team eine mentale Orientierung zu geben: Vermittlung klarer Orientierungen für das Handeln durch Erarbeitung von Visionen, die Abstimmung eines klaren Zielsystems, das die Unternehmensziele bis auf die operative Ebene des Teams bzw. der Mitarbeiter ableitet (Zielführung).

2. Führung ist immer sowohl Mitarbeiter- als auch Teamführung. Die Grundregeln der Gruppendynamik, der Kommunikation und Kooperation in Teams, sowie Teamentwicklung werden zu elementaren Bestandteilen der Führungsarbeit (vgl. ANTONS 1992).
3. Teamarbeit in vernetzten Strukturen erfordert einen hohen Reifegrad der Teammitglieder: Firmen-, fachliche, soziale, methodische und personale Kompetenz sowie Identifikation mit dem Unternehmen und seinen Zielen. Damit wird Personalentwicklung zu einem Kernbestandteil der Führungsarbeit (vgl. die Abschnitte von Kapitel 2).
4. Unverzichtbare Voraussetzung für erfolgreiche Teamarbeit ist die Gestaltung der Rahmenbedingungen. Dazu gehört die Formulierung klarer und ganzheitlicher Aufgaben für das Team im Rahmen der Ablaufprozesse, definierte Kompetenzen, Klärung von Handlungs- und Entscheidungsspielräumen, Verantwortungsdelegation und das Managen der Ressourcen. Kriterium für Zielerreichung ist die Selbstorganisation der Teams, um sich der Ergebnisverantwortung zu stellen (Bereichsentwicklung).

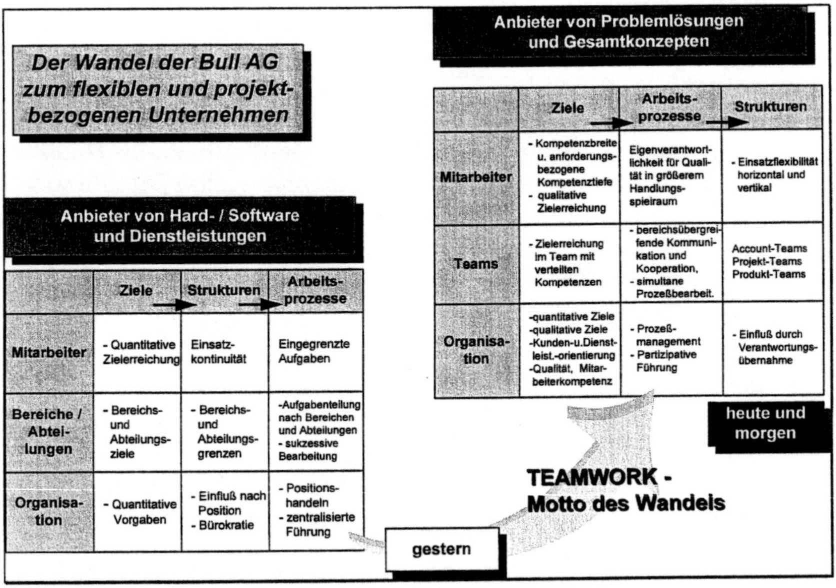

Abb. 44: Der Wandel der BULL AG

7.2 Zielführung

Die vier Punkte des vorherigen Absatzes als Folgerungen für die Führungspraxis und Schwerpunkte der Arbeit von Führungskräften in der BULL AG, die die „Umsetzer" und „Prozeßmanager" in einer prozeßorientierten Arbeitsorganisation darstellen, werden jetzt in groben Zügen betrachtet:

- Zielführung
- Team und Teamentwicklung
- Personalentwicklung
- Bereichsentwicklung.

7.2.1 Zielführung (MbO): Historie des Konzeptes

„Die Erkenntnis, daß Zielsetzungen sowohl für das eigene Tun als auch für die Führung anderer Menschen eine besondere Rolle spielen, ist nicht neu" (vgl. KRIEG/DREBES 1996, S. 54) und wurde von Peter Drucker als „Management by Objectives" (MbO) bereits 1954 in die damalige Managementlehre eingebracht. In den 70er Jahren wurde das Thema auch in der deutschen Industrie aufgegriffen. Man wollte einen kooperativen Führungsstil realisieren, und ein Baustein dazu war die Vereinbarung (nicht Vorgabe) von Zielen. Die Zielvereinbarung wurde vorrangig als Personalführungsinstrument verstanden. Sie sollte

- den Dialog zwischen Vorgesetzten und Mitarbeitern fördern,
- durch eine gemeinsame Aufgabenplanung und Ergebnisbewertung die Arbeit effektiver gestalten und
- den Vorgesetzten dazu anregen, den Mitarbeiter in seiner weiteren beruflichen Entwicklung zu fördern.

Die Anwendung und Umsetzung blieb den Vorgesetzten häufig freigestellt. Die Zahl derer, die konsequent dieses Führungsinstrument nutzten, war demgemäß nicht sonderlich hoch (vgl. KRIEG/DREBES 1996, S. 54ff.).

Heute erlebt die Zielführung eine Renaissance. Mit dezentralen flexiblen Teamorganisationen wird ein neues Konzept der Führung nötig, damit die Aktivitäten nicht auseinander oder nebeneinander laufen, damit die Ressourcen optimal genutzt werden können und man dem Kundenwunsch nach ganzheitlicher Problemlösung gerecht werden kann. Vor diesem Hintergrund wurde in vielen Unternehmen, so auch in der BULL AG, die Zielvereinbarung wiederentdeckt, diesmal jedoch als Instrument der Unternehmensführung. Zielvereinbarungen werden deshalb eingebunden in den strategischen Gesamtprozeß. Zielauflösungsprozesse werden von der Unternehmens- oder Geschäftsfeldebene bis auf die operative Ebene heruntergebrochen. Dieser prinzipielle Top-Down Prozeß ist allerdings durch einen Bottom-Up Prozeß zu ergänzen, damit die Rahmenbedingungen der Zielerreichung klarer umrissen werden können und unrealistische Ziele „Bottom-Up“ korrigiert werden können.

Ein wichtiger Unterschied zwischen dem früheren MbO und der heutigen Zielführung liegt darin: Früher dienten Zielvereinbarungen dazu, Mitarbeiter in ihrer spezialisierten Arbeit zu gängeln (damit dominierte eindeutig die Linienorganisation). Heute dient Zielführung dazu, den Mitarbeitern möglichst viel Handlungs- und Entscheidungsfreiraum einzuräumen. Zielvereinbarungen tragen den Charakter eines verbindenden Bandes und sollen die dezentrale Organisation zusammenhalten.

7.2.2 Prinzipien der Zielführung

Die BULL AG hat sich die Prinzipien der Zielführung zu eigen gemacht :

- Zielführung ist ein zentraler Bestandteil der Unternehmenskultur der BULL AG: an ihr läßt sich erkennen, wie effizient wir mit all unseren Organisationseinheiten unsere Aufgaben bewältigen.
- Zielführung setzt das kaskadenartig aufgebaute Zielsystem in die Praxis um und schafft für jeden Mitarbeiter Transparenz; beginnend mit den Unternehmenszielen leiten sich daraus Bereichs- und Segmentziele, dann Abteilungs- und Gruppenziele und schließlich Ziele für den einzelnen Mitarbeiter ab.
- Zielführung macht das Vorgehen planbar und erlaubt die Entwicklung von kurz -, mittel- und langfristigen Strategien.
- Ziele sind Grundlage für die Entwicklung des Unternehmens und der Mitarbeiter.
- Ziele sind Voraussetzung für die Mitarbeiterführung, sie ermöglichen Delegation von Verantwortung sowie Klärung von Handlungs- und Entscheidungsfreiräumen.
- Klare, realistische und begründete Ziele sind die wichtigste Voraussetzung für das Engagement von Mitarbeitern und ihre Identifikation mit dem Unternehmen.

Mit der neuen Form der Zielvereinbarung gewinnt die strategische Weiterentwicklung des Bereichs und die Steuerung des Leistungsprozesses durch Leistungsvereinbarungen besondere Bedeutung. Kriterien der Umsetzung sind:

- Zielvereinbarungsgespräche
- Zielauflösung in kaskadierender Form von der Unternehmensebene bis zur operativen Ebene
- Verknüpfung von Zielvereinbarung und Anreizsystemen

Die Umsetzung von Zielvereinbarungen in die Führungspraxis hängt sicherlich auch davon ab, ob Führungskräfte Zielvereinbarungen als einen Formalismus erleben oder als Gestaltungselement. Als ein Problem bei der Umsetzung wird oft der Zeitaufwand angeführt. Der erhöhte Zeitaufwand wird in hohem Maße kompensiert durch den Zeitgewinn, der sich aus später nicht mehr notwendigen Abstimmungsbedarfen und aus der erhöhten Motivation der Beschäftigten ergibt.

Hinter der Frage des zeitlichen Aufwandes steckt in der Regel methodische Unsicherheit, wie Ziele abzuleiten und zu formulieren und wie Gespräche zu führen sind. Durch Zielvereinbarungen werden vor allem Prozesse und Abläufe transparent und meßbar und damit die Führungskraft in ihren Leistungen ebenfalls. Das ist vielen Führungskräften nicht angenehm.

7.2.3 Zielkaskade

Bei der Vereinbarung von Zielen ist zu berücksichtigen, daß die einzelnen Ebenen jeweils eigene, der Arbeitsaufgabe angemessene Ziele vereinbaren. Grundsätzlich soll das gleiche Ziel nicht ebenenübergreifend bearbeitet werden. Die Ziele der unteren Ebene tragen vielmehr zur Erreichung der übergeordneten Ziele bei. Folglich ist nach der Formulierung der Unternehmensziele eine Auflösung der daraus entstehenden strategischen (Bereichs-) Ziele zu den konkreten operationalen Zielen des Einzelnen bzw. des Teams vorzunehmen. Mit der Zielableitung soll erreicht werden, daß alle Organisationseinheiten, jeder Mitarbeiter und jedes Team bei klaren Verantwortlichkeiten in die gleiche Richtung arbeiten und alle Aktivitäten zielgerichtet gebündelt werden. Auf diese Weise kann sich jeder Mitarbeiter über seinen Beitrag zu den Unternehmenszielen bewußt werden.

Zwei Prinzipien der Zielableitung verdienen bei der Zieldefinition besondere Beachtung:

1. Kundenorientierung:
   Ziele, gleichgültig auf welcher Ebene, sollten vom Kunden hergeleitet sein, mit Ausnahme der Geschäftsziele, d.h. Umsatz, Marge etc.. So dienen Kosten-, Zeit oder Qualifizierungsziele letztlich der besseren Erfüllung der Kundenbedarfe; daran hat der Kunde ein Interesse, und die Erreichung der Ziele steht in direktem Zusammenhang mit seiner Zufriedenheit. Die Formulierung der Kundenziele verdient außerordentliche Wichtigkeit, da immer die Gefahr besteht, sich zu sehr mit den internen Geschäftszielen zu befassen, die den Kunden überhaupt nicht interessieren.
2. Marksteine für Prozeßeffizienz:
   Ziele sind immer im Zusammenhang zu sehen mit den Ablaufprozessen, durch die sie erreicht werden sollen. Sie sind in diesem Sinne Markierungen auf den Maßstäben für die Prozeßeffizienz. So ist z.B. das Ziel „Reaktionszeit auf Reklamationen des Kunden in weniger als einer Stunde" eine Angabe zur Effizienz der Reklamationsbearbeitung.

Die Zielableitung erfordert den Aufbau eines abgestimmten Kennzahlensystems, das eine durchlaufende Zielkontrolle ermöglicht. Der Beitrag, den ein untergeordnetes Ziel zur Erreichung eines höhergestellten Zieles leisten kann, muß aus diesen Kennzahlen abzulesen sein.

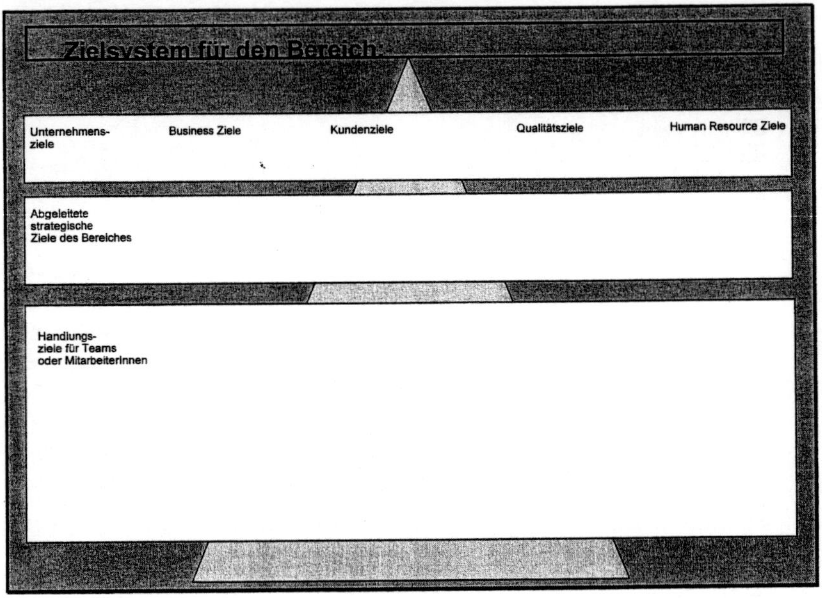

Abb. 45: Zielsystem

Die folgenden 3 Schritte als Empfehlung formuliert führen zur Zielpyramide:

1. Stimmen Sie die Ziele Ihres Bereichs mit Ihrer Abteilung/Ihrem Team/Ihrem Vorgesetzten ab und klären Sie die klare Ableitung aus den übergeordneten Unternehmenszielen. Entwickeln Sie mit Ihrem Vorgesetzten nach dem Schema in Abbildung 44 das Zielsystem für Ihren Bereich.
2. Erläutern Sie Ihrem Mitarbeiter/Ihrer Abteilung/Ihrem Team im Zielvereinbarungsgespräch dieses System und stimmen Sie die operativen Handlungsziele ab.
3. Fixieren Sie die abgestimmten Ziele schriftlich und halten Sie sich dabei an die Prinzipien folgenden „guten“ Zielformulierungen:

Zielformulierungen sollten:

- konkret
- erreichbar
- vom Mitarbeiter beeinflußbar

- überprüfbar
- nach Möglichkeit quantitativ erfaßbar
- widerspruchsfrei (bereinigte Zielkonflikte) sein.

Die Erfahrung hat gezeigt, daß es oft schwerfällt, Zielgrößen zu definieren. Im Anhang 3 sind einige Beispiele aufgeführt.

7.2.4 Zielvereinbarungsgespräche führen

Die Anforderungen an die Gesprächsführung bei Zielvereinbarungsgesprächen sind nicht zu unterschätzen. Gedacht ist nicht gesagt, gesagt ist nicht gehört, gehört ist nicht verstanden, verstanden ist nicht einverstanden. Wer diesen Kernsatz menschlicher Kommunikation nicht beherzigt, darf sich über das häufige Auftreten von Mißverständnissen nicht wundern. Immer geht es - auch im Zielvereinbarungsgespräch - um den Austausch von Sichtweisen in dem Bewußtsein, daß diese in der Regel unterschiedlich sind. Der Austausch von Sichtweisen bildet jedoch die Grundlage eines Dialoges (vgl. Kapitel 4.11).

Mit dem Austausch von Meinungen ist ein Abstimmungs- und Diskussionsprozeß verbunden. Ziele zu vereinbaren heißt, sich auf eine ernsthafte Auseinandersetzung über das „Machbare" einzulassen. Eventuelle Konflikte, insbesondere im Rahmen der Ergebnisbewertung, dürfen nicht umgangen oder vertagt werden, sondern müssen offen angesprochen und bearbeitet werden (vgl. NEUBERGER 1980).

Generell sollte der Vorgesetzte nicht versuchen, „um den heißen Brei" herumzureden oder Lob manipulativ einzusetzen. Ehrlich gemeinte Anerkennung der Leistungen und klare sachliche Kritik werden vom Mitarbeiter eher akzeptiert und positiv aufgenommen als Ausweichtaktik oder „Lobhudelei". Zielvereinbarungen beruhen auf einem Konsens. Diesen herbeizuführen mag Zeit kosten, doch ohne Konsens werden Zeitinvestitionen durch erforderliche Nachbesserungen und spätere Klärungen nur nach hinten verschoben. Wer Zielvereinbarungen auf Zielvorgabe reduziert, wird keine hohe Identifikation mit den Zielen und damit auch keine persönliche Verantwortung für die Zielerreichung erreichen (vgl. auch Kapitel 5). Um den Erfordernissen des Zielvereinbarungsgespräches besser entsprechen zu können, empfiehlt sich nach einer Dramaturgie vorzugehen und mit Formularen zu arbeiten, die der Dramaturgie folgend eine Strukturierungshilfe liefern (vgl. Anhang 5).

7.3 Mitarbeiter- und Teamführung

Führen heißt, mit anderen Menschen ein Ziel erreichen. Hinter dieser einfachen Formel verbergen sich allerdings eine Reihe von komplexen Aufgaben. Dabei geht es nicht nur um die Mitarbeiterführung im engeren Sinne sondern ebenso um die Herstellung von organisatorischen Rahmenbedingungen, die dem Mitarbeiter bzw. dem Team die Zielerreichung ermöglichen. Wie die Führungskraft diese Aufgaben bewältigt, ist an Erfolgskriterien abzulesen. Erfolgreiche Führungsarbeit im Sinne der Kriterien kann aber nur geleistet werden, wenn für das Führungshandeln bestimmte Rahmenbedingungen gegeben sind wie (vgl. v. ROSENSTIEL 1993, S. 321-340):

- Klare Richtungsweisung und Ziele von den vorgeordneten Ebenen
- Klare Kompetenzen und Verantwortungen
- Instrumente zur Unterstützung der Führungsarbeit (u.a. Zielvereinbarungs- und Mitarbeitergespräche, Anreiz-, Sanktionsmechanismen etc.)
- Klares Regelwerk für Führung (Führungsleitsätze, vgl. Anhang 7)
- Unterstützung, Loyalität und Coaching durch den eigenen Vorgesetzten

Von zentraler Bedeutung ist das Verhalten der Führungskraft. Es kommt darauf an, zwei Dimensionen gleichrangig zu berücksichtigen:

1. Mitarbeiterorientierung - Verhaltensweisen, die darauf gerichtet sind, dem Mitarbeiter das Gefühl von Akzeptanz, Respekt und Wertschätzung zu vermitteln.
2. Ziel- und Aufgabenorientierung - Verhaltensweisen, die darauf gerichtet sind, in der Sache, d.h. bei der Zielerreichung voranzukommen.

Es ist inzwischen unbestritten, daß die besten Leistungen dort von Mitarbeitern bzw. vom Team erbracht werden, wo die Führungskraft beide Aspekte gleichrangig in einem höheren Maße berücksichtigt.

In der Teamorganisation der BULL AG mißt man der Delegation von Verantwortung besondere Bedeutung bei. Die Notwendigkeit von Delegation begründet sich aus verschiedenen Aspekten. In komplexen Strukturen ist eine enge Führung und Begleitung von Mitarbeitern und Teams praktisch nicht mehr möglich. Verantwortungsdelegation ist daher ein Mittel zur Entlastung der Führungskraft. Delegation von Verantwortung bedeutet Wertschätzung und Vertrauen in den Mitarbeiter bzw. das Team. Sie ist daher ein wichtiges Mittel der praktischen Personalentwicklung; Mitarbeiter können sich an den delegierten Aufgaben beweisen und wachsen. Durch Delegation und Verantwortungsnahme der Mitarbeiter wächst die Flexibilität der Organisationseinheit und des Unternehmens gegenüber dem Kunden. Stellvertretungen bereiten kein Kopfzerbrechen mehr.

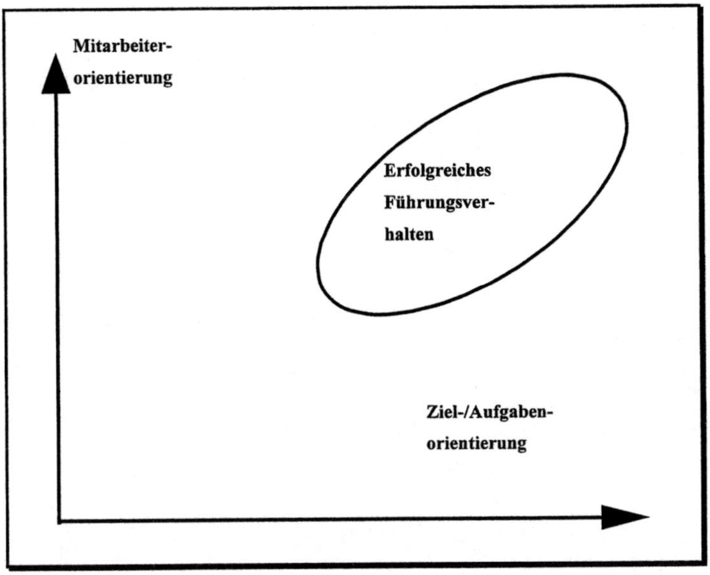

Abb. 46: Führungsverhalten

Teamarbeit hat weitgehend individualisierte Arbeit abgelöst. Mitarbeiterführung wird zur Teamführung. Mit der Verfolgung von Zielen durch Teamarbeit verändern sich die Aufgaben und das Anforderungsprofil einer Führungskraft.

Ziele der Teamarbeit	Aufgaben der Führungskraft
Selbstorganisation des Teams	Coaching des Teams und einzelner Teammitglieder - Hilfe zur Selbsthilfe
Synergien im Team erschließen	Besprechungen, Problemlösezirkel etc. zur Diskussion und zum Erfahrungsaustausch organisieren
Einsatzflexibilität	Für Qualifizierung auf Gegenseitigkeitsbasis sorgen
Kreativität und Innova tion	Förderung konstruktiver Gruppendynamik, Katalysator sein für das Ausbringen von neuen Ideen, für Problemlösungen und für produktive Konflikte

Abb. 47: Ziele der Teamarbeit - Aufgaben der Führungskraft

Die künftige Rolle der Führungskraft ist maßgeblich von der Coaching-Funktion bestimmt. Es geht darum, das Team zu leiten, zu unterstützen, die Gruppendynamik leistungsförderlich zu entwickeln, Erfolge und Mißerfolge (bzw. Zielabweichungen nach oben und unten) zu besprechen usw.. Daraus leiten sich konkrete Anforderungen an Führungskräfte zur Bewältigung ihres Tagesgeschäftes ab, auf die es in der BULL AG angemessen zu reagieren, besser proaktiv zuzugehen gilt. Die Aufstellung Anhang 8 enthält einen Auszug von PE-Bausteinen ohne Anspruch auf Vollständigkeit und einer weiteren für die Umsetzung und einer weiteren Detaillierung.

Die Bausteine, Inhalte, und Themen finden sich in den Weiterbildungskonzepten, -programmen -angeboten und -veranstaltungen der BULL AG als Spiegelung im Nachgang zu Anforderungs-, Bedarfs-, oder Potentialanalysen (vgl. Kapitel 5) oder Zielvereinbarungsgesprächen wieder. Sie sind nicht als feste Bausteine zu verstehen sondern als ein Modul-Set, welches sich im jeweiligen Kontext durch die Beteiligten konkretisiert. Darin finden sich eingebettet in einen übergeordneten Zusammenhang die Themen, Überschriften und Schlagworte, die in der Unternehmenspraxis mit Leben versehen werden müssen. Im Zusammenhang mit Mitarbeiter- und Teamführung wird sich die Führungskraft insbesondere mit folgenden Punkten auseinanderzusetzen haben (vgl. Anhang 18):

- Teamzusammensetzung - Rollen in Teams
- Phasen der Teambildung
- Merkmale der Phasen
- Problemteams
- Förderliche Maßnahmen
- Normen und Regeln

Eine Führungskraft, die sich dem an sie gestellten Anspruch stellt und ihm gerecht werden will, trifft in seiner Führungspraxis oft auf kritische Führungssituationen, in denen die folgenden Aufgaben bewältigt werden müssen:

- Konflikte managen
- Probleme analysieren
- Ziele formulieren
- Motivation der Mitarbeiter
- Entscheidungen treffen
- Besprechungen leiten/moderieren

Ausgangspunkt aller operativen Maßnahmen der Personalentwicklung sind die Aufgaben, die sich der Führungskraft stellen und die sind wiederum von der Erfüllung von Kundenaufträgen durch die Mitarbeiter und daraus resultierenden Zusammenhängen geprägt.

7.4 Personalentwicklung

Personalentwicklung in der BULL AG beinhaltet des Bestreben, die Aufgaben, die zur Erreichung der Unternehmens- bzw. Bereichs- oder Teamziele bewältigt werden müssen, mit den Fähigkeiten und Qualifikationen der Mitarbeiter zur Deckung zu bringen. Oder anders ausgedrückt: die Mitglieder des Unternehmens müssen über die „Skills" verfügen, die nötig sind, um den Anforderungen zu genügen, die sich aus den Kundenbedarfen ableiten. Personalentwicklung stellt damit eine übergreifende Aufgabe des Gesamtunternehmens dar und zwar für jeden Bereich und jede Geschäftseinheit. So hat in der Teamorganisation jedes Team dafür zu sorgen, daß die notwendigen Skills im Team vorhanden sind, damit ein Auftrag kompetent zur Kundenzufriedenheit abgewickelt werden kann.

Die Frage stellt sich, welche Aufgaben von einem Team bzw. von Teammitgliedern bewältigt werden müssen, um einen Kundenauftrag zu erfüllen. Insbesondere bei Veränderungen oder Neuerungen, z.B. einem neuen Projekt, kommt dieser Frage große Bedeutung zu, um Transparenz zu schaffen und die kompetente Bewältigung der Aufgaben zu gewährleisten.

Wichtig ist, die Aufgaben nicht allein aus der fachlichen Perspektive zu definieren, sondern auch organisatorische, methodische und kommunikative Belange zu berücksichtigen. So verbindet sich mit dem Servicebedarf eines Kunden neben fachlich zu definierenden Erfordernissen auch ein hoher Beratungsanteil, der hohe kommunikative Fähigkeiten und ein methodisches Vorgehen verlangt (vgl. die Ausführungen zum Kapitel 5).

Aus den operativen Aufgaben leiten sich die Anforderungen ab, die sich einer Person oder einem Team stellen. Sie beinhalten in abstrahierter und verdichteter Form die Fähigkeiten und Skills, über die eine Person oder ein Team verfügen sollte, um die Aufgaben bewältigen zu können. Anforderungen sind nicht mit den Aufgaben gleichzusetzen: Während die Aufgaben sehr konkret und spezifisch sind und sich z.B. mit einem Kundenauftrag verbinden, haben die Anforderungen einen relativ überdauernden

Charakter und für mehrere Aufgaben Gültigkeit. Gerade bei einem sehr wechselhaften und sich schnell verändernden Geschäft ist es deshalb wichtig, die „hinter den Aufgaben liegenden" Anforderungen herauszudestillieren. Erst damit ist eine relativ kontinuierliche Weiterbildung und ein systematisches Skill Management möglich. Anforderungen werden bei BULL übersetzt in Anforderungsprofile.

Aufgabenbewältigung heißt Erfüllung von Anforderungen; sie vollzieht sich konkret und sichtbar im Arbeitsverhalten bzw. in der Arbeitstätigkeit. Dieses ist beobachtbar und kontrollierbar. Deshalb ist das konkrete Arbeitsverhalten bzw. die Arbeitstätigkeiten auch Gegenstand von entsprechenden Gesprächen.

Personalentwicklung und -förderung vollzieht sich im Verbund von drei Verantwortlichkeiten. Den Führungskräften kommt die Aufgabe zu, die Kompetenzsteigerung ihrer Mitarbeiter aktiv zu fördern. Den Mitarbeitern obliegt es, von ihren Vorgesetzten Entwicklungsmöglichkeiten und Freiräume für Weiterbildung einzufordern. Die BULL-Personalentwicklung ist in der Pflicht, Konzepte, Instrumente und Methoden bereitzustellen.

Abb. 48: Verantwortlichkeiten für die Personalentwicklung

Im Mittelpunkt steht letztlich immer die Optimierung des Kompetenzpotentials als strategische Aufgabe des Unternehmens. Sie muß daher von den Führungskräften und Mitarbeitern verantwortlich, systematisch und professionell gehandhabt werden. Vor allem gilt dafür Sorge zu tragen, bei Führungskräften und Mitarbeitern das Bewußtsein zu entwickeln, daß Personalentwicklung und -förderung ein strategischer Faktor für den Erfolg unseres Unternehmens sind.

Personalentwicklung verbindet sich mit dem konsequenten Einsatz der Zielführung (MbO). Erst wenn klare Ziele und Aufgaben gesetzt bzw. zwischen Vorgesetzten und Mitarbeitern abgestimmt sind, gibt es Orientierungen und einen Maßstab für die Trainings- oder Weiterbildungsmaßnahmen.

7.5 Bereichsentwicklung

Ausgehend von dem in Kapitel 6 geschilderten Cultural-Change-Prozeß, den gemeinsamen Veranstaltungen von Change-Agents, Geschäftsleitung und Vorstand, wuchs durch die sich bildenden funktionsübergreifenden Projektteams das Verständnis für die Strategien, Ziele und Probleme der jeweils anderen Bereiche. Die aus den unterschiedlichen Perspektiven beobachteten „Probleme" und ihre Sichtweisen hatten ursprünglich eher die Tendenz, sich von einander abzugrenzen. Aus der gemeinsamen Arbeit und der Auseinandersetzung mit verschiedenen Standpunkten entstanden trotzdem vielfältige Kontakte, die nach außen und für die weitere Zusammenarbeit sehr wirksam wurden.

Ein wesentlicher Effekt bestand darin, daß das Management nur indirekt steuerte, den Rahmen vorzeichnete und damit zunächst eine störende, chaotische, bereichsübergreifende Gruppenstruktur organisierte; eine Projekt-Organisationsstruktur neben der eigentlichen Organisationsstruktur. Durch die intensive Kommunikation untereinander und die Erfolge der Projektteams wurde die Selbstorganisationsfähigkeit der Gruppen deutlich. Trotz der aufgezeigten Probleme und des Zeitverzuges des Change-Prozesses vertraute das Management dieser Selbstorganisationskompetenz.

Der Ausgangspunkt des Change-Prozesses war die Erarbeitung einer gemeinsamen Unternehmensvision, nicht die Übernahme einer Konzernvision, sondern eine Ableitung für die BULL AG im Cluster Central Europe. Die Chaostheorie und Fraktale bildeten in dem Zusammenhang eine interessante Anregung, mit dem Prinzip der Selbstähnlichkeit. (vgl. HEITGER 1994,

S. 121). Verkürzt formuliert bedeutet das folgendes, wenn die Vision aus dem Change-Prozeß das Bild für die BULL AG darstellt, das es zu erreichen gilt, dann kann eine selbsterarbeitete Vision der Bereiche, gestützt durch die, so glaubt man, gleichermaßen positiven Erfahrungen des Aushandlungsprozesses, den Entwicklungsprozeß der Bereiche positiv unterstützen und somit den Gesamtprozeß beschleunigen.

Die Voraussetzung für eine erfolgreiche Bereichsentwicklung sieht man in der Initiative durch den Bereich selbst. Diesen Ansatz des „Besser-werden-wollens" gilt es durch eine Prozeßbegleitung zu unterstützen (vgl. Anhang 20).

7.5.1 Die Ausrichtung klären - eine Vision formulieren

Wenn Menschen ein Ziel kennen ein Bild vor Augen haben und davon überzeugt sind, daß es sich lohnt, dieses zu erreichen, setzen sie ungeheuere Energien frei, entwickeln sie Kraft und Ausdauer, eine Ausbildung zu machen, Unannehmlichkeiten auf sich zu nehmen, Entbehrungen zu ertragen und Leistungen zu erbringen. Jeder wird, oft unbewußt, von den Kräften einer Zukunftsvision getragen.

Zukunftsvorstellungen geben Identifikation und Orientierung für unser Handeln und damit ein Stück Sicherheit. Wenn wir mit anderen zusammen ein Vorhaben planen, dann ist Sicherheit eine Basis für das koordinierte Denken und Handeln.

Bei einer auf die Erreichung von Spitzenleistungen angelegten Organisationsentwicklung ist es eine unverzichtbare Notwendigkeit, sich die Kraft von Visionen zunutze zu machen, auch deshalb, weil Entwicklungs- und Veränderungsprojekte immer mit Risiken und Unsicherheiten behaftet sind. Damit diese nicht in Widerstand gegen den Wandel münden und leichter überwunden werden können, mögen sich die Beteiligten eine Zukunftsvorstellung entwickeln: „ Was wollen wir im Jahr 2000 mit der Veränderung erreicht haben?" - „Auf was wollen wir in 5 Jahren stolz sein?".

Die Funktion einer Zukunftsvision liegt in der Herstellung einer Identifikation, einer Orientierung und eines Grundkonsenses für Denken und Handeln, dem Konturieren des Projektzieles, dem Klären des Nutzens der Veränderung, und dient als Basis für Koordination und Zusammenhalt der Menschen des Bereiches.

Die Bereichsvision oder Abteilungsvision sollte stimmig sein und den Leitlinien des Unternehmens entsprechen.

7.5.2 Analyse der Kunden

In der Kundenanalyse bietet sich zunächst die Unterscheidung in interne und externe Kunden an.

Kundenorientierung ist solange ein Schlagwort, wie wir nicht ganz klar sagen können, wer unsere Kunden eigentlich sind. Dabei denken wir zunächst an externe Kunden unseres Unternehmens bzw. unseres Bereiches oder unserer Abteilung, also Kunden, die für unsere Produkte und Dienstleistungen bezahlen, Kunden die dem Unternehmen das Geld geben, von dem wir als Mitarbeiter wiederum bezahlt werden.

Die Kollegen in unserem Unternehmen, die unsere Arbeitsergebnisse übernehmen und weiterverarbeiten, sind die Kunden für unseren Bereich, unsere Gruppe unser Team. In anderen Arbeitsschritten sind andere die Lieferanten und wir die Kunden. Da es, abgesehen von der Bezahlung, keinen prinzipiellen Unterschied zwischen dem externen und dem internen Kunden gibt, ist das der Grundgedanke, wie wir die Kundenorientierung in das Innere unseres Unternehmens hineintragen können.

Nach der Identifikation der externen und internen Kunden gilt es zu fragen: „Was wollen die Kunden von uns, von unserem Bereich oder unserer Abteilung?“

Diese Bedarfe gilt es im Anschluß zu bündeln und zu sortieren und auf Überschneidungen, auch mit Kundenbedarfen an andere Abteilungen, zu prüfen und ggf. zu bereinigen. Der Nutzen der Kundenidentifikation liegt in der:

- Kundenorientierung als Arbeitsbasis.
- Klärung der Bezugspunkte und der Verwertungszusammenhänge der Arbeitsergebnisse.
- Herstellung des Kundenbezuges und Identifikation mit dem Kunden.
- Klärung der Ausgangs- und Endpunkte der Geschäftsprozesse.
- Klärung von Überschneidungen im eigenen und mit anderen Bereichen.

Schritte zur Kundenidentifikation

- Das Verständnis Kundenbedarfe sind Ausgangspunkt von Prozessen.
- Eine repräsentative Auswahl von externen und internen Kunden werden aufgelistet.
- Nach der Kundenauflistung wird eingetragen, welche Bedarfe die Kunden an uns herantragen.
- Prüfung auf Überschneidungen im eigenen Bereich und mit anderen Bereichen, ggf. Erarbeitung von Vorschlägen, die Erfüllung bestimmter Bedarfe zu verlagern.
- Identifikation von solchen Bedarfen, die regelmäßig und dauerhaft auftreten und deren Kennzeichnung als Ausgangspunkt von Kerngeschäftsprozessen.

7.5.3 Analyse und Optimierung der Kernprozesse

Kernprozesse dienen der Befriedigung der Kundenbedarfe. Kernelement einer Bereichsentwicklung stellt die Analyse der Geschäftsprozesse dar. Sie besteht aus Ketten von Arbeitsschritten, in denen die im vorangehenden Schritt identifizierten Bedarfe der Kunden abgearbeitet werden. Die Analyse ist anzuwenden auf häufig auftretende Kundenbedarfe (Standardprozesse).

Methodisch wird zunächst der Ist-Ablauf in Form eines Flußdiagramms abgebildet. Ausgangs- und Endpunkt ist der externe oder interne Kunde mit einem Bedarf (Kreisdarstellungen), dessen Befriedigung (Endpunkt) zu erreichen ist. Dazwischen liegen Handlungen und Aktivitäten (Kästchendarstellung) und Entscheidungen (Rautendarstellung) (vgl. Anhang 6).

Die nachfolgende Optimierung der Prozesse erfolgt in zwei prinzipiellen Schritten:

1. Prozeßoptimierung:
   Zu dem analysierten Ist-Ablauf sind die Prozeßschritte mit einem Störpfeil zu markieren, die häufiger mit Störungen behaftet sind oder als Schwachstellen zu gelten haben. Diese Problemstellen sind nachfolgend einer systematischen Problemlösung zu unterziehen.
2. Prozeßreorganisation:
   Bei der Ist-Analyse der Prozesse wird in der Regel deutlich, welche Prozeßschritte nicht durch einen Kundenbedarf ausgelöst oder auf dessen Befriedigung gerichtet sind. Sie sind nicht wertschöpfend, also Blindleistungen ohne erkennbaren Kundennutzen und deshalb zu eliminieren. Erkennbar wird oft auch, daß Konstellationen und Abfolgen von Prozeßschritten zu umständlich und deshalb zu verschlanken sind; Reorganisation hin zu schlanken Prozessen.

Ist-Analyse und Soll-Prozeß sollten prinzipiell ohne Berücksichtigung von Bereichs- und Abteilungsgrenzen angelegt sein. Maßgeblich ist der Punkt, an dem ein Kundenbedarf seinen Ausgangspunkt nimmt. Wenn zwischen den Prozeßschritten Abteilungsgrenzen, also Schnittstellen, liegen, dann sollte die Reorganisation darauf gerichtet sein, diese Abteilungsgrenzen aufzuheben. Idealerweise sollte ein Prozeßverlauf angestrebt werden, dessen Abwicklung von Anfang bis Ende in der Verantwortung eines Teams liegt, ohne Schnittstellen. Dieses Team hat sich dann selbst zu organisieren und, da es für eine gut definierte Aufgabe ganzheitlich verantwortlich ist, kann es relativ problemlos an seiner Leistung gemessen werden.

Der Nutzen der Prozeßanalyse liegt in der Schaffung von Transparenz in der Ist-Schrittfolge bei der Abwicklung eines (Standard) Kundenbedarfs. Prozeßstörungen und Schwachstellen und horizontale und vertikale Schnittstellen lassen sich so identifizieren. Mit der Reorganisation der Prozeßkette zu einer schlanken Soll-Abwicklung ohne Schnittstellen legt man die Basis für die Bildung von prozeßkonformen Arbeitsteams mit Ergebnisverantwortung.

Schritte der Prozeßanalyse

1. Bildung eines Prozeßanalyse-Teams, bestehend aus einem repräsentativen Kreis der betroffenen Mitarbeiter und Angehörigen des Kernteams.
2. Workshop (ca. 1 Tag) - Hilfsmittel: Moderationsmaterialien, Pinnwände:
   - Identifizieren der Kernprozesse.
   - Deklinieren der Schrittfolge der Abarbeitung des Kundenbedarfs.
   - Identifizieren der Abteilungen/Organisationseinheiten, die bisher für die einzelnen Schritte verantwortlich waren.
   - Identifizieren von Schwachstellen und häufig auftretenden Störungen in den einzelnen Prozeßschritten (zu deren weiterer Bearbeitung s. Abschnitt 7.5.6 Qualitätszirkel).
   - Sofern notwendig: Entwickeln neuer Prozeßverläufe nach den Prinzipien Wertschöpfung für den Kunden und Schnittstellenvermeidung (vgl. Beispiel im Anhang 9).
3. Abstimmung der reorganisierten Prozesse mit Management, Kernteam und Betroffenen.
4. Bildung von prozeßkompatiblen Teams mit den notwendigen Qualifikationen und Kompetenzen.

7.5.4 Indikatoren für Prozeßeffizienz und Zielformulierung

Effiziente Arbeit kann nur dann geleistet werden, wenn es eine klare Orientierung und Ausrichtung für das Denken und Handeln gibt (s.o. Absatz 7.5.1). Zusätzlich zu dieser breit angelegten und längerfristigen Wegweisung bedarf es zusätzlicher Ziele, die in kürzeren Fristen zu erreichen sind.

Ziele ergeben sich aus drei Bezügen:

1. der Zielkaskade: Das Zielsystem des Unternehmens übersetzt die Vision in operative kürzerfristige Marksteine. Es ist als Kaskade angelegt. Auf der Managementebene werden die Unternehmensziele formuliert, sie brechen sich mit zunehmendem Konkretisierungsgehalt in Bereichs- und Abteilungsziele herunter. Die Abteilungsziele differenzieren sich in Arbeitsziele für einzelne Personen oder Teams. Zu unterscheiden ist zwischen den Geschäftszielen (Umsatz, Profit, Marge) und den strategischen Zielen: Produktivität, Kosten, Kundenziele, Qualitätsziele, Ziele für Human Ressourcen, etc.
2. den Indikatoren für Prozeßeffizienz: Arbeitsziele als Endpunkte von Prozeßketten: Alle Arbeitsleistungen sollten der Wertschöpfung dienen und innerhalb von Prozeßketten stattfinden, die auf die Erfüllung eines Kundenbedarfs gerichtet sind. Für die Effizienz der Prozeßabwicklung sind Maßstäbe zu entwickeln, Meßkriterien oder Indikatoren für die Leistungserfassung. Legt man auf den Maßstäben Markierungs-

punkte fest, die innerhalb einer bestimmten Zeit zu erreichen sind, so handelt es sich um Arbeitsziele. Beispiel: Zeitdauer (Maßstab) für Auftragsabwicklung bei Produkt x : 3 Tage (Ziel).

3. den Kundenerwartungen: Durch die Ableitung der Prozesse aus dem Kundenbedarf ergibt sich die logische Folgerung, daß sich die Meßgrößen und die auf ihnen festgelegten Ziele auch inhaltlich vom Kunden ableiten. Das sind die Kundenerwartungen, die zu Kriterien und Meßgrößen für die Prozeßeffizienz und schließlich zu Zielen werden. Kundenerwartungen lassen sich einteilen in drei Kategorien (vgl. Abbildung 15): Qualität (des Produktes oder der Dienstleistung), Zeit (Dauer der Leistungserbringung) und Kosten (Preis- Leistungsverhältnis, Einhaltung eines Voranschlages, Abgleich mit dem Mitbewerber).

Als nicht unmittelbar kundenbezogene Meßgröße für Prozeßeffizienz ist die Produktivität zu berücksichtigen, aber auch hier gilt letztlich, ohne Produktivität kann kein Unternehmen existieren und entsprechend kann es dem Kunden dann auch nichts mehr bieten.

Ein gut ausgearbeitetes Zielsystem bringt die genannten Komponenten auf jeder Unternehmensebene und auch zwischen den Unternehmen stimmige Bezüge. Dazu sind die Schritte folgende Schritte notwendig (vgl. Abschnitt 7.1).

1. Das Bereichs- bzw. Abteilungsmanagement leitet Ziele aus den übergeordneten Zielen ab (Zielkaskade).
2. Sie sind auf die Geschäftsprozesse zu projizieren, daraus leiten sich dann Arbeitsziele für Teams oder Einzelpersonen ab.
3. Die Übertragung der Bereichs- bzw. Abteilungsziele in die Arbeitsziele ist in einem Abstimmungsgespräch mit den Beteiligten zu erarbeiten (Zielvereinbarungsgespräch).
4. Die abgestimmten Ziele sind schriftlich zu fixieren und dienen in späteren Stadien der Überprüfung der Zielerreichung und zur Leistungsbeurteilung.

7.5.5 Schwachstellen beseitigen - Probleme lösen

Probleme, was sind das eigentlich? Probleme bezeichnen die Tatsache, daß ein Ist-Zustand nicht dem Soll übereinstimmt. Entsprechendes gilt für Fehler, Schwachstellen oder Störungen. Soll-Ist Abweichungen müssen minimiert werden

- Sie sind das Gegenteil von Qualität und frustrieren die Erwartungen des (internen und externen) Kunden.
- Sie sind teuer und stehen der Kundenerwartungen nach einem möglichst günstigen Preis- Leistungsverhältnis für ein Produkt oder eine Dienstleistung entgegen.
- Sie kosten Zeit und beeinträchtigen die Kundenerwartung nach Termintreue und kurzer Durchlaufzeit.

Soll-Ist Abweichungen treten jedoch immer und überall auf und sind zunächst fast normal. Es ist allerdings auch selbstverständlich, daß wir bemüht sein müssen, Probleme abzustellen, Schwachstellen und Störungen zu beseitigen und Fehler zu vermeiden. Für eine effiziente Problembearbeitung existieren zwei Ansätze:

1. Prävention: der Versuch, das Auftreten von Problemen, Störungen oder Fehlern durch geeignete Maßnahmen im Vorfeld einzuschränken. Methodisch empfehlen sich dazu:
   - Planung, Systematisierung und Standardisierung von Arbeitsschritten nach dem KISS (Keep It Simple and Stupid) Prinzip.
   - FMEA - Durchführung einer Fehler-, Möglichkeits- und Einfluß Analyse, d.h. Prüfung eines Arbeitsprozesses auf mögliche fehlerverursachende Einflüsse und deren Eliminierung.
2. Systematische Problembearbeitung: aufgetretene Fehler werden nach einer standardisierten Systematik (Problemlösezyklus) bearbeitet und einer Lösung zugeführt: Problemdefinition, Problembeschreibung, Problemanalyse, Lösungsfindung, Aktionsplan.

Wichtig ist in jedem Fall eine Analyse der Fehlerarten. Schnittstellenprobleme, wie etwa Informationsverlust oder zu lange Wartezeiten müssen anders behandelt werden (Optimierung der Prozeßkette) als Maschinenstörungen (Präventiv- Wartung z.B.).

Die Voraussetzung für eine effiziente Fehlerprävention und Problembewältigung liegt in einem entsprechenden Arbeitsklima. Wo Angst und Unsicherheit herrscht und bei Fehlern Schuldzuweisungen vorkommen werden Fehler vertuscht. Dort, wo eine gute Zusammenarbeit gepflegt wird, analysiert man gemeinsam die Probleme und sucht nach Lösungen und lernt aus den Fehlern (zu Schritten, Maßnahmen und Werkzeugen der Qualitäts- und Produktivitätssteigerung und Problemlösemethoden: vgl. o. V. Memory Jogger 1987).

7.5.6 Problemlöse-Teams: Schule für Organisationsentwicklung

Qualitätszirkel als Oberbegriff für Kleingruppenaktivitäten (vgl. SCHULER 1993, S. 383) haben heutzutage in fast jedem Unternehmen einen festen Platz (vgl. Kapitel 4). Ihre Arbeitsergebnisse können nicht nur eine außerordentliche Wirkung auf die Produkt- und Prozeßqualität haben, sondern sie stoßen Lernprozesse an und sind ein sanfter Motor für die Entwicklung des Unternehmens. Wenn es darum geht, in einem Bereich Teamarbeit einzuführen, ist die Qualitätszirkel (Projekt-) Arbeit eine hervorragende Schule, insbesondere für zukünftige Vorgesetzte in einer Teamorganisation.

Qualitätszirkel sind frei in der Aufgabendefinition bzw. der Entscheidung welchen Problemen sie sich zuwenden. Arbeitskreise übernehmen dagegen definierte Aufgaben. Wichtig ist in beiden Fällen, daß die Problembearbeitung nicht von der Umsetzung der Lösungen getrennt wird. Es ist in diesem Sinne beiderseitig eine Aufgabe des Managements wie des Teams, sich beständig miteinander zu verzahnen, damit die Bearbeitung und die Umsetzung der Lösungen nicht durch Kompetenzrangeleien belastet wird.

8 Fazit

Radikale Änderungen sind notwendig, wenn das Potential an Humanressourcen den Anforderungen der Zukunft und neuer Märkte gewachsen sein soll. Hohe Leistungsfähigkeit und Kundenorientierung bieten den Schlüssel zum Erfolg. Das erfordert aber nicht nur einen tiefgreifenden Wandel der Arbeits- und Unternehmensorganisation sondern wirkt sich auch nachhaltig auf Weiterbildung und Lernprozesse in den Unternehmen aus.

Das Schicksal der Unternehmen und damit der Arbeitsplätze sowie der dort Beschäftigten kann nicht in der alleinigen Verantwortung von Vorständen und Führungskräften verbleiben, die eifrig daran arbeiten, notfalls auf Kosten des Unternehmenserfolges, ihre Position zu festigen und kräftig in die eigene Tasche zu wirtschaften.

Der Weg aus den dargestellten Problematiken führt über die doppelte Schiene der Personal- und Organisationsentwicklung (PE und OE). Diese beiden Begriffe können heute als Kristallisationspunkte einer modernen zukunftsgerichteten Unternehmenspolitik angesehen werden, die sich im Konzept des lernenden Unternehmens bündelt. Die lernende Organisation bietet einen konzeptuellen Rahmen für die zukünftige Organisation. Sie geht von der Grundidee aus, daß Lernen ausschlaggebend für den Erfolg ist. Die Organisationen müssen lineares Denken durch ganzheitliches Erfassen ersetzen. Eine zentrale Bedeutung in der Vorbereitung, Begleitung und Beschleunigung der anstehenden Veränderungsprozesse wird dabei zweifellos dem Bereich der betrieblichen Weiterbildung mit einer vorgeschalteten Bildungsbedarfsanalyse zukommen.

Eine lernende Organisation hat eine Zukunftsvision, in der die Aus- und Weiterbildung ihrer Mitglieder nicht alleine den peinlich genau von oben definierten Zwecken der Organisation dient. Räumt die Organisation ihren Mitgliedern ein, diese erweiterte Rolle auszufüllen, so beinhaltet das Auswirkungen auf die Führungsrolle, die Entscheidungsprozesse, das eigenverantwortliche Handeln und dessen Ergebnisse.

Alle Managementkonzepte ebenso wie PE und OE stellen das Potential der einzelnen Mitarbeiter in den Vordergrund. Ihre Kreativität und Bereitschaft zum Engagement für die Ziele des Unternehmens gilt es, nutzbar zu machen. „Das Gold ist in den Köpfen der Mitarbeiter“ zu schürfen, um brachliegende menschliche Ressourcen zu fördern. Unternehmen, die „auf der

Suche nach Spitzenleistungen" (PETERS/WATERMAN 1991) sind, brauchen Mitarbeiter, die selbstbewußt und unabhängig in einer angstfreien und experimentierfreudigen Atmosphäre nach Lösungswegen suchen. Der einzelne Mitarbeiter ist der unmittelbare Spezialist des Arbeitsplatzes. Niemand weiß besser als er, welche Schwachstellen und Probleme die tägliche Arbeit aufwirft. Nur mit der Einbringung seiner Bedarfe, seiner Bereitschaft und seiner Zustimmung und letztendlich seinem Tun lassen sich Veränderungen am Arbeitsplatz erfolgreich installieren. Führungskräfte und Mitarbeiter sitzen folglich im selben Boot, das nur gemeinsam gesteuert werden kann.

Die Bereitschaft zur Übernahme von Verantwortung und zur Mobilisierung des kreativen Potentials bedürfen einer entsprechenden Atmosphäre des Vertrauens. Diese Umfeldbedingungen für die Organisationsmitglieder zu schaffen, stellt die herausragende Anforderung an das Management dar. Der moderne Manager sieht sich nicht als unumschränkter Herrscher eines kleinen Imperiums, sondern wirkt als Dienstleister einer tätigen Belegschaft, die durch ihre Produktivität letztlich ihren und seinen Arbeitsplatz bezahlt und sichert. Daß es in diesem Zusammenhang von elementarer Wichtigkeit ist, mit flexiblen Organisationsmodellen auf die individuellen Bedürfnisse und Lebenssituationen der Mitarbeiter einzugehen, versteht sich von selbst. In einer Umgebung, die die Individualität der einzelnen akzeptiert und Fehler bzw. Mißerfolge als Lernchancen für notwendige Schritte auf dem Weg zu neuen und innovativen Wegen anerkennt, liegt die Chance einer auf grundlegenden menschlichen Werten aufgebauten Unternehmenskultur.

Das erfordert die Bereitschaft der Führungsriege, von ihrer Macht und ihrem Einfluß abzugeben. Hier liegt auch ein wesentlicher Veränderungsbedarf. Der Druck auf vielen Unternehmen lastet mittlerweile so hoch, daß die Veränderungsbereitschaft in den Führungsetagen spürbar angestiegen ist und erste Notoperationen durchgeführt wurden. Oft werden überstürzt Managementtechniken, wie BPR, Lean Management, Kaizen, TQM, die in ihrer Konzeption durchaus die Chance zu einer umfassenden und dauerhaften Veränderung des Unternehmensgefüges tragen, mit erheblichem Aufwand ohne nennenswerte Erfolge eingeführt.

PE und OE sind aber keine zufälligen oder spontanen Maßnahmen. Sie verstehen sich als geplante Prozesse, die ein selbst gestecktes Ziel verfolgen, langfristig angelegt sind und in ständiger Selbstreflexion ihren eigenen Entwicklungsstand überprüfen.

Bereits in den Ausführungen zu den Kompetenzbereichen wurde deutlich, daß persönliche Einstellungen in der Persönlichkeit des Menschen verankert sind und leider auch wider besseres Wissen lange überdauern können. Dementsprechend ausdauernd und sorgfältig geplant müssen die Bemühungen sein, um Veränderungsbereitschaft und -fähigkeit bei Führungskräften und Mitarbeitern im beschriebenen Sinne herbeizuführen. Gerade hierin stecken sowohl Herausforderung als auch die Chance für die betriebliche Weiterbildung, sich als strategisches Instrument im immer dichter werdenden Netz des marktwirtschaftlichen Wettbewerbs zu etablieren.

Das BIBB (Bundesinstitut für berufliche Bildung in Berlin) hat festgestellt, daß die sogenannte Anpassungsfortbildung mit über 50% noch immer den größten Teil der beruflichen Weiterbildung für sich beansprucht. Anpassen bedeutet, auf Veränderungen kurzfristig reagieren zu können, Soll-Ist Abweichungen, wo sie auftreten, zu beheben und Schritt zu halten mit den technologischen Neuerungen. Weiterbildung auf diesem Gebiet ist zweifellos wichtig und darf auch in Zukunft keinesfalls vernachlässigt werden. Für die anstehenden Veränderungsprozesse umfaßt die strategische Weiterbildung darüber hinaus die sorgfältig ausgearbeiteten Qualifizierungskonzepte, die längerfristig angelegte Entwicklungen vorbereiten, begleiten und stabilisieren sollen.

Um das enorme Potential für Problemlösungen in den Organisationen nutzbar zu machen, bedarf es entsprechender Rahmenbedingungen. Eine wesentliche Rolle wird in diesem Zusammenhang spielen, ob es gelingt, eine funktionierende „Teamarbeit“ ins Unternehmenskonzept zu integrieren. Teams arbeiten aber keineswegs von alleine erfolgreich zusammen. Effektive Gruppenarbeit ist ein Entwicklungs- und ein Lernprozeß, der viel Zeit und Geduld erfordert und den Teilnehmern ein Maximum an sozialer Kompetenz abverlangt. Nur wenn sich jeder mit seinen „Sichtweisen“ einbringen kann, ist Teamarbeit Erfolg beschieden. Nicht ohne Grund arbeiten erfolgreiche Qualitätszirkel nach bestimmten (auch selbstbestimmten) Regeln und übertragen die Leitung ihrer Treffen einem Moderator, der den Diskussionsprozeß im Sinne einer konstruktiven Lösungsfindung unterstützt. Solche Formen fruchtbarer Zusammenarbeit anzustoßen und bis zur praktischen Umsetzung zu begleiten, ist zentrale Aufgabe der betrieblichen Weiterbildung, Personal- und Organisationsentwicklung.

Die Anforderungen an die Trainer, Berater und Dozenten und ihre Methoden wandeln sich fundamental. Sie können nicht länger nur Spezialist für den zu vermittelnden Lerngegenstand sein, sondern müssen über ein weites Repertoire an didaktischen und persönlichen Fähigkeiten verfügen, das es ihnen ermöglicht, situationsgerecht auf die Bedürfnisse der Lernenden einzugehen. Wenn Gruppenarbeit beispielsweise als Instrument zur Unterstützung von Veränderungsprozessen angesehen wird, dann müssen die dazugehörigen Qualifizierungsmaßnahmen auch ausreichend Gelegenheit zur Reflexion der neuen Gruppenkonstellation anbieten. Die Anwendung und Darstellung des Gruppenarbeitskonzeptes durch die Trainer und Berater quasi live in moderierten Problemlösegruppen unterstreicht mit den erzielten Gruppenergebnissen die Tragfähigkeit und Mitarbeiterorientierung des Konzeptes. Theoretische Abhandlungen in Seminar- und Vortragsform leisten in dieser Situation nur einen wenig verwertbaren Beitrag. Denn:

- gehört ist noch nicht verstanden,
- verstanden noch nicht einverstanden,
- einverstanden noch nicht ausprobiert
- ausprobiert noch keineswegs beibehalten,

und

- damit in das Verhaltensrepertoire übernommen.

Wenn sich die Auseinandersetzung mit dem Konzept der Gruppenarbeit nicht im Seminar sondern in der beruflichen Realität abspielt, folgt ein professionelles Transfermanagement quasi automatisch, da die Problemlösungen oder Beschlüsse Teil der Gruppenarbeit sind und direkt umgesetzt werden können. Die Trainer, Moderatoren bzw. Dozenten der neuen Generation werden sich daher immer häufiger mit den spezifischen betrieblichen Strukturen befassen müssen, um die Ausgangslage der Weiterbildungsteilnehmer richtig einschätzen zu können und sie bei der Lösung ihres Problems zu unterstützen.

Bei systemischer Betrachtungsweise wird die Organisation als Teil eines komplexen Gefüges sozialer Einheiten gesehen. Die Austauschbeziehungen zwischen der Organisation und der Umwelt rücken in den Mittelpunkt des Interesses. Es gilt, diese Außenbeziehungen in Form von Teams und Projekten zu intensivieren und Indikatoren zu entwickeln, um diese Einflüsse wahrzunehmen, sie zu verarbeiten und umzusetzen. Die Kontakte zur Umwelt wurden in der klassischen rationalen Linienorganisation durch die Unternehmensspitze gewährleistet. Im Sinne einer offenen Organisation sollen in der Projekt- oder Teamorganisation möglichst viele Einheiten den Kontakt zur Umwelt halten. In der Team- und Projektarbeit werden die Einflüsse reflektiert, selektiert, bearbeitet und umgesetzt.

Das Umwandeln von Außenimpulsen im Innern der Organisation setzt voraus, daß die Außenwelt intern auch kommuniziert und nachvollzogen werden kann und zugleich die Unternehmensidentität erhalten bleibt. Projekte sind der Versuch, mit neuen Außenimpulsen intern zurechtzukommen. Dieser interne Verarbeitungsprozeß funktioniert nach spezifischen, vom Außenimpuls unabhängigen Mustern entsprechend der Kultur des Unternehmens (vgl. LUHMANN 1996, „Autopoesie").

Die Entwicklung dieses offenen Ansatzes als Organisationsmodell ist noch nicht abgeschlossen. Er hat seine geistigen Wurzeln in den Denkrichtungen der Ökologie, der Kybernetik und der Systemtheorie, deren hier allgemeine Version z.B. durch VESTER (1993) und CAPRA (1991), und deren sozialwissenschaftliche Form z.B. durch LUHMANN (1996) bekannt geworden sind. Die Organisationsmodelle des traditionellen (Taylor) dem offenen Modell sowie alle dazwischenliegenden Mischformen können als unterschiedliche Sichtweisen von Organisation aufgefaßt werden.

In der Unternehmenspraxis finden sich zahlreiche Beispiele, die den Skizzen der Organisationsmodelle entsprechen, sowie zahlreiche Zwischenformen und Kombinationen. Gerade öffentliche und soziale Dienstleistungseinrichtungen stimmen häufig mit dem rationalen Modell überein. Erfahrungen mit Organisationen zeigen, daß für jedes Ziel unter den jeweils gegebenen Rahmenbedingungen die passende Organisationsform in Maßarbeit entwickelt werden muß. Es existiert kein Patentrezept und keine Übertragbarkeit von einem auf einen anderen Bereich, weil die Entwicklung einer Organisationsstruktur Bezug nehmen muß auf die Ziele der Organisation, die subjektiv und objektiv wirksamen Legitimationsformen, die Standardisierung bzw. Standardisierbarkeit der Prozesse, die konkreten organisationsinternen und externen Rahmenbedingungen der Organisation.

Damit kommen Übertragungen nicht in Betracht und Verallgemeinerungen sind nur sehr begrenzt möglich. Im Einzelfall geht es jeweils darum zu prüfen, welche Veränderungen und Modifikationen an einer vorgegebenen Organisationsstruktur vorgenommen werden müssen, um den jeweiligen konkreten Bedingungen vor Ort gerecht zu werden. Bestehende Organisationsstrukturen können aber als Vorbilder, Modelle und Anregungen dienen. Will eine Organisation sich entwickeln und verändern, bedarf es stets einer Maßanfertigung für die konkrete Bedingungskonstellation.

Organisationsstrukturen sollten für künftige Entwicklungen offen sein, d.h. sie sollten so entwickelt werden, daß Neuerungen und Änderungen möglich bleiben oder gezielt herbeigeführt werden können. Zugleich bedeutet aber eine Entscheidung, daß andere Entscheidungen für die Zukunft ausgeschlossen werden. Wer einen Markt einmal aufgegeben hat, kann ihn später kaum mehr zurückerobern.

Der rasche gesellschaftliche Wandel verschiebt die Blickrichtung von der statischen auf die dynamische Betrachtungsweise, von der Struktur auf den Prozeß. Damit verändern sich Rolle und Funktion des Managements ganz massiv. Management in sich schnell wandelnden Umwelten könnte dann bedeuten:

- Einsatz indirekter Steuerungsformen, d.h. Impulse setzen,
- Förderung der Selbstbeobachtung,
- Selbstorganisation, der Know-How-Träger unterstützen.

Das setzt beim Management neue Fähigkeiten voraus, das eigene Handeln in seiner vernetzenden Wirkung und Rückwirkung abschätzen zu können, und die Fähigkeit, diese Wahrnehmung in seiner Führungsfunktion, als Coach, als Teamentwickler und Moderator in Handlung umzusetzen.

Damit verschiebt sich auch der Schwerpunkt der Berater und Trainer, von den Regeln der Organisation auf die Regeln des Organisierens (vgl. Abschnitt 3.7 im Kapitel 3).

Will ein Unternehmen den hohen Anforderungen an Flexibilität und Qualität mit Hilfe einer Reorganisation seiner Strukturen und Prozesse gerecht werden, so bildet seine „Lernfähigkeit" den entscheidenden Faktor.

1. In den modernen Unternehmen weist eine solche Reorganisation vier Aspekte auf:
   - Dezentralisierung von Entscheidung, Verantwortung;
   - Funktionsintegration am Arbeitsplatz, Integration von „Kopf- und Handarbeit";
   - Wegfall hierarchischer Strukturen und Übernahmen der Rolle des Moderators, Beraters und Tutors seitens der Führungskräfte;
   - Vernetzung statt zentraler Kontrolle.
2. Eine lernende Organisation präferiert folgende Werte und Prinzipien:
   - eine gemeinsame Vision

- gegenseitige Abhängigkeit und Partnerschaft
- Weisheit und Intuition
- Selbsterkenntnis und Kommunikation
- wirtschaftlichen Erfolg und Planung

3. In der lernenden Organisation steht das Lernen der Organisation im Mittelpunkt.
4. Der Lernprozeß ist kontinuierlich statt intermittierend, ganzheitlich statt zergliedert, problem- und situationsorientiert, (MÜNCH 1995, S. 85) und bezieht möglichst viele Mitarbeiter des Unternehmens und nicht nur die Führungskräfte mit ein.
5. Die lernende Organisation bettet die Unternehmensstrategie, -struktur und -kultur in ein globales Lernsystem ein. Die Managemententwicklung wird zu einem Selbstlern- und Selbststeuerungsprozeß.
6. Die lernende Organisation integriert informelle Lernprozesse, um das kreative Potential der Mitarbeiter zu erschließen.
7. Die Arbeitsorganisation muß auf Gruppen- und Teamarbeit ausgelegt sein.
8. Die Änderung des Führungsstils bedeutet ein radikales Umdenken seitens des unteren und mittleren Managements. Dieses muß dem Lernen den gleichen Stellenwert beimessen wie dem Arbeiten.
9. Die Integration von Arbeiten und Lernen hebt das Niveau und die Bedeutung von Qualifikationen. Die Innovation von Arbeitsprozessen und -abläufen ist eine unvermeidliche Konsequenz und mündet in eine aufwärts führende Spirale von Lernen und Arbeiten.
10. Dank der Integration von Arbeits- und Lernprozessen läßt sich das Transferproblem mindern. Externe Weiterbildung sollte als Ergänzung nur in Kombination mit Formen des Lernens am Arbeitsplatz stattfinden.
11. Die lernende Organisation nutzt das Konzept von Qualitäts- und Lernzirkeln für das Individuum, den Arbeitsplatz, die Abteilung und das Gesamtunternehmen.
12. Im Hinblick auf die Prinzipien des selbstgesteuerten Lernens muß sich die Rolle des Trainers, Ausbilders und der Personalabteilung einem radikalen Wandel unterziehen.
13. Beratung wird eine der Hauptaufgaben des „neuen" Trainers. Die Beratung umfaßt Bildungsbedarfsanalyse, Konzeptentwicklung, Lernmethodologie und Evaluation der Weiterbildungsresultate. Ausbildung und Anleitung von Lernberatern, Multiplikatoren und Moderatoren aus den Fachabteilungen sind weitere wichtige Aufgaben in ihrer neuen Rolle als Lernprozeßmanager.
14. Die Lernerfordernisse des einzelnen beruhen auf einem Bildungsbedarf. Lerninhalte, -methoden und -organisation werden aus den Arbeitsplatzerfordernissen abgeleitet und haben deren Erfüllung zum Ziel.
15. Die lernende Organisation ist ein Konzept zur dynamischen, flexiblen und fundierten Entwicklung der Humanressourcen.

Es wurde viel über Wandel, Change, Veränderungen und Prozesse geschrieben und oft waren damit die Menschen gemeint. Viele Führungskräfte, aber auch Weiterbildner, Trainer und Berater, sind immer noch der Ansicht, sie könnten Menschen ändern und an geänderte Bedingungen anpassen. Gleichgültig mit welchem hochgesteckten Zielen und Absichten sie das versuchen, sie werden scheitern. Menschen sind keine trivialen Maschinen, die sich auf Knopfdruck bewegen. Der Mensch ist zwar durch externe Einflüsse zu beeinflussen, aber eben nicht steuerbar. Der Mensch verändert sich nur, wenn er es selbst will. Es bedeutet eine unendliche Ressourcenverschwendung, Menschen an wie auch immer geartete Erwartungen anpassen zu wollen. Menschen sind wie sie sind. Daraus lassen sich aber die Konsequenzen ziehen für die Rahmenbedingungen in den Organisationen, ihre Einsatzbedingungen und Leistungsmöglichkeiten. Ein Erfolgsfaktor für das ganze Engagement der Organisationsmitglieder wird in den Zielvereinbarungen gesehen. Menschen machen die Dinge gut, die sie machen wollen, worin sie einen Sinn sehen. Wenn sich Organisationsmitglieder einbezogen fühlen und es auch sind, werden sie qualitativ gut ihre Aufgaben erfüllen, denn es sind ihre Aufgaben, mit denen sie einverstanden sind. Es geht um Commitment, nicht um Anpassung. Alle Sichtweisen und Meinungen sind unter Partnern verhandelbar, doch dazu muß der Mitarbeiter von der Führungskraft auch als Partner und nicht als Erfüllungsgehilfe seiner Überzeugungen akzeptiert werden. Tragfähigkeit besitzen nur solche Vereinbarungen, in die die Partner mitbestimmend einbezogen werden und denen sie voll zustimmen, auch wenn das Ergebnis der Vereinbarung einen Kompromiß beinhaltet. Vereinbarungen sollten schriftlich fixiert und unter allen Umständen eingehalten oder neu verhandelt werden. Damit haben die Verhandlungspartner die volle Verantwortung und die volle Selbstbestimmung über ihr Handeln.

Ein interessantes Beispiel für Verantwortung und Selbstbestimmung von Mitarbeitern im Unternehmen beschreibt R. Semler in seinem Buch (SEMLER, 1994). Bei SEMCO legen die Mitarbeiter ihre Produktions- und Einsatzpläne selbst fest. Es gibt keine Vorgesetzten und Führungskräfte. Alle Mitarbeiter können die Finanzdaten einsehen und bei allen wichtigen unternehmerischen Entscheidungen mitbestimmen. Die hierarchische Unternehmensstruktur wurde zugunsten von Partizipation und Mitbestimmung auf allen Ebenen abgeschafft. Das bemerkenswerte daran ist, der Sitz von SEMCO befindet sich in Brasilien.

Wenn der Geist auf ein Ziel gerichtet ist,
kommt ihm vieles entgegen.

JOHANN WOLFGANG VON GOETHE

Begriffsklärungen

Analyse Zerlegung einer Ganzheit in die sie begründenden Teile. Nach DORSCH (1994, S. 32) „das notwendige methodische Vorgehen zur Erkenntnisgewinnung, um in Zusammenhänge einzudringen, die als einheitliche Erscheinung auftreten."

Autopoiesis (Selbstreproduktion): „Ursprünglich eine biologische Kategorie zur Definition der selbstreproduzierenden Operationsweise lebender Systeme. Der Begriff bezeichnet in der Systemtheorie eine Organisation der Operationen eines Systems, durch welche alle Elemente eines Systems durch die selektive Verknüpfung der Elemente dieses Systems erzeugt werden. Der Begriff impliziert, daß nur das System selbst seine Elemente erzeugen kann und in der Tiefenstruktur seiner Selbststeuerung von seiner Umwelt unabhängig ist" (WILLKE 1996, S. 262; vgl. HILLMANN 1994, S. 63/64).

Bedarf wird verstanden als Wahrnehmung und Artikulierung eines aktuellen Zustandes (Problem, Mangel, Abweichung) von einem gewünschten (zukünftigen, erstrebenswerten) Zustand ohne Bewertung durch den Aufnehmenden. Diese Sicht deckt sich partiell mit der Bedürfnisdefinition.

Bedürfnis „der Zustand eines Mangels, des Fehlens von etwas, dessen Behebung verlangt wird. Bedürfnis ist der Ausdruck dessen, was ein Lebewesen zu seiner Erhaltung und Entfaltung notwendig braucht. In der Psychologie ist Bedürfnis das, mit dem Erlebnis eines Mangels und mit dem Streben nach der Beseitigung dieses Mangels (der Befriedigung) verbundene Gefühl. Die Abgrenzung von Bedürfnis, Trieb und Motiv ist unscharf (vgl. DORSCH 1994, S. 91).

Bildung Pädagogisch besteht über den Grundbegriff Bildung kein Konsens. Dem Bildungsbegriff wird zum Teil der Begriff der Erziehung über, zum Teil untergeordnet (vgl. GEORG u.a. 1991, S. 58-59). In der Gegenwart unterscheidet man materiale, formale, kategoriale und dialogische Bildungstheorien (vgl. DORSCH 1994, S. 116).

Psychologisch meint Bildung das Verfügen über Verhaltensweisen und Einstellungen, die Leistungen hervorzubringen sowie Veränderungen herbeizuführen vermögen. Kriterium der Bildung in diesem Sinne ist richtiges, d.h. in sich widerspruchsfreies und der Wirklichkeit adäquates kognitives Verhalten.

Materiale Bildung erschließt objektive Kulturinhalte, die als an sich wertvoll angesehen werden.

Formale Bildung verwendet Inhalte, um der allseitigen Ausbildung der Funktionen des Menschen willen (**funktionale** Bildung) und als Material zum Erlernen von Methoden (**methodische** Bildung). der

Kategoriale Bildung, die vermittelnde und diesen Gegensatz überwindende Theorie, geht vom Wechselbezug von Gegenstand und Selbsterkenntnis aus.

Dialogische Bildung vom Sich-Auslegen der Bildung in Sachlichkeit und Menschlichkeit.

Bildungsbedarfsanalyse ist ein Oberbegriff für spezielle Methoden zur Ermittlung der Ziele, - Aufgaben und Methoden für Maßnahmen zur Aus- und Weiterbildung). Die Bildungsbedarfsanalyse ist der erste wichtige Schritt bei der Planung und Entwicklung von Bildungs- oder Trainingsprogrammen. Oft basiert die Bildungsbedarfsanalyse auf einfachen schriftlichen oder mündlichen Befragungen potentieller Teilnehmer und Teilnehmer sowie deren Vorgesetzter. Im Rahmen umfassender Konzepte der Personalentwicklung und Organisationsentwicklung können in eine Bildung auch Verfahren der Organisationsanalyse integriert werden.

Business Process Reengineering (BPR) ist fundamentales Überdenken und radikales Redesign von Unternehmen oder Unternehmensprozessen. Das Resultat sind Verbesserungen um Größenordnungen in entscheidenden, heute wichtigen und meßbaren Leistungsgrößen in den Bereichen Kosten, Qualität, Service und Zeit.“ (HAMMER/CHAMPY, 1994, Seite 48).

Business Process Reengineering (BPR) ist eine ganzheitliche Methode zur Konzentration auf die betrieblichen Kernprozesse, in deren Mittelpunkt die konsequente prozeßorientierte Neugestaltung der betrieblichen Ablauforganisation steht. Die Analyse und konsequente Restrukturierung betrieblicher Abläufe als Antwort auf ein dynamisches turbulentes Unternehmensumfeld, vor dem Hintergrund des Wandels im unternehmerischen Umfeld, kürzer werdenden Produktlebenszyklen und dem Zwang der Unternehmen in zunehmend vernetzteren Wirtschaftsräumen agieren und reagieren zu müssen.

DIN ISO 9000 ff Normenreihe der „International Organisation for Standardisation“. Sie ist produktunabhängig und gilt heute als Grundlage für die Beurteilung der Qualitätsfähigkeit eines Unternehmens. Entspricht ein Unternehmen den beschriebenen Qualitätskriterien, erhält es ein entsprechendes Zertifikat durch eine unabhängige Prüfungsinstitution.

Evolution selbstorganisierender (autopoietischer) Prozeß, in dem in System-Umwelt-Beziehungen das Maß verarbeitbarer Komplexität gesteigert wird. Evolution hat zumindest drei Aspekte: (WILLKE 1996, S. 262f.)

1. die »äußere« Evolution von Systemen, im wesentlichen gesteuert durch Variation, Selektion und Retention;
2. die »innere« Evolution von Systemen, im wesentlichen gesteuert durch interne Faktoren der Anschließbarkeit und Passung (Kompatibilität) in der systemischen Produktion organisierter Komplexität;
3. die »Co-Evolution« von Systemen und ihren spezifischen Umwelten, im wesentlichen gesteuert durch symbiotische, selbstverstärkende (autokatalytische) und reflexive System-Umwelt-Beziehungen.

Geschäftsprozeß Ein Geschäftsprozeß ist eine Menge von Aktivitäten des Unternehmens, die Ressourcen beanspruchen und darauf gerichtet sind, ein Ergebnis mit (erheblichem) Kundenwert zu erzielen. Es können externe und/oder interne Kunden gemeint sein.

Grenze Einfache biologische Systeme wie Bakterien oder Zellen sind durch Membranen von ihrer Umwelt abgegrenzt. Schwieriger ist die Bestimmung der Grenzen psychischer und sozialer Systeme. Sie können verstanden werden als der Zusammenhang selektiver Mechanismen, die die Kriterien setzen, nach denen zwischen dazugehörigen und nicht dazugehörigen Interaktionen unterschieden wird. Bei Organismen werden diese Grenzen im wesentlichen durch Sinne, beim Menschen im wesentlichen durch Sinn bestimmt (vgl. WILLKE 1996, S. 263).

Kaizen als Japan stammender Begriff, der im Gegensatz zu großen, umfassenden Veränderungen einen Prozeß der kontinuierlichen Verbesserung in kleinen Schritten anstrebt.

Kernprozesse sind Geschäftsprozesse, die für den Geschäftszweck des Unternehmens essentiell sind, d.h., sie beinhalten eine hohe Wertschöpfung oder ein hohes zukünftiges Potential zur Befriedigung der Kundenbedürfnisse und zur Differenzierung von der Konkurrenz.

Komplexität bezeichnet den Grad der Vielschichtigkeit und Vernetzung eines Entscheidungsfeldes. In lebenden Systemen ist Komplexität immer organisierte Komplexität (Weaver), d.h. spezifische Zwänge der ganzheitlichen Organisation des Systems erzwingen unwahrscheinliche Zustände der Selektion und Kombination von möglichen Ereignissen. k komplexer ein System ist, desto trennschärfer sind die differenzierenden Selektionen und desto unbestimmter sind die integrierenden Rekombinationen möglicher Ereignisse im System

Konflikt „Konflikte entstehen aus der Möglichkeit von Alternativen. Je komplexer ein System ist, je mehr Optionen es bereitstellt, desto konfliktträchtiger ist es. In der Folge Reiz-Reaktion ist kein Raum für Konflikte. In der Auseinandersetzung zwischen komplexen Systemen in komplexen Umwelten werden Konflikte dagegen zu einem wesentlichen Moment. Konflikte entstehen in komplexen Systemen auf der Input-Seite über die Frage, was relevant sei und was nicht; auf der Output-Seite über die Frage, welche der möglichen Handlungsoptionen vorzuziehen sei; und innerhalb des Systems über die Frage der optimalen Verknüpfung möglicher Selektionen und möglicher Produktionen" (WILLKE 1996, S. 264).

Kontingenz „bezieht sich auf die einem System in einer bestimmten Situation zur Verfügung stehenden Operationsalternativen. Sie bezeichnet das Maß an Freiheitsgraden der Selbststeuerung: inwieweit ein System so, aber eben auch anders operieren kann. Jedes psychische oder soziale System erfährt also die Kontingenz anderer Systeme als ein Problem mangelnder Erwartungssicherheit; die eigene Kontingenz dagegen erfährt es als Freiheitsgrade und Alternativenspielraum" (WILLKE 1996, S. 264).

Lean Management schafft ganze Ebenen der Hierarchie im Betrieb ab und setzt auf die Kooperation der Mitarbeiter. Das Konzept strebt größtmögliche Nähe zu Kunden und Absatzmärkten an. Bei der Einführung dieser Strategie kommt es häufig zu Entlassungen im mittleren Management.

Linienorganisation bedeutet die straffe Organisation eines Betriebes, bei dem von der Unternehmensleitung über Zwischenvorgesetzte ein direkter Befehlsweg bis zum einzelnen Mitarbeiter besteht (direktive Führung).

Organisation Ein soziales Gebilde zur Erreichung gemeinsamer Ziele (Arbeiterbewegung). Im Gegensatz zu „einem betriebswirtschaftlichem Ansatz, dem Organisation als Verfahrenstechnik im Sinne einer auf ein gesetztes Soll hin integrative Strukturtechnik erscheint, bezeichnet Organisation in der Soziologie ein soziales System ... als Gesamtheit aller geplanten und ungeplanten sozialen Prozesse, die drinnen oder in Beziehung zu anderen Systemen ablaufen (HILLMANN 1994, S. 638-639).

Organisationsentwicklung (OE): Langfristig angelegter, organisationsumfassender Entwicklungs- und Veränderungsprozeß von Unternehmungen unter Beteiligung der in ihnen tätigen Menschen. Der Entwicklungsprozeß beruht auf Lernen aller Betroffenen durch direkte Mitwirkung und praktische Erfahrung. Das Ziel besteht in einer gleichzeitigen Verbesserung der Leistungsfähigkeit des Unternehmens (Effektivität) und der Qualität des Arbeitslebens (Humanität).

Organisationslernen Oberbegriff für solche Prozesse, die für die kontinuierliche Entwicklung und Gestaltung von Organisationen, für ständiges Lernen und Optimieren von Arbeitsvollzügen, Planungs- und Ablaufprozessen konstitutiv sind (vgl. JÜRGENS/NASCHHOLD 1994, S. 267).

Organisationswandel „Ein besonderes Problem stellt der organisatorische Wandel dar. Jede Organisation muß ihre formale Struktur den sich ändernden gesellschaftlichen Rahmenbedingungen anpassen, ..., weil sonst die formale Struktur hinsichtlich der Ziele Dysfunktion“ wird. (vgl. SCHÄFERS 1995, S. 234-236).

Personalentwicklung (PE): Instrument der geplanten Mitarbeiterförderung. Alle Maßnahmen, die der individuellen beruflichen Entwicklung der Mitarbeiter aller Hierarchieebenen dienen und ihnen unter Beachtung ihrer persönlichen Interessen und Fähigkeiten die zur Wahrnehmung ihrer aktuellen und auch zukünftigen Aufgaben notwendigen Qualifikationen vermitteln.

Qualitätszirkel: Betriebliche Arbeitsgruppen mit dem Ziel der Qualitätsoptimierung der von ihnen erzeugten Produkte. Sie bestehen aus mehreren Mitarbeitern und werden meist von einem Moderator geleitet.

Reflexion „bezeichnet die Fähigkeit psychischer und sozialer Systeme, sich selbst zu thematisieren und sich selbst als geeignete Umwelt anderer lebender Systeme zu verstehen. Reflexion setzt ein inneres Modell der Umwelt voraus, welches als Bezugspunkt und Hintergrund für

Prozesse dient, in welchen das fokale System sich selbst zum Gegenstand eigenen Handelns macht. In komplexen Umwelten zielt Reflexion auf die Selbstbeschränkung eines (Teil-)Systems durch Rücksichtnahme auf die Überleben- und Entwicklungsbedingungen der anderen (Teil-) Systeme in seiner Umwelt" (WILLKE 1996, S. 265).

Selbstreferenz „Operationsweise eines Systems, bei welcher die Reproduktion der Einheit des Systems die Bedingung der Möglichkeit von Umweltkontakten (Fremdreferenzen) abgibt. Das System selbst und die Kontinuierung seiner operativ geschlossenen Funktionsweise wird zum Maßstab für die Geeignetheit der Operationen des Systems. Die Umwelt bietet Möglichkeiten und setzt Restriktionen, welche je nur im Hinblick auf die Eigenarten der Operationsweise des Systems - also durch Selbstbezug - als solche erkennbar werden. Reine Selbstreferenz bei nichttrivialen Systemen bedeutet deshalb einen durch die Gesetzmäßigkeiten der autonomen Operationsweise des Systems bestimmten Umweltbezug" (WILLKE 1996, S. 265).

Sinn „ist der grundlegende und deshalb schwierigste Begriff der Theorie psychischer und sozialer Systeme. Er bezeichnet die systemspezifischen Kriterien, nach denen Dazugehöriges und Nichtdazugehöriges unterschieden wird. Sinn ist immer systemspezifisch. Gleichzeitig erlauben nur gemeinsame Sinngehalte Interaktionen und Kommunikationen zwischen Systemen. Sinn kann sowohl in Weltbildern, Werten, Normen, Rollen etc. »eingefroren« sein, als auch in laufenden Interaktionen produziert oder ausgehandelt werden. Menschen orientieren sich sinnhaft in ihrer Welt: dies macht Symbole zu einer eigenständigen Wirkungsebene; und es entsteht die Frage nach der Relationierung von Objektwelt (Materie) und Symbolik (Geist).

Die operative Qualität von Sinn liegt darin, daß er virtuell bleibt, auf Objekte verweist, diese aber nicht verkörpert. Daraus ergeben sich Spielräume, Konflikte und der ganze Rest der *»conditio humana«*" (WILLKE 1996, S. 265).

Steuerung „ist die Wirkung Ordnung oder Gesetzmäßigkeit eines operativ geschlossenen Kommunikationszusammenhanges, der als selbstreferentielles Regelsystem auf sich selbst oder auf externe Ereignisse wirkt." (WILLKE 1996, S. 265).

System ist ein Grundbegriff der Soziologie zur Analyse der Wechselwirkungen aufeinander bezogenen (interdependenten) Handelns mehrerer Individuen, Gruppen oder Organisationen. Ein System besitzt: ein gewisses Maß von Integration und Geschlossenheit im Verhältnis seiner Elemente zueinander (Struktur), eine es von anderen Systemen, d.h. von der Umwelt, abhebende Grenze, eine gewisse Ordnung in den Beziehungen mit anderen Systemen, eine gewisse Kontinuität und Regelmäßigkeit in den Beziehungen zwischen den Elementen des Systems (vgl. HILLMANN 1994, S. 857). „Komplexe Systeme sind durch die Merkmale: Selbstorganisation, Grenzerhaltung, Selbstreferenz und Generativität charakterisiert. Die Besonderheit der Klasse der psychischen und sozialen Systeme liegt darin, daß ihre Grenzen nicht physikalisch-räumlich bestimmt sind, sondern symbolisch-sinnhaft" (WILLKE 1996, S. 266; vgl. SCHÄFERS 1995, S. 358f.).

Systemtheorie „Forschungsansatz, der ein System nicht nur nach den funktionalen Leistungen der Elemente des Systems zur Erhaltung, Stabilisierung und Reproduktion des Systems analysiert, sondern die grundlegende Frage nach der Funktion der Differenzierung des Systems in Elemente stellt. Die Systemtheorie interpretiert das System nicht nur als ein Mehr des Ganzen gegenüber seinen Teilen, sondern thematisiert mit dem Systembegriff gleichzeitig die Außenwelt des Systems. Danach wird das System als eine Identität begriffen, die sich in einer komplexen und veränderten Umwelt durch Stabilisierung einer Innen/Außendifferenz erhält. Ein System entsteht durch Grenzziehung und Konstituierung einer Differenz von Außen und Innen durch die Schaffung von Bereichen unterschiedlicher Komplexität, durch Reduktion von Komplexität. Durch Selektion von Möglichkeiten der äußeren Weltkomplexität wird diejenige Innen/Außendifferenz geschaffen, ohne die menschliches Handeln nicht möglich wäre. Diese Reduktion ... wird bei allen sozialen Systembildungen durch Sinn gesteuert.

Systembildung heißt, eine einmal getroffene Sinnentscheidung gegenüber einer komplexen und sich verändernden Umwelt durchzuhalten. Systembildung untersucht die Prozesse, die ein in die Lage versetzen Umweltkomplexität zu reduzieren, um sich zu erhalten, um sich (systemsinngemäß) in der realen Welt »rational« zu verhalten. Durch Einbeziehung neuerer Entwicklungen der allgemeinen Systemtheorie hat Luhmann im Sinne eines Paradigmenwechsels maßgeblich zur Entfaltung einer Theorie der selbstreferentiellen Systeme beigetragen, wobei er insbesondere das Konzept der Autopoiesie berücksichtigt" (HILLMANN, 1994, S 858).

Team (Gruppe) stellt eine bestimmte Anzahl von Mitgliedern dar, die zur Erreichung eines gemeinsamen Zieles über eine längere Zeit in einem relativ kontinuierlichen Kommunikations- und Interaktionsprozeß stehen und ein Gefühl der Zusammengehörigkeit entwickeln. Zur Erreichung des Gruppenziels und zur Stabilisierung der gemeinsamen Identität ist ein System gemeinsamer Normen und eine Verteilung der Aufgaben über eine Rollendifferenzierung erforderlich (vgl. SCHÄFERS 1995, S. 104ff.).

Teambildung (-entwicklung) Eine Interventionsform in der intakte Gruppen ausgehend von empirischen Daten lernen, die Effektivität der Teamarbeit zu steigern, indem sie Struktur, Absichten, Normen, Werte zielt schwerpunktmäßig auf die Verbesserung der Problemlösefähigkeit und Effektivität des Teams in der gewohnten Organisationsumgebung. Dysfunktionale Vorgehensweisen und ihre Bedingungen sollen identifiziert, Alternativen erarbeitet und erprobt werden (vgl. SCHULER 1993, S. 302).

Umwelt bezeichnet das, was nicht zu einem bestimmten System gehört und relevante Umwelt darstellt. Nicht alles außerhalb eines Systems ist für dieses auch von Bedeutung. Was relevant ist, hängt vom Einzelfall ab. Deshalb ist es wesentlich, für ein bestimmtes Problem die Systemreferenz zu bestimmen, d.h. anzugeben, welche Systemebene gerade gemeint ist und in bezug auf welche Umwelten es thematisiert wird. Jedes System kann als Teilsystem eines übergreifenden Systems, jedes Teilsystem als übergeordnetes System für seine Teilsysteme betrachtet werden; und entsprechend verändert sich das, was als Umwelt in Betracht kommt. Eine weitere wesentliche Differenzierung von Umwelt ist die Unterscheidung von Innenwelt und Außenwelt (WILLKE 1996, S. 267) (vgl. Begriff: Systemtheorie).

Literatur

ADAMS S.: Die Drive-by-Methode hat das beste Heuchel-Zuhör-Verhältnis. In: Welt am Sonntag Nr. 41, 12.10.97, Seite 66.

ANTON, K. H., WEILAND, D.: Soziale Kompetenz. Econ, Düsseldorf/Wien 1993.

ANTONI, C.: Gruppenarbeit in Unternehmen. Psychologie Verlags Union, Weinheim 1994.

ANTONS, K.: Praxis der Gruppendynamik. 5. überarb. und erg. Aufl., Hogrefe, Göttingen/Toronto/Zürich 1992.

ARGYRIS, CHR./SCHÖN, D. A.: Organizational Learning. A Theory of Action Perspective. Reading/Mass., 1978.

ARNOLD, R.: Betriebspädagogik. Erich Schmidt, Berlin 1990.

ARNOLD, R.: (Hrsg.) Taschenbuch der betrieblichen Bildungsarbeit. 1. Auflage, Schneider, Hohengehren 1991.

ARNOLD, R.: Bildungsbedarf und Bildungsbedarfsanalyse im Betrieb. In: Arnold, R., (Hrsg.) Taschenbuch der betrieblichen Bildungsarbeit. 1. Aufl., Schneider, Hohengehren 1991, S. 146-155.

ARNOLD, R.: Bildungs- und Systemtheoretische Anmerkungen zum Organisationslernen. In: Arnold, R./Weber, H., (Hrsg.) Weiterbildung und Organisation: zwischen Organisationslernen und lernenden Organisationen. Erich Schmidt, Berlin 1995, S. 13-29.

ARNOLD, R./LIPSMEIER, A.: Betriebspädagogik in nationaler und internationaler Perspektive. Baden-Baden 1989.

ARNOLD, R/WEBER, H.: (Hrsg.) Weiterbildung und Organisation: zwischen Organisationslernen und lernenden Organisationen. Erich Schmidt, Berlin 1995.

ATTESLANDER, P.: Methoden der empirischen Sozialforschung. 7. bearb. Aufl., de Gruyter, Berlin/New York 1993.

BARDELEBEN, R. V./BÖLL, G./KÜHN, H.: Strukturen betrieblicher Weiterbildung. Heft 83 der Berichte zur beruflichen Bildung, Bundesinstitut für Berufsbildung, Berlin/ Bonn 1986.

BEA, F. X./SCHNAITMANN, H.: Begriff und Struktur betriebswirtschaftlicher Prozesse. In: WiSt, 6/1995, S. 278-282.

BECKER, M.: Personalentwicklung. Gehlen, Bad Homburg 1993.

BERTHEL, J.: Personal Management: Grundzüge für Konzeptionen. 4. überarb. und erw. Auflage, Schäffer-Poeschel, Stuttgart 1995.

BESSOTH, R.: Baustein 254: Messung und Verbesserung des Organisationsklimas. WSB-Skript, Landau 1994.

BETZ, G.: Bildungsbedarfsermittlung: Prinzipien und Konzepte. In: Geißler, Kh./v. Landsberg, G./Reinartz, M.: Handbuch Personalentwicklung und Training. Kap. 5.1.2.0, Deutscher Wirtschaftsdienst 1992.

BIRKENBIHL, M.: Train the Trainer. 11. Aufl., Moderne Industrie, Landsberg/Lech 1993.

BOBZIEN, M./STARK, W./STRAUS, F.: Qualitätsmanagement. Sandmann, Alling 1996.

BÖSENBERG, D./METZEN, H.: Lean Management. Vorsprung durch schlanke Konzepte. Moderne Industrie, Landsberg/Lech 1992.

BROMMER, U.: Lehr- und Lernkompetenz erwerben, 1. Aufl., Gabler, Wiesbaden 1992.

BULLINGER, H.-J./WIEDMANN, G./NIEMEIER, J.: IAO-Studie 1995, Business Reengineering. Aktuelle Managementkonzepte in Deutschland: Zukunftsperspektiven und Stand der Umsetzung, Frauenhofer-Institut für Arbeitswirtschaft und Organisation, IRB-Verlag.

CAPRA, F.: Wendezeit. Bausteine für ein neues Weltbild. Aktual. Ausgabe, dtv, München 1991.

CRAMER, G.: Möglichkeiten vernetzter Unternehmens- und Bildungsplanung in der Wirtschaft. In: JDW, Bd. 128, Zukunftsperspektive der Berufsbildung, Köln 1987, S. 37-56.

CRANACH, M. V.: Systematische Beobachtung. In: Graumann, C. F. (Hrsg.) Frenz, H. G. Handbuch der Sozialpsychologie. Bd. 7, Göttingen 1969.

CZICHOS, R.: Change-Management: Konzepte, Prozesse, Werkzeuge für Manager, Verkäufer, Berater und Trainer, 2. verb. Aufl., Ernst Reinardt, München/Basel 1993.

DAUMENLANG, K.: Baustein 338: Sozialpsychologie. WSB-Skript, Landau 1995.

DAVENPORT, T./SHORT, J. E.: The New Industrial Engineering: Information Technology and Business Process Redesign. In: Sloan Management Review, Vol.31, No.4, Cambridge/Mass. 1990, S. 11-27.

DEHNBOSTEL, P.: Konzepte für eine dezentrale Berufsbildung. In: BWP 22 (1993) 3, S. 3-9.

DEHNBOSTEL, P.: Erschließung und Gestaltung des Lernorts Arbeitsplatz. In: BWP 23 (1994) 1, S. 13-18.

DEHNBOSTEL, P./HOLZ, H./NOVAK, H : (Hrsg.): Lernen für die Zukunft durch verstärktes. Lernen am Arbeitsplatz - Dezentrale Aus- und Weiterbildungskonzepte in der Praxis - Berichte zur beruflichen Bildung, H. 149, Bundesinstitut für Berufsbildung, Berlin 1992.

DEHNBOSTEL, P./NOVAK, H.: Kontrolle ist gut - Vertrauen ist besser. Lernen im Arbeitsprozeß stärkt die Entwicklung beruflicher und sozialer Handlungskompetenz. In: berufsbildung 48 (1994) 25, S. 38-40.

DÖRING, K. W.: Praxis der Weiterbildung: Analysen-Reflexionen-Konzepte. Deutscher Studien Verlag, Weinhein 1991.

DÖRNER, D.: Die Logik des Mißlingens. Strategisches Denken in komplexen Situationen. Rowohlt, Reinbek 1992.

DOPPLER, K./LAUTERBURG, C.: Change-Management: Den Unternehmenswandel gestalten. 4. erw. und überarb. Aufl. Campus, Frankfurt/New York 1995.

DORSCH, F.: (Hrsg.) Psychologisches Wörterbuch. 12. überarb. und erw. Auflage, Huber, Bern/Göttingen/Toronto/Seattle 1994.

DREESMANN, H./KRAEMER-FIEGER, S.: Moving. Wiesbaden, Gabler, Wiesbaden 1994.

DREESMANN, H.: Innovationsprozeße: Die Systematik des Erfolges. In: Dreesmann/Kraemer-Fieger: Moving. Gabler, Wiesbaden 1994.

DUDEN: Fremdwörterbuch. Wissenschaftlicher Rat der Dudenredaktion. 5. neu bearbeitete Auflage, Mannheim/Wien/Zürich 1990.

DYBOWSKI, G./HERZER, H.: Bildungsbedarfsermittlung als Schnittstelle zwischen Arbeitsstrukturierung und Qualifizierung. In: Dybowski, G./Herzer, H./Sonntag, K. H. (Hrsg.): Strategien qualitativer Personal- und Bildungsplanung bei technisch - organisatorischen Innovationen. Neuwiedt/Frankfurt 1989, S. 3-15.

DYBOWSKI, G./HERZER, H./SONNTAG, K. H.: (Hrsg.) Strategien qualitativer Personal- und Bildungsplanung bei technisch - organisatorischen Innovationen. Neuwiedt/ Frankfurt 1989.

EDELMANN, W.: Lernpsychologie. 3. neu bearb. Aufl., Psychologie Verlags Union, Weinheim 1993.

ENGELMANN, TH.: Business Process Reengineering. Grundlagen - Gestaltungsempfehlungen - Vorgehensmodell. Gabler Edition Wissenschaft, Wiesbaden 1994.

FAIX, W./BUCHWALD, C./WETZLER, R.: Skill Management. 1. Aufl., Gabler, Wiesbaden 1991.

FEIX, W. E.: (Hrsg.): Personal 2000, Gabler, Wiesbaden 1991.

FELBERT, D. V.: Nachholbedarf für deutsche Unternehmen. In: Personalwirtschaft 10/97 Luchterhand, S. 16-17.

FRANKE, H.: Arbeitsmarkt 2000: weiblicher, älter, qualifizierter. In: Feix, W., Personal 2000, 1991, Seite 25-50.

FREI, F.: Arbeit und Kompetenzentwicklung. Huber, Bern 1984.

FREIMUTH, J.: Wie weit sind organisatorische Veränderungsprozesse planbar? In: Dreesmann H./Kraemer-Fieger, S., S. 87-105.

FRÖHLICH, W. D.: Wörterbuch zur Psychologie. 19. Auflage, Nördlingen 1993.

GAITANIDES, M.: Prozeßorganisation. Entwicklung, Ansätze und Programme prozeßorientierter Organisationsgestaltung. Vahlen, München 1983.

GAITANIDES, M./SCHOLZ, R./VROHLINGS, A.: Prozeßmanagement - Grundlagen und Zielsetzungen. In: Gaitanides, M. u.a. (Hrsg.): Prozeßmanagement: Konzepte, Umsetzungen und Erfahrungen des Reengineering. Hanser, München/Wien 1994, S. 1-20.

GAITANIDES, M./SCHOLZ, R./VROHLINGS, A./RASTER, M.: (Hrsg.): Prozeßmanagement: Konzepte, Umsetzungen und Erfahrungen des Reengineering. Hanser, München 1994.

GEIßLER, H.: Organisationslernen. Gebot und Chance einer zukunftsweisenden Pädagogik. In: GdWZ 2 (1991)1, S. 23-27.

GEIßLER, H.: Neue Qualitäten betrieblichen Lernens. Betriebliche Bildungs- Erfahrungen und Visionen, Bd. 3, Peter Lang, Frankfurt/New York 1992.

GEIßLER, H.: Informationsmanagement und Ganzheitliche Bildung. In: Netzwerk (Jahresheft der Gesellschaft für Bildung und Organisation), Nov. 1993, S. 2-19.

GEIßLER, H.: Grundlagen des Organisationslernens. Weinheim 1994.

GEIßLER, H.: Vom Lernen in der Organisation zum Lernen der Organisation. In: Sattelberger, T. (Hrsg.) Die lernende Organisation ... , 2. Aufl., Gabler, Wiesbaden 1994 (b), S. 79-96.

GEIßLER, H.: Organisationslernen - zur Bestimmung eines betriebspädagogischen Grundbegriffs. In: Arnold, R./Weber, H., (Hrsg.) Weiterbildung und Organisation: zwischen Organisationslernen und lernenden Organisationen. Erich Schmidt, Berlin 1995, S. 45-73.

GEIßLER, K. H./V. LANDSBERG, G./REINARTZ, M.: Handbuch Personalentwicklung und Training. Loseblatt-Sammlung. Deutscher Wirtschaftsdienst 38. Erg.-Lfg., April 1997.

GEORG, W./GRÜNER, G. KAHL, O.: Kleines Berufspädagogisches Lexikon. 7. Auflage, Bertelsmann, Bielefeld 1991.

GERHARD, R.: Bedarfsermittlung in der Weiterbildung. Schneider, Hohengehren 1992.

GUSSMANN, B.: Innovationsfördernde Unternehmenskultur, Erich Schmidt, Berlin 1987.

HAMMER, M./CHAMPY, J.: Business Reengineering: die Radikalkur für das Unternehmen, 4. Aufl., Campus, Frankfurt am Main/New York 1994.

HEEG, F. J./MÜNCH, J.: Handbuch der Personal- und Organisationsentwicklung, 1. Aufl., Klett, Stuttgart/Dresden 1993.

HEITGER, B.: Chaotische Organisationen - organisiertes Chaos. in Sattelberger (Hrsg.) Die lernende Organisation; Konzepte für eine neue Qualität der Unternehmensentwicklung. 2. Auflage, Gabler, Wiesbaden 1994, S. 111-124.

HERZER, H./DYBOWSKI, G./BAUER, H. G.: (Hrsg.): Methoden betrieblicher Weiterbildung. Eschborn 1990.

HILB, M.: Integriertes Personal-Management. Ziele - Strategien - Instrumente, 3. Aufl., Luchterhand, Neuwied/Kriftel/Berlin 1995.

HILLMANN, K.-H.: Wörterbuch der Soziologie. 4. überarb. und erg. Aufl., Kröner, Stuttgart 1994.

HINZ, W./PICHLBAUER, J.: Ganzheitliche Personalentwicklung. Langen Müller Herbig, München 1991.

HINTERHUBER, H. H.: Paradigmenwechsel: Vom Denken in Funktionen zum Denken in Prozessen. In: Journal für Betriebswirtschaft, Heft2 1994, S. 58-75.

HÖLTERHOFF, H.: Betriebliche Weiterbildung - Von der Reparaturwerkstatt bzw. Änderungsschneiderei zur Synergieschmiede. In: Geißler H., Neue Qualitäten betrieblichen Lernens. Betriebliche Bildung - Erfahrungen und Visionen, Bd. 3, Peter Lang, Frankfurt am Main/New York 1992, S. 25-30.

HÖLTERHOFF, H./BECKER, M.: Aufgaben und Organisation der betrieblichen Weiterbildung. Bd. 3 des Handbuchs der Weiterbildung für die Praxis in Wirtschaft und Verwaltung, München/Wien 1986.

HÜLSHOFF, T.: Bildungsbedarf ist kein Reparaturfall. In: Weiterbildung 3, 1989, S. 14-18.

HÜLSHOFF, T.: Baustein 106: Einführung in Modelle der Didaktik. WSB-Skript, Landau 1992.

HÜLSHOFF, T.: Baustein 107: Methoden der Lernplanung mit didaktischen Modellen (Didaktisches Mikro-Design), WSB-Skript, Landau 1995.

HÜLSHOFF, T.: Baustein 118: Bildungsbedarfsanalyse. WSB-Skript, Landau 1993.

HÜLSHOFF, T.: Das Handlungskompetenzmodell. in WSB intern 2/96, Landau 1996, S. 37-45.

IDW: (Institut der deutschen Wirtschaft): Forschungsstand und Forschungsperspektiven im Bereich betrieblicher Weiterbildung - aus betrieblicher Sicht, Textband, Köln 1989.

IMAI, M.: Kaizen - Der Schlüssel zum Erfolg der Japaner im Wettbewerb. 6. Aufl., Ullstein, Berlin/Frankfurt 1994.

JACOBI, J. M.: Die Führungskraft 2000. In: Feix, 1991, S. 485-516.

JESERICH, W.: Mitarbeiter auswählen und fördern - Assessment-Center Verfahren. Bd. 1 Handbuch der Weiterbildung für die Praxis in Wirtschaft und Verwaltung, 2. Aufl., Hanser, München 1981.

JESERICH, W.: Top-Aufgabe. Die Entwicklung von Organisationen und menschlichen Ressourcen. Bd. 8 Handbuch der Weiterbildung für die Praxis in Wirtschaft und Verwaltung, München 1988.

JÜRGENS/NASCHOLD, F.: Arbeits- und industriepolitische Entwicklungspässe der deutschen Industrie in den neunziger Jahren. In: Zapf, W./Dierkes, M. (Hrsg.): Institutionenvergleich und Institutionendynamik. Berlin 1994, S. 239-270.

KEßLER, H.: Grundthesen zur Bildungsarbeit und zum Bildungscontrolling. In: Papmehl, A./Walsh, I.(Hrsg.): Personalentwicklung im Wandel. Wiesbaden 1991.

KERN, H./SCHUMANN, M.: Das Ende der Arbeitsteilung? Rationalisierung in der industriellen Produktion. München 1984.

KIESER, A.: Business Process Reengineering - neue Kleider für den Kaiser? In: Süddeutsche Zeitung, 4./5. Februar 1995.

KIRSCH, W.: Unternehmenspolitik und strategische Unternehmensführung, München, 1990.

KLIMECKI, R./PROBST, G./EBERL, P.: Entwicklungsorientiertes Management. Schäffer Poeschel, Stuttgart 1994.

KÖNIG E./VOLMER G.: Systemische Organisationsberatung. Grundlagen und Methoden, 2. Aufl., Deutscher Studienverlag, Weinheim 1994.

KRIEG, H.-J./DREBES, J.: Führen durch Ziele. Besondere Umsetzungsaspekte der Leistungsvereinbarungen. in Personalführung, Heft 1/1996, S. 54-60.

LEITER, R., U.A.: Der Weiterbildungsbedarf in Unternehmen. Methoden der Ermittlung. In: Handbuch der Weiterbildung für die Praxis in Wirtschaft und Verwaltung Bd. 2, Hanser, München 1982.

LEONHARDT, W.: Personal- und Managemententwicklung. Heft 4, Sauer, Heidelberg 1984.

LEXIKON : des Personalmanagements, Beck in dtv, München 1994.

LUHMANN, N.: Soziale Systeme. Grundriß einer allgemeinen Theorie, 6. Aufl., Suhrkamp, Frankfurt am Main 1996.

LUTZ, B.: Qualifizierte Gruppenarbeit - Überlegungen zu einem Orientierungskonzept technisch - organisatorischer Gestaltung. In: Roth, S./Kohl, H. (Hrsg.): Gruppenarbeit. Köln 1988, S. 68-78.

LUTZ, B.: Die Rückkehr des Facharbeiters? In: Gewerkschaftliche Monatshefte 41 (1990)7, S. 427-437.

MEIßNER, W.: Innovation und Organisation. Verlag für Angewandte Psychologie, Stuttgart 1989.

MEYER-DOHM, P./SCHNEIDER, P.: (Hrsg.): Berufliche Bildung im lernenden Unternehmen. Stuttgart 1991.

MÜLLER, H.-J./STÜRZL, W.: Handlungs- und erfahrungsorientiertes Lernen Ein methodisches Konzept zur integrierten Förderung von Fach- und Schlüsselqualifikationen. In: Herzer, H./Dybowski, G./Bauer, H. G. (Hrsg.): Methoden betrieblicher Weiterbildung. Eschborn 1990, S. 172-197.

MÜNCH, J.: Baustein 133: Evaluation in der Aus- und Weiterbildung. WSB Skript, Landau 1993.

MÜNCH, J.: Baustein 252: Personalentwicklung als Instrument moderner Unternehmensführung. WSB Skript, Landau 1995.

MÜNCH, J.: Personalentwicklung als Mittel und Aufgabe moderner Unternehmensführung. Ein Kompendium für Einsteiger und Profis. Bertelsmann, Bielefeld 1995(b).

MÜNCH, J.: Die lernende Organisation - eine Weiterentwicklung des lernorttheoretischen Ansatzes? In: Arnold/Weber, (Hrsg.) Weiterbildung und Organisation: zwischen Organisationslernen und lernenden Organisationen. Erich Schmidt, Berlin 1995(c), S. 84-97.

MÜNCH, J.: (Hrsg.) Qualifikationspotentiale entdecken und fördern. Beispiele innovativer Personalentwicklung aus deutschen Unternehmen. Erich Schmidt, Berlin 1997.

MÜLLER-MERBACH, H.: Operative und strategische Kernprozesse: Die gesamte Unternehmung als Objekt des Reengineering. In: technologie & management, 43. Jg., 1994, Heft 3, S. 99-102.

MUSKATEWITZ, R.: Weiterbildungsszene Deutschland 96/97 Studie über den Weiterbildungsmarkt in Deutschland. ManagerSeminare Gerhard May, Bonn 1997.

NAGEL, K.: Weiterbildung als strategischer Erfolgsfaktor. Der Weg zum unternehmerisch denkenden Mitarbeiter. 2. durchgesehene Aufl., Moderne Industrie, Landsberg/Lech 1991.

NEUBERGER, O.: Das Mitarbeitergespräch. Persönlicher Informationsaustausch im Betrieb. Goch 1980.

NEUBERGER, O.: (Hrsg.) Personalentwicklung. 2. durchges. Aufl., Enke, Stuttgart 1994.

OLFERT, K./STEINBUCH, P.: Personalwirtschaft, 5. überarb. u. erw. Auflage, Kiehl, 1993.

OSTERHOLD, G.: Visionen und Wege zu einer neuen Unternehmenskultur. Gabler, Wiesbaden 1996.

OSTERLOH, M.: Neue Ansätze im Technologiemanagement: Vom Technologieportfolio zum Portfolio der Kernkompetenzen. In: io Management Zeitschrift, 63. Jg., 1994, Heft 5, S. 47-50.

OSTERLOH, M./FROST, J.: Business Reengineering: neuer Wein in alten Schläuchen? In: io Management Zeitschrift, 63. Jg. 1994, Heft 9, S. 27-29.

OHNE VERFASSER : Der Memory Jogger. 1. Aufl. in Deutsch, GOAL/QPC, 1987.

OHNE VERFASSER : Gablers Magazin, Heft 10/97, S. 49-50.

OHNE VERFASSER : Mode, nicht Methode. In: managermagazin, Heft 12, Dezember 1996, S. 174.

PAPMEHL, A./WALSH, I.: (Hrsg.): Personalentwicklung im Wandel. Wiesbaden 1991.

PEDLER, M./BURGOYNE, J./BOYDELL, T.: Auf dem Weg zum „Lernenden Unternehmen“. In: Sattelberger (Hrsg.): Die lernende Organisation; Konzepte für eine neue Qualität der Unternehmensentwicklung. 2. Auflage, Gabler, Wiesbaden, 1994, S. 57-66.

PETERS, J. T./WATERMAN, R. H.: Auf der Suche nach Spitzenleistungen. Was man von den bestgeführten US-Unternehmen lernen kann. mvg, München 1991.

PULLIG, K.-K.: Organisations- und Personalentwicklung in der Berufsbildung. In: Meyer-Dohm, P./Schneider, P. (Hrsg.): Berufliche Bildung im lernenden Unternehmen. Stuttgart 1991, S. 33-43.

RIEKHOF, H.-C.: (Hrsg.) Strategien der Personalentwicklung. 2. erweiterte Auflage, Gabler, Wiesbaden 1989.

ROLFF, H.-G.: Wandel durch Selbstorganisation. Weinheim/München 1993.

ROSENSTIEL, L. V./MOLT, W./RÜTTINGER, B.: Organisationspsychologie. 7. Auflage, Berlin 1988.

ROSENSTIEL, L. V./REGNET, E./DOMSCH, M.: (Hrsg.) Führung von Mitarbeitern. Stuttgart, Schäffer 1991.

ROSENSTIEL, L. V.: Kommunikation und Führung in Arbeitsgruppen. In: Schuler, H. (Hrsg.) Lehrbuch der Organisationspsychologie 1. Aufl., Hans Huber, Bern/Göttingen/ Toronto/Seattle, 1993.

ROSENSTIEL, L. V.: Grundlagen der Organisationspsychologie. 3. überarb. und erg. Auflage, Schäffer-Poeschel, Stuttgart 1992.

ROTH, S./KOHL, H.: (Hrsg.): Gruppenarbeit. Köln 1988.

SALDERN, M. V.: Erziehungswissenschaft und Neue Systemtheorie (Erfahrung und Denken Bd. 73), Duncker und Humblot, Berlin 1991.

SATTELBERGER, T.: (Hrsg.) Innovative Personalentwicklung. Gabler, Wiesbaden 1991.

SATTELBERGER, T.: Bildungsbedarfserfassung als ... .In: Hülshoff, T., Baustein 118 Bildungsbedarfsanalyse. WSB-Skript, Landau 1993, S. 4-7.

SATTELBERGER, T.: (Hrsg.) Die lernende Organisation; Konzepte für eine neue Qualität der Unternehmensentwicklung. 2. Auflage, Gabler, Wiesbaden 1994.

SATTELBERGER, T.: Die lernende Organisation im Spannungsfeld von Strategie, Struktur und Kultur. In: Derselbe (Hrsg.): 1994, S. 11-55.

SCHÄFERS, B.: (Hrsg.) Grundbegriffe der Soziologie, 4. Verb. U. erw. Aufl., Opladen, Leske und Budrich, 1995.

SCHÄFFNER, L.: Arbeit gestalten durch Qualifizierung: Ein Handbuch zu Theorie und Praxis der betrieblichen Weiterbildung, München, Lexika, 1991.

SCHÖNFELDT, H.-M.: Die Führungsausbildung im betrieblichen Funktionsgefüge. Wiesbaden 1967.

SCHULER, H.: (Hrsg.) Lehrbuch der Organisationspsychologie 1. Aufl., Hans Huber, Bern/Göttingen/Toronto/Seattle, 1993.

SCHOLZ, C.: Personalmanagement Informationsorientierte und verhaltenstheoretische Grundlagen 4. verb. Aufl., Vahlen, München 1994.

SCHOLZ, R.: Geschäftsprozeßoptimierung: Crossfunktionale Rationalisierung oder strukturelle Reorganisation? Eul, Bergisch Gladbach 1993.

SCHOLZ, R./VROHLINGS, A.: Prozeß-Redesign und kontinuierliche Prozeßverbesserung. In: Gaitanides, M./u.a. (Hrsg.): Prozeßmanagement: Konzepte, Umsetzungen und Erfahrungen des Reengineering. Hanser, München 1994, S. 99-122.

SCHOLZ, R./VROHLINGS, A.: Prozeß-Leistungs-Transparenz. In: Gaitanides, M./u.a. (Hrsg.): Prozeßmanagement: Konzepte, Umsetzungen und Erfahrungen des Reengineering. Hanser, München 1994(a), S. 57-98.

SCHOLZ, R./VROHLINGS, A.: Realisierung von Prozeßmanagement. In: Gaitanides, M./u.a. (Hrsg.): Prozeßmanagement: Konzepte, Umsetzungen und Erfahrungen des Reengineering. Hanser, München 1994 (b), S. 21-36.

SCHULER, H./FUNKE, U.: (Hrsg.): Eignungsdiagnostik in Forschung und Praxis. 1. Aufl., Verlag für angewandte Psychologie, Stuttgart 1991.

SCHUMANN, M./U.A.: Breite Diffusion der neuen Produktionskonzepte, zögerlicher Wandel der Arbeitsstrukturen. In: Soziale Welt 41 (1990)1, S. 47-69.

SCHUMANN, M./U.A.: Trendreport Rationalisierung. Berlin 1994.

SCHWUCHOW, K. H.: Weiterbildungsmanagement., Wissenschaft und Forschung, Stuttgart 1992.

SEIFERT, J. W.: Visualisieren-Präsentieren-Moderieren. 2. Aufl., Gabal, Speyer 1990.

SEMLER, R.: Das SEMCO System - Management ohne Manager. 3. Aufl. Heyne, München 1993.

SERVATIUS, H.-G.: Reengineering-Programme umsetzen: von erstarrten Strukturen zu fließenden Prozessen. Stuttgart, 1994.

SEYFRIED, B.: Team und Teamfähigkeit. In: BWP 23 (1994)2, S. 23-27.

SPRENGER, R. K.: Mythos Motivation - Wege aus einer Sackgasse. Campus, Frankfurt 1993.

SPRENGER, R. K.: Das Prinzip Selbstverantwortung. Campus, Frankfurt 1995.

STAEHLE H.: Management, 7. Aufl., München, 1994.

STEINLE, C.: Erfolgsfaktoren effizienter und effektiver Projektarbeit. In: Steinle C./ Bruch, H./Lawa, D. (Hrsg.): Projektmanagement. Instrumente moderner Dienstleistung. FAZ, Verlagsbereich Wirtschaft, Frankfurt am Main 1995.

STIEFEL, R./RKW : (Hrsg.) Innovationsfördernde Personalentwicklung in Klein- und Mittelbetrieben. Luchterhand, Neuwied/Kriftel/Berlin, 1991.

STROMBACH, M. E.: Personalentwicklung. 1. Auflage, Vogel, Würzburg 1992.

ULRICH H./PROBST G.: Anleitung zum ganzheitlichen Denken: ein Brevier für Führungskräfte. 3. Aufl., Haupt, Bern/Stuttgart 1991.

VESTER, F.: Neuland des Denkens. 8. Auflage, dtv, München 1993.

VESTER, F.: Denken, Lernen, Vergessen. Was geht in unserem Kopf vor, wie lernt das Gehirn, und wann läßt es uns im Stich?, 21. Aufl., dtv, München 1994.

WATZLAWICK, P.: Wie wirklich ist die Wirklichkeit? Wahn, Täuschung, Verstehen. 20. Aufl., Piper, München 1995.

WATZLAWICK, P./BEAVIN, J./JACKSON, D.: Menschliche Kommunikation. 8. Aufl., Huber, Bern 1990.

WARNECKE, H.-J.: Revolution der Unternehmenskultur. Das fraktale Unternehmen. 2. Aufl., Springer, Berlin/Heidelberg 1993.

WEBER, H.: Lernende Organisationen: Die neuen Wettbewerber. In: Arnold, R./Weber, H., (Hrsg.) Weiterbildung und Organisation: zwischen Organisationslernen und lernenden Organisationen. Erich Schmidt, Berlin 1995, S. 30-44.

WEINERT, A. B.: Lehrbuch der Organisationspsychologie. Menschliches Verhalten in Organisationen, Urban und Schwarzenberg, München/Wien/Baltimore 1981.

WILLKE, H.: Systemtheorie I: Grundlagen. 5. überarb. Aufl., UTB, Stuttgart 1996.

WOMACK, J. P./JONES, D. T./ROOS, D.: Die zweite Revolution in der Autoindustrie, 8. Aufl., Campus, Frankfurt/New York 1994.

WUNDERER, R.: Führung und Zusammenarbeit. Poeschel, Stuttgart 1993.

ZAPF, W./DIERKES, M.: (Hrsg.): Institutionenvergleich und Institutionendynamik. Berlin 1994.

ZINK, K. J.: TQM als integratives Managementkonzept; das europäische Qualitätsmodell und seine Umsetzung. Hanser, München/Wien 1995.

Abbildungsverzeichnis

Anhang

Anhang 1 Tableau eines BBA-Workshops (in MÜNCH 1995 (b), S. 87)

1. **Zukunftsanalyse** und Prognose der Anforderungen im betrachteten Tätigkeitsfeld (Wohin geht die Entwicklung?)

- Input: Unternehmensziele, Geschäftspolitik
- Was bedeutet das für die Bildungsarbeit?
- Was bedeutet diese Entwicklung für den einzelnen Arbeitnehmer?

2. **Bestandsaufnahme** (Wo stehen wir heute?)

- Welche Probleme haben wir derzeit?
- Tun wir die richtigen Dinge?
- Tun wir die Dinge richtig?
- Wie entstanden diese Probleme ? (Entwicklungslinien aus der Vergangenheit)
- Wo stehen wir in den relevanten Themen?

3. **Zielformulierung** (Wo wollen wir hin?)

- Visualisierung und Konkretisierung der Erfolgsvision (=Erfolgszustand) Was ist dann anders an unserer Arbeitssituation?
- Welche Aufgaben bearbeiten wir dann?
- Wie verändert sich dann meine Rolle?
- Wie arbeiten wir dann miteinander?
- Wie reden wir dann miteinander?

4. **Kraftfeldanalyse** (Welche Widerstände müssen wir überwinden?)

- Was hemmt die Realisierung einer optimalen Lösung?
- Wo liegen die Ursachen dafür?
- Was ist für uns das Gute an der bisherigen Situation? (=subjektive Gewinne)
- Wie, durch welches Verhalten sabotieren wir uns?
- Was sind wir bereit aufzugeben, d.h. als Preis für die gewünschten Veränderungen zu zahlen?
- Welche Faktoren fördern die Realisierung der optimalen Situation?
- Wie können diese verstärkt werden?

5. **Maßnahmenplanung** (Was muß noch getan werden ?)

- Differenzenbildung: Bildungsbedarf konkretisieren und eingrenzen:
- Welche konkreten Aufgaben/Probleme müssen mit welchen beobachtbaren Ergebnissen gelöst werden?
- Welche Maßnahmen müssen im einzelnen ergriffen werden?
- Wer ist bis wann und mit wem verantwortlich für welche Maßnahmen und welche Ergebnisse?

Anhang 2 Anforderungsprofil „Führungskraft 2000“

Fachliche Kompetenz

- Fachwissen in Abhängigkeit der jeweiligen Aufgabenstellung (zum Beispiel kaufmännische, juristische, technische Fachgebiete);
- Kenntnisse der Unternehmensführung (Systemorientiertes Management);
- betriebswirtschaftliche Kennziffern interpretieren;
- gesamtwirtschaftliche Entwicklungen einschätzen:
- Kenntnisse im Arbeits- und Sozialrecht;
- ein bis zwei Fremdsprachen beherrschen;

Methodische Kompetenz

- sichere Beherrschung des operativen und strategischen Management;
- Entscheidungen treffen und vertreten, Strategien einleiten;
- Erfolgskriterien definieren, Lösungsalternativen bewerten;
- Handlungsfolgen abschätzen und Handlungseffizienz bewerten;
- Methoden des Denkens beherrschen (Mind-Mapping, Suggestopädie u.a.);
- neue Wege des Selbstmanagements kennen (neues „Zeit“-bewußtsein);
- moderne Kommunikations- und Informationssysteme einsetzen;
- Veränderungen/Entwicklungen erkennen und einschätzen;
- Polaritäten im Gleichgewicht halten;
- Qualitätsmanagement betreiben;

Soziale Kompetenz

- Mitarbeitern Ziele und Arbeitsinhalte vermitteln;
- Partizipation bei Ziel- und Strategiefindung zulassen;
- Mitarbeiter informieren, Visionen kommunizieren;
- Kommunikationsstrukturen steuern (koordinieren, moderieren, integrieren);
- Selbstorganisation fördern;
- Mitarbeiter motivieren, fördern und entwickeln;
- Personalentscheidungen treffen und verantworten;
- Gruppenprozesse gestalten;
- Menschlichkeit im Berufsalltag unterstützen;
- Vertrauen schaffen;
- Unternehmensziele und Werte nach innen und außen vertreten;
- gesellschaftspolitische Verantwortung zeigen;

Persönliche Kompetenz

- Eigenverantwortung und Selbstkontrolle;
- Verantwortungs- und Einsatzbereitschaft;
- Intuition und Visualisierungsfähigkeit;
- Kreativität und Gestaltungswille;
- Glaubwürdigkeit und Offenheit;
- Kooperations- und Teamfähigkeit;
- persönliche Ausstrahlungskraft besitzen;

(aus: JACOBI, 1991, S. 504-505)

Anhang 3 Beispiele für Indikatoren und Meßgrößen

Ausbringung	• Liter pro Tag • Anzahl/Stück pro Tag • Einheiten pro Monat
Umsatz	• Umsatz insgesamt • Umsatz je Mitarbeiter • Umsatz je Produktbereich • Umsatz je Monat/Quartal/Jahr • Marge je Projekt/Quartal/Jahr
Kosten	• Gemeinkosten • Personalkosten • Materialkosten
Geschäftsentwicklung	• Anzahl Angebote • Anzahl Neukunden • Anzahl Kundenbesuche
Zeit	• Fehlzeiten • Liefer-/Termintreue • Durchlaufzeit der Auftragsabwicklung • Reaktionszeit z.B. bei Reparaturen
Motivation	• Krankheitsrate • Abwesenheitsrate • Fluktuationsquote
Problemlöseaktivitäten	• Anzahl Verbesserungsvorschläge pro Mitarbeiter/Jahr • Quote umgesetzter Vorschläge Durchlaufzeit von Problemlösungen
Qualifikation	• Qualifikationsmatrix • Anzahl Mitarbeiter mit einer bestimmten Qualifikation • Anzahl Schulungstage

Anhang 4

DIE BULL-VISION

„Zukunft durch Information“

Wir sind Ihr innovativer Technologie-Anbieter und Integrator von flexiblen IT-Infrastrukturen

Unsere Partnerschaften, langjährige Erfahrung und Mitarbeiterkompetenz garantieren größeren Erfolg in Ihrem Geschäft

Ein gelebtes Wertesystem, überdurchschnittliches Wachstum und Profitabilität sind unsere Ziele.

Messen Sie unsere Leistung an Qualität, Schnelligkeit und Effektivität !

Unsere Werte

Fairness	**Teamgeist/Kooperation**	**Zielorientierung**
Respekt und Anerkennung	Kreativität	Identifikation mit
Offenheit und Ehrlichkeit		Unternehmenszielen
Kritikfähigkeit/Konfliktfähigkeit	**Disziplin**	und eigenem Beitrag
	Eigenverantwortung	
Kontinuität/Veränderungswille	Vorleben	**Entscheidungsfreude**
Verläßlichkeit	Verantwortungsnahme	Mut zum Risiko
Zuverlässigkeit		Lernbereitschaft
Engagement		

Anhang 5 Formular für Zielvereinbarungsgespräche

BULL AG	**Zielvereinbarungsgespräch**	

Name, Vorname:	**Personal Nr.:**	**Kostenstelle:**

Datum:	**Datum des letzten Gesprächs:**	**Stellenbezeichnung:**

Bemerkungen (z.B. Wechsel von Fachvorgesetzten oder Aufgaben):

I. Rückschau: **An welchen Zielen und Aufgaben hat der Mitarbeiter im Zeitraum** **von _____________ bis _____________ gearbeitet?**
Was waren die Ziele? Welche der vereinbarten Aufgaben wurden erledigt, welche nicht? Sind unvorhergesehene Aufgaben dazugekommen? Gab es besondere Ereignisse?

II. Bewertung und Analyse: **Wie wurden die Ziele erreicht und welche Arbeitsergebnisse wurden erzielt?**

Worauf sind besonders gute oder weniger befriedigende Ergebnisse zurückzuführen?

Wie ist die Zielerreichung insgesamt zu bewerten? Warum sind bestimmte Arbeiten gut bzw. weniger gut gelungen? Welche Stärken und welche Verbesserungspotentiale waren zu beobachten? (Bezug zum Anforderungsprofil ________________________________, Stand:____________________)

Falls kein Anforderungsprofil für die Position vorhanden ist, bearbeiten Sie bitte an dieser Stelle die SOLL und IST-Profile sowie die Selbsteinschätzung des Mitarbeiters.

III. Praktische Folgerungen: **Welche Folgerungen können daraus für die weitere Arbeit und Zusammenarbeit gezogen werden?**

Welche Verbesserungsmaßnahmen sind zu treffen? Ist der Arbeitsplatz zweckentsprechend organisiert?

Besteht der Wunsch oder die Notwendigkeit, anders eingesetzt zu werden?

***IV. Zielvereinbarung:* Welche Ziele, Aufgaben und Verantwortungen übernimmt der Mitarbeiter für den kommenden Zeitraum bis ____________________: Woran wird die Zielerreichung gemessen?**   Berücksichtigen Sie Ziele aus den Bereichen Business, Kunden, Qualität, Human Ressourcen.
Welche Ziele sind zu erreichen - welche Aufgaben sind zu erfüllen? Welche Prioritäten sind zu setzen? An welchen Kriterien soll die Zielerreichung gemessen werden? Für welche Aufgaben übernimmt der Mitarbeiter Verantwortung? Was sind die Kompetenzen und der Handlungsspielraum des Mitarbeiters?

***V. Unterstützende Maßnahmen:* Welche Maßnahmen werden vereinbart, um den Mitarbeiter bei der Erreichung der Ziele und in seiner beruflichen Weiterentwicklung zu unterstützen?**	
Maßnahme	Zeitpunkt
Welche anforderungsbezogenen Maßnahmen sind zu ergreifen, um die Fähigkeiten und Kenntnisse des Mitarbeiters zu erweitern? Was kann der Mitarbeiter selbst tun, um sich weiterzuentwickeln? Was sind die persönlichen Zielvorstellungen des Mitarbeiters?	

Mitarbeiter :______________________ Vorgesetzter:______________________

Datum:____________________

Anhang 6 Beispiele für Flußdiagramme

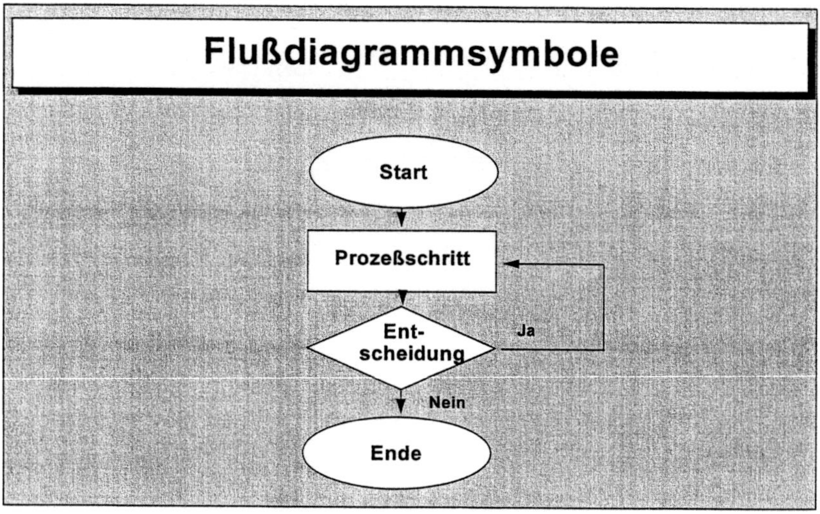

Abb. 49: Flußdiagrammsymbole

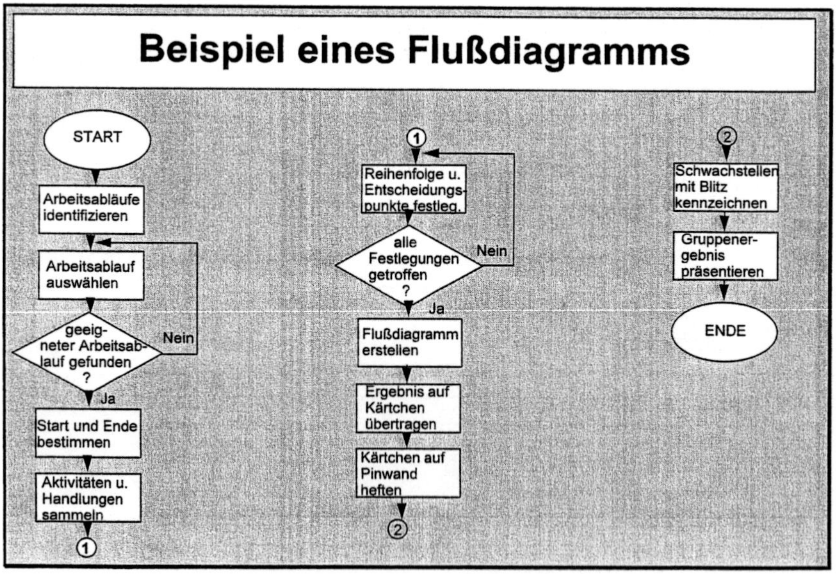

Abb. 50: Beispiel eines Flußdiagramms

Anhang 7

Führungsleitsätze der BULL AG

1. Führung in der BULL AG beruht auf einem Vertrauensverhältnis zwischen Vorgesetzten und Mitarbeitern. Es gründet auf den Werten und der Vision und des Unternehmens. Diese zu vermitteln und eine gemeinsame Ausrichtung zu erreichen, ist Aufgabe der BULL Führungskraft.

> - **Werte und Visionen vermitteln**
> - **Dem Mitarbeiter Vertrauen entgegenbringen**

2. Die Erreichung der Ergebnisse wird sichergestellt durch das Prinzip der Zielführung: aus den übergeordneten Zusammenhängen Ziele ableiten, sie mit den Mitarbeitern abstimmen und die Zielerreichung begleiten. Die dazu notwendigen Rahmenbedingungen herzustellen und Ressourcen zu managen ist Teil der Führungsarbeit.

> - **Ziele abstimmen**
> - **Zielerreichung begleiten**
> - **Rahmenbedingungen herstellen**

3. Führung in der BULL AG ist Teamführung. Es obliegt der Führungskraft, als Coach die Zusammenarbeit innerhalb und zwischen den Teams so zu fördern, daß jeder seine volle Leistungskraft entfalten kann. Leitgedanke ist dabei die Selbstorganisation des Teams.

> - **Zusammenarbeit und Selbstorganisation fördern**
> - **Die Potentiale des Einzelnen entwickeln**

4. Führungsarbeit gründet darauf, die Mitarbeiter in Planungs- und Entscheidungsprozesse einzubinden, wo immer das möglich ist. Damit leistet jeder Vorgesetzte einen Beitrag zur Entwicklung des Unternehmens als innovative und lernende Organisation.

> - **Mitarbeiter partizipativ einbinden - Verantwortung delegieren**
> - **Raum schaffen für Kreativität und Innovation**

Anhang 8 Seminar und Workshop Bausteine

Thema	**Seminar- und Workshop Bausteine**					
Workshop	**Baustein 1**	**Baustein 2**	**Baustein 3**	**Baustein 4**	**Baustein 5**	**Baustein 6**
Change-Management/ Business Reengineering	Geschäftsprozesse des Unternehmens Prozeßmanagement	Führung in der Prozeßorganisation	Gruppenkonzepte und ihre Umsetzung in der Praxis	Methoden zur Steigerung der Wertschöpfung	Intelligentes Kostenmanagement/Prozeßkostenrechnung	Change-Management - der Weg zu schlanken Strukturen
Service Selling/ Dienstleistungsmarketing	Der Kunde als Partner-Geschäftsprozesse in Dienstleistungsunternehmen	Account Management - Teamarbeit am Kunden	Kundenzufriedenheit - Qualitätssicherung in der Dienstleistung	Intelligentes Kostenmanagement im Dienstleistungsgeschäft	Consultative Selling - der beratende Ansatz im Vertrieb	Change-Management: Vom Produkt zur Dienstleistung
Total Quality Management /ISO 9000	Modernes Qualitätsmanagement u. seine erfolgreiche Organisation	Die Zertifizierung nach ISO 9000	Methoden des Qulitätsmanagements nach TQM und Kaizen (I)	Methoden des Qualitätsmanagements (II)	Effiziente Gruppenarbeit in Verbesserungszirkeln Gruppendyn. Grundlagen	Moderatorenausbildung für Gruppenarbeit und Visual Management
Führung und Management in der modernen Arbeitsorganisation	Führungspraxis in der modernen Organisation - Teamorientiert Managen	Praxis eines Zielführungssystem	Das Mitarbeitergespräch	Controlling für Manager - die Arbeit mit Kennzahlen	Erfolgreiche Konfliktbewältigung durch die Führungskraft	Der Manager als Change-Agent
Gruppenarbeit und Teamentwicklung	Verbesserung der Kommunikation und Kooperation im Betrieb	Entwicklung einer Arbeitsgruppe zu einem Team - Beispiel: Projektgruppe	Führen und Entscheiden in Gruppen	Konfliktbewältigung in der Gruppe	Aufbau und Arbeit von teilautonomen Arbeitsguppen	Die sich selbst steuernde Gruppe

Change-Management/Business Reengineering		
Geschäftsprozesse des Unternehmens - Prozeßmanagement *Inhalt und Ziele:* • Strategische Bedeutung der Arbeitsorganisation im Unternehmen • Von der Aufbauorganisation zur Prozeßorganisation • Prinzipien des Lean Management und Business Reengineering • Methoden der Prozeßanalyse • prozeßorientierte Strukturen • Bedingungen eines Prozeßmanagements	**Führung in der Prozeßorganisation** *Inhalt und Ziele:* • Aufgaben und Rollen einer Führungskraft in einer modernen Arbeitsorganisation • Mitarbeiterführung und -motivation in der Prozeßorganisation • Skill Management und Personalentwicklung • Arbeitsrechtliche Bedingungen neuer Organisationsformen • Arbeitszeit und Entgeltfindung in schlanken Strukturen	**Gruppenkonzepte in der modernen Arbeitsorganisation** *Inhalt und Ziele:* • Konzepte der Gruppenarbeit in der modernen Arbeitsorganisation • Grundprinzipien der Gruppendynamik • Führen und Entscheiden in Gruppen • Effektives Gruppenverhalten • Qualitätszirkel • Teilautonome Arbeitsgruppen • Inselfertigung • Projektorganisation • Simultaneous Engineering • Qualifizierung für Teamarbeit
Intelligentes Kostenmanagement - Prozeßkostenrechnung *Inhalt und Ziele:* • Kostenmanagement als permanente Aufgabe • Kostentreiberanalyse • Controlling als Betriebssteuerung • Kennzahlen als Steuerungsinstrument • Spezifische Kennzahlen für Produktion, Handel und Dienstleistungen • Prozeßkostenrechnung • Zielkosten und Kostenmanagement	**Methoden zur Beeinflussung des Wertschöpfungsprozesses** *Inhalt und Ziele:* • TQM und Kaizen • Systematik der Problemlösung • Problemlösetechniken • Betriebliches Vorschlagswesen • Prozeßkettenanalyse • Failure Mode and Effect Analysis (FMEA) • Visual Management • TOP - Time optimized proceßes • Quality Function Deployment	**Change-Management - der Weg zu optimierten Prozessen** *Inhalt und Ziele:* • Regelhaftigkeiten in Veränderungsprozessen • Phasen von Innovationsprozessen • Analyse von Beispielfällen • Einführung neuer Technologien • Die Rolle der Führungskräfte • Beteiligte und Betroffene • Akzeptanz und Widerstand • Geistige Führung und vernetztes Denken im Change Prozeß

<table>
<tr><th colspan="3">Service Selling und Dienstleistungsmarketing</th></tr>
<tr>
<td>Der Kunde als Partner - Geschäftsprozesse in DL Unternehmen
Inhalt und Ziele:
• Vom Produkt zur Dienstleistung
• Der Kunde als Partner
• Anforderungen u. Erwartungen an D-leister
• Prozeßorientierte DL-organisation
• Zusammenspiel von Account -, Kompetenz- und Kapazitätsmanagement
• Key Account Management
• Kompetenzmanagement
• Kapazitätsmanagement
• Beispiele aus der Praxis</td>
<td>Account Management - Teamarbeit am Kunden
Inhalt und Ziele:
• Projektteams als effiziente Form der Zusammenarbeit in DL-Unternehmen
• Spielregeln des Account Teams
• Führung u Zusammenarbeit in Teams
• Kundenerwartung und Serviceleistung des Account Teams
• Ziele und Inhalte der Zusammenarbeit mit dem Kunden bestimmen
• Geschäftsprozeß d. Kunden kennen
• Systematische und methodische Erfassung des Kundenbedarfs</td>
<td>Kundenzufriedenheit als oberstes Kriterium - Qualität in der Dienstleist.
Inhalt und Ziele:
• Qualitätsmanagement als Bestandteil eines Führungskonzeptes
• Qualitätsbewußtsein und im Dienstleistungsbereich
• Auditierung im Dienstleistungsuntern.
• Das Konzept der Service-Profit Kette
• Instrumente zur Messung der Kunden- und Mitarbeiterzufriedenheit
• Steuerungsinstrumente zur Qualitätssicherung im Kundenkontakt
• Problemlösetechniken
• Umsetzung von Verbesserungen</td>
</tr>
<tr>
<td>Intelligentes Kostenmanagement im Dienstleistungsgeschäft
Inhalt und Ziele:
• Kostenmanagement als permanente Aufgabe
• Kostentreiberanalyse
• Controlling als Unternehmenssteuerung
• Kennzahlen als Steuerungsinstrument
• Spezifische Kennzahlen für Produktion, Handel und Dienstleistungen
• Prozeßkostenrechnung
• Zielkosten und Kostenmanagement</td>
<td>Consultative Selling - Der beratende Ansatz im Vertrieb
Inhalt und Ziele:
• Besonderheiten des DL-marketings
• Vertriebsarbeit im DL-Geschäft
• Die bes. Bedeutung persönlicher und sozialer Kompetenzen
• Analyse und Entwicklung von persönlicher und sozialer Kompetenz
• Anwendung persönlicher und sozialer Kompetenzen innerbetrieblich und im Kundenkontakt (Intensivtraining)</td>
<td>Vom Produkt zur Dienstleistung Change-Management
Inhalt und Ziele:
• Der Wandel des Unternehmens zur Dienstleistungskultur
• Regelhaftigkeiten u. Phasen d. Veränderungsprozesses im Unternehmen
• Einstellungswandel des Einzelnen
• Analyse von Beispielfällen
• Die Rolle der Führungskräfte
• Akzeptanz und Widerstand - aus Betroffenen Beteiligte machen</td>
</tr>
</table>

Führung und Management in der modernen Arbeitsorganisation		
Führungspraxis im modernen Unternehmen - Teamorientiert managen *Inhalt und Ziele:* • Die moderne Organisation als Rahmen für Führungshandeln • Das Anforderungsprofil einer zukunftorientierten Führungskraft • Führungsstilanalyse und Möglichkeiten der persönlichen Optimierung • Die Praxis der kooperativen Führung • Situatives Führen • Führen und Entscheiden im Team • Mitarbeitermotivation • Schwierige Situationen bewältigen	**Theorie und Praxis der Zielführung** *Inhalt und Ziele:* • Von den Unternehmensgrundsätzen zu operativen Zielen • Zielabstimmung zwischen den Ebenen des Unternehmens • Kriterien guter Zielformulierung • Zielführung im Prozeßmanagement • Phasen des Zyklus zur Zielführung • Ziele und Kennzahlen integriert in einem unternehmensweiten System • Das Zielveranbarungsgespräch	**Das Mitarbeitergespräch** *Inhalt und Ziele:* • Mitarbeitergespräche als Führungsinstrument • Arten von Mitarbeitergesprächen und Grundprinzipien der Kommunikation • Feedback geben - aber richtig • Das Anerkennungs- und Kritikgespräch • Das Problemlösegespräch • Das Beratungsgespräch • Das Jahresgespräch
Controlling für Manager-Führen mit Kennzahlen *Inhalt uns Ziele:* • Strategische und operative Planung • Deckungsbeitragsrechnung und Prozeßkostenrechnung • Strategisches Cortrolling, Logistikcontrolling, Marketing- und Vertriebscontrolling, F&E-Controlling • Organisationsformen: Profit Center, Cost Center und Projektmanagement • Aufbau von Berichtswesen und Informationssystemen	**Team Management** *Inhalt und Ziele:* • Formen der Team- und Gruppenarbeit • Voraussetzungen erfolgreicher Teamarbeit • Der Prozeß der Teamentwicklung • Moderations- und Kommunikationstechniken • Konfliktbewältigung • Effiziente Projektplanung im Team • Methoden zu Problemerkennung und schnellen Problemlösung im Team	**Der Manager als Change-Agent** *Inhalt und Ziele:* • Das innovative Unternehmen • Die Innovations-Potential-Analyse • Kernkompetenzen eines Change-Managers • Die Phasen im Innovationsprozeß • Innovation als mentales Problem • Kreativitätsförderung • Umgang mit Widerstand • Qualifizierung für den Change Prozeß

Anhang 9

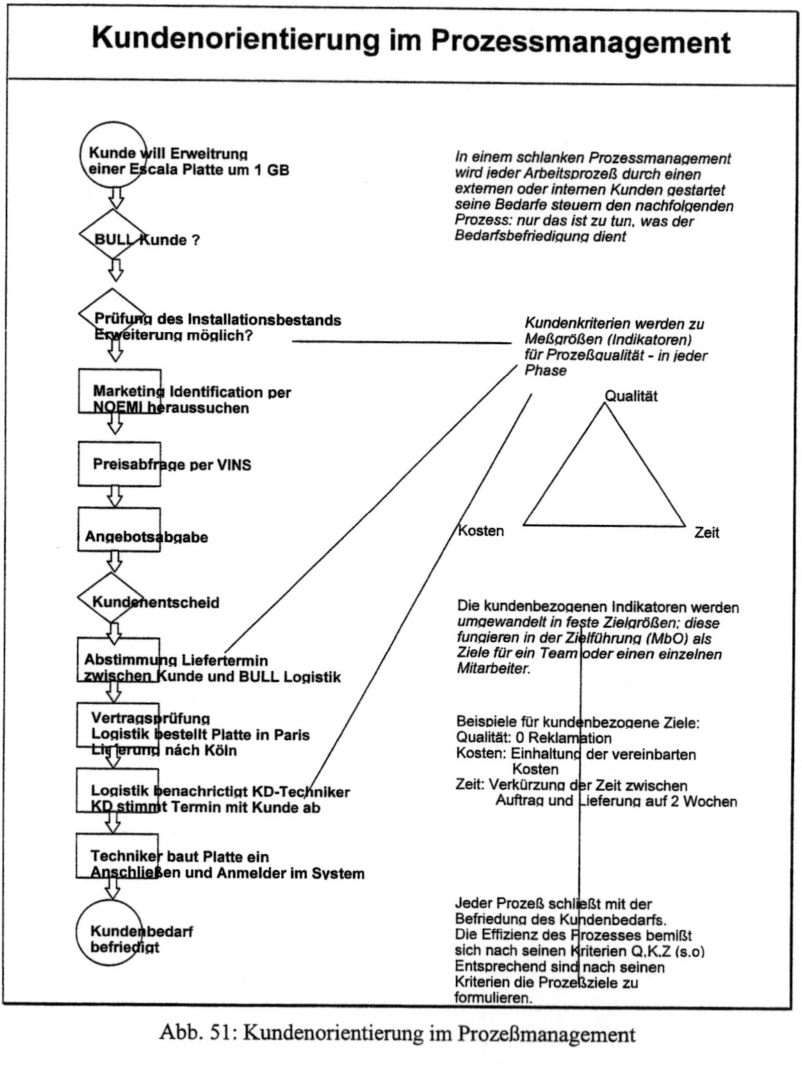

Abb. 51: Kundenorientierung im Prozeßmanagement

Anhang 10

Mitarbeiterbefragung - die 10 Tops

Platz	Nr.	Frage	Z/W
1	11.2	Übernahme von Verantwortung für eigene Arbeitsergebnisse	107
2	2.2	Vorgesetzter vorbildlicher Fachmann	128
3	3.2	Klarheit über eigenen Beitrag	132
4	3.3	Identifikation mit Bereichszielen	143
5	5.2	Delegation von Verantwortung und Handlungsspielraum	150
6	8.3	Kollegen unterstützen	153
7	15.1	Umsetzung der ISO 9000	153
8	4.3	Anregungen und Vorschläge werden aufgegriffen	156
9	9.3	Ich weiß, woher ich notwendige Infos bekomme	161
10	11.3	Ich erhalte von Kollegen brauchbare Rückmeldungen	164

Z/W steht für Zustimmung/Wichtigkeit*100 - Beispiel führt zu: 3/2*100 = 150

ich stimme voll zu	1		X			6	stimme überhaupt nicht zu
finde ich sehr wichtig	1	X				6	finde ich überhaupt nicht wichtig

Abb.: 52 Mitarbeiterbefragung - die 10 Tops

Mitarbeiterbefragung - die 10 Flops

Platz	Nr.	Frage	Z/W
1	1.1	Kundenorientierung = gelebte Realität	320
2	2.3	Top-Management lebt Veränderungen vor	301
3	1.2	kundenausgerichtete Prozesse	299
4	17.3	effiziente, kundenorientierte Arbeitsabläufe	276
5	8.2	Teamarbeit funktioniert übergreifend	275
6	10.1	Beförderung nach Fähigkeiten	271
7	6.1	Arbeitsatmosphäre führt zu guten Leistungen	266
8	7.3	Mitarbeiter identifizieren sich mit Unternehmen	265
9	16.1	zukunftsweisende Konzepte und Lösungen	257
10	9.2	es wird rechtzeitig informiert	248

Z/W steht für Zustimmung/Wichtigkeit*100 - Beispiel führt zu: 5/2*100 = 250

ich stimme voll zu	1				X	6	stimme überhaupt nicht zu
finde ich sehr wichtig	1	X				6	finde ich überhaupt nicht wichtig

Abb. 53: Mitarbeiterbefragung - die 10 Flops

Anhang 11

Managementaudit - woran wir arbeiten müssen

Platz	Nr.	Frage	ja	nein	indif.
1	2.4	Hat das Management Fehler begangen?	97	0	3
2	2.9	Muß die Kommunikation bei Bull verbessert werden?	85	12	3
3	4.5	Existenz von Time Management	13	82	5
4	5.7	Haben Kunden ausreichend Einfluß?	19	68	13
5	5.8	Ist Bull ein kundenorientiertes Unternehmen?	31	57	12
6	2.14	Richtet sich das Management nach der Vision?	32	41	27
7	2.9	Sollte das Management geändert werden?	66	19	15
8	4.4.1	Mein vorgesetzter ist mein Vorbild?	36	45	19
9	2.10	Haben Sie Vertrauen in das Management?	40	19	41
10	3.20	gibt es bei Bull einen Manager, der für Sie Vorbildcharakter hat?	56	44	0

Alle Angaben in %

- strategische Position unklar
- Vision unklar - Bull 2000 leeres Schlagwort
- Alleinstellungsmerkmale unbekannt
- kein Wachstum, kein Erfolg, Imagelosigkeit
- fehlende (Führungs-) Vorbilder, mangelndes Vertauen ins Management
- kein Core-Business (zu breite Aktivitäten)
- großer Verwaltungsapparat, viele Umorganisationen
- mangelnde Neukundenorientierung, Vernachlässigung von Kundenbeziehungen
- Klüngel
- nachlassende Identität durch Demotivation

Abb. 54: Managementaudit - Woran wir arbeiten müssen

Anhang 12

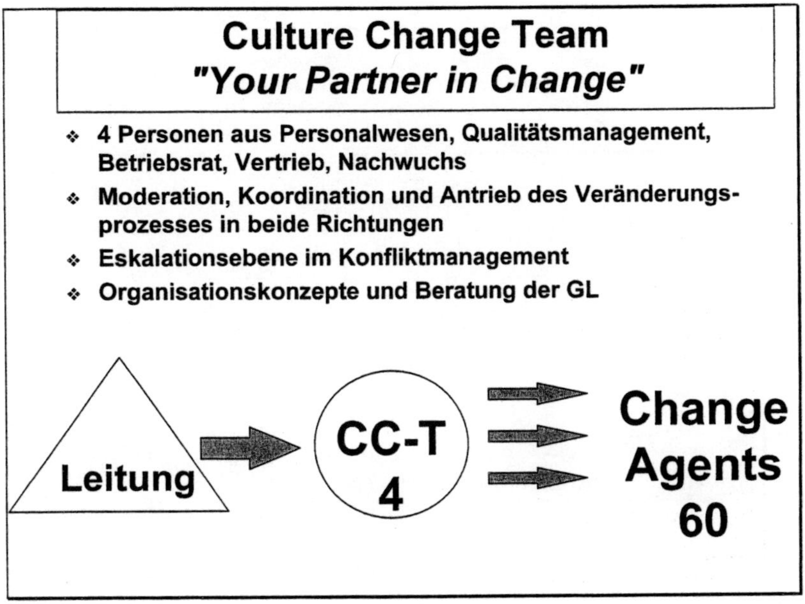

Abb. 55: Culture Change Team

Anhang 13

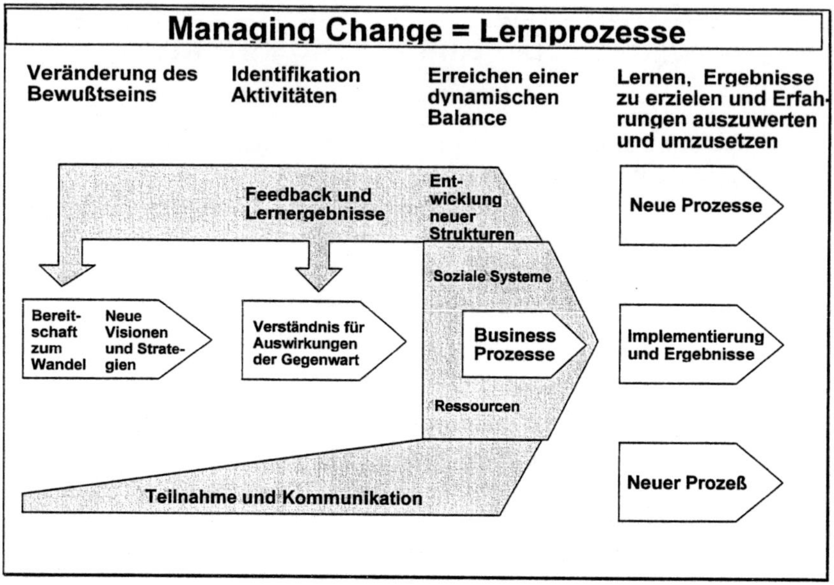

Abb. 56: Managing Change

Anhang 14

Bull 2000 - Hintergründe

Was ist Bull 2000?

Bull 2000 beschreibt den Veränderungsprozeß, den das Cluster Central Europe in den nächsten Jahren vollziehen muß. Dieser Prozeß wird aus dem Bewußtsein beschrieben und eingeleitet, daß sich die heute vorzufindende Situation signifikant verändern muß, damit wir mit unserer Organisation im härtesten Wettbewerb bestehen können.

Erkennbare Schwächen unserer heutigen Situation

- schlechte Performance am Markt
- geringes Wachstum
- fehlende Profitabilität
- Abstieg aus Top 10 auf einen Platz unterhalb der 20. Position
- Kompetenz nicht beim Kunden
- fehlende Attraktivität für:
  - Kunden
  - Partner
  - Mitarbeiter

Was resultiert daraus für uns als Mitarbeiter?

- Unzufriedenheit
- keine Perspektiven
- Arbeitsdruck
- innere Kündigung
- fehlendes Leitbild
- unklares Reporting
- ineffiziente Kommunikation
- keine Prioritäten

Abb. 57: BULL 2000 Hintergründe

Anhang 15

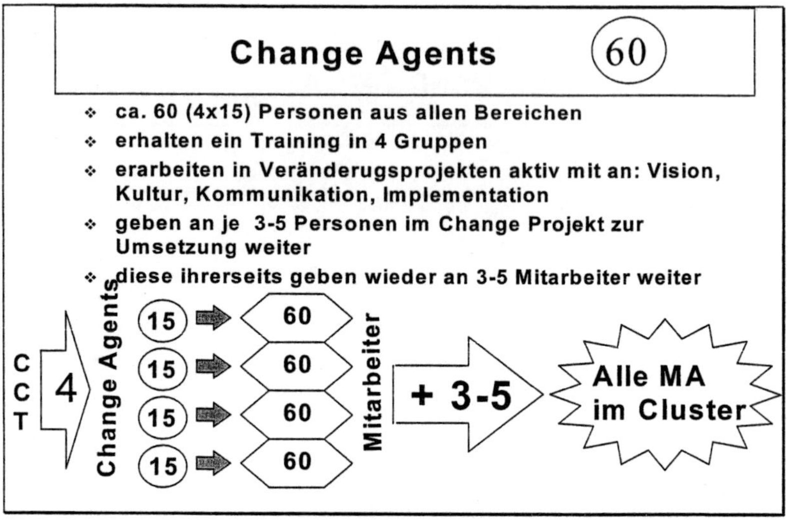

Abb. 58: Change Agents

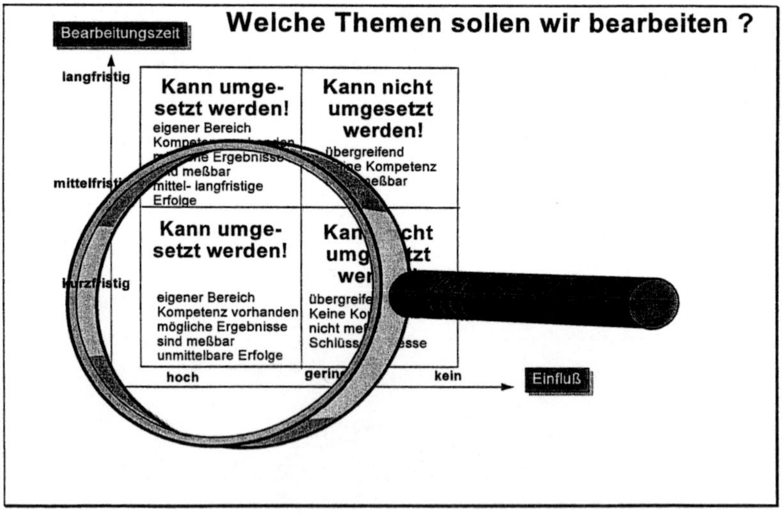

Abb. 59: Themenbereiche für Bearbeitung

Anhang 16

Die Bull-Gruppe

Kenndaten der Bull-Gruppe

Umsatz	24,049 Milliarden FFrancs (1996)	
Ergebnis	376 Millionen FFrancs Reingewinn	
Personal	21.700 Mitarbeiter/innen	
Präsident und CEO	Guy de Panafieu	
Marktpräsenz	in über 85 Ländern	
Kapitalanteile	Französischer Staat	17,3 %
	France Télécom	17,7 %
	NEC	17,7 %
	Motorola	17,7 %
	Dai Nippon Printing	5,5 %
	Bull-Mitarbeiter/ Freie Aktionäre	24,1 %

Die Bull-Gruppe, Paris, ist ein international führender Informationstechnologie (IT)- Konzern. In Europa zählt Bull zu den drei größten Systemintegratoren und gilt als treibende Kraft bei IT-Dienstleistungen.

Der Konzern sieht es als seine Aufgabe an, die IT-Infrastruktur bei seinen Kunden zu entwickeln und umzusetzen. Zur Angebotspalette gehören Großrechner, Offene Systeme, Personal Computer, ausgewählte Software-Werkzeuge und Dienstleistungen wie Installation, Betrieb oder Wartung. In der IT-Branche ist Bull anerkannt für seine Innovationen in Bereichen wie Multiprozeßor-Systemen, Netzwerk-Management, Chipkarten und Sicherheitslösungen.

Zusammen mit kompetenten Partnern entwickelt, produziert und vertreibt Bull leistungsstarke Systeme zur Erfassung, Verarbeitung und Bereitstellung von Informationen. Der Schwerpunkt der Bull-Dienstleistungen liegt zunehmend auf Beratung, Services und integrierten Lösungen für betriebliche Informations- und Kommunikationsnetze.

Technologie - Partnerschaften

Mit der japanischen **NEC** besteht seit über 30 Jahren eine enge Kooperation auf der Basis gegenseitigen Technologietransfers. Bull und NEC bieten äußerst leistungsstarke kommerzielle Großrechner auf dem Weltmarkt an.

Zwischen **Packard Bell**, dem drittgrößten PC-Hersteller der USA, und Bull besteht seit 1993 eine strategische Allianz für die Entwicklung, die Produktion und den Vertrieb von PCs. Im Frühjahr 1996 brachte Bull seinen Mikrocomputer-Bereich Zenith Data Systems (ZDS) bei Packard Bell ein. Zusammen mit dem japanischen PC- Marktführer NEC, der wie Bull Hauptaktionär bei Packard Bell ist, wird das drei Kontinente-Konzerntrio zu einem der weltweit größten PC-Lieferanten.

Mit der amerikanischen **IBM** wurde 1992 eine Technologie-Partnerschaft im Bereich der offenen Systeme von Unix-basierenden RISC-Computern (PowerPC) vereinbart.

Mit der japanischen **DAI Nippon Printing** Co. Ltd. arbeitet der Bull CP 8-Chipkartenbereich seit 1989 über die Kooperation SPOM Japan zusammen.

Im Zuge der strategischen Neuausrichtung der Bull-Gruppe wurden 1994 weitere Kooperationen abgeschlossen:

mit **Motorola** im Bereich der symmetrischen Multiprozeßor-Systemtechnologie (PowerScale); mit **Wang** für den Vertrieb von UNIX- und GCOS-Produkten für die gemeinsame Entwicklung von Dokumenten - Management - Technologie und für Multivendor-Services; mit **Tandem** eine Technologie- und Marketing - Partnerschaft und mit **Harris Computer Systems** eine Vereinbarung für die gemeinsame Vermarktung des Harris „Secure/Power Unix"-Betriebssystems auf der PowerPC-Reihe ESCALA von Bull.

An den Forschungs- und Entwicklungsprogrammen ESPRIT und EUREKA der Europäischen Union ist Bull aktiv engagiert und nimmt in wichtigen Projekten auf dem Gebiet der Informations- und Kommunikationstechnologie eine führende Rolle ein.

Standards und Normen

Bull gilt als Pionier in der konsequenten Förderung offener Systeme und war Gründungsmitglied der Open Software Foundation (OSF).

Als erster Hersteller der Welt erhielt Bull das X/Open-Markenzeichen für die gezielte Umsetzung von Normen bei ihren Unix-Systemen. Dieser Auszeichnung folgte das erstmals vergebene Warenzeichen „XPG 3-Plus".

Gemeinsam mit anderen bekannten IT-Unternehmen forciert Bull die allgemeine Einführung einheitlicher Normen für offene Datenkommunikation innerhalb der Europäischen Union.

Bull-Produkte werden gemäß dem „Bull Distributed Computing Model (DCM)" für offene System- und Netzwerkarchitektur nach international gültigen Standards und Normen (ISO/OSI, CCITT, X/OPEN usw.) konzipiert, an deren Definition Bull maßgeblich mitgewirkt hat. Ein Beispiel dafür ist die DSA-Netzwerkarchitektur von Bull, die vollständig den OSI-Standards entspricht.

Vorsprung im Markt

Das standardbasierte „Distributed Computing Model" bildet das strategische Rahmenkonzept für alle Systemintegrations-Aktivitäten von Bull. Nach Meinung von Anwendern, Marktforschern, Medien und Unternehmensberatern verfügt Bull damit über einen beträchtlichen Wettbewerbsvorsprung am Markt. Die Beurteilung des renommierten Marktforschungsinstitutes Gartner Group: „Das Distributed Computing Model" ist dem Wettbewerb um Jahre voraus, weil es bereits ein Client/Server-Konzept darstellt, das herkömmliche Systeme mit der richtungweisenden Technologie der 90er Jahre umgibt.

Mit dem zukunftsorientierten Modell lassen sich neue Hardware- und Softwarelösungen in unterschiedliche, heterogene Computerlandschaften integrieren und die Benutzer in den Mittelpunkt flexibler unternehmensweiter Informationssysteme stellen.

Qualitätssicherung

Das Produkt- und Dienstleistungsangebot von Bull entspricht in Bezug auf Qualitätssicherung den aktuellen Marktanforderungen und ist gemäß den internationalen ISO 9000-Standards zertifiziert.

Daten aus der Entwicklung des Unternehmens

Vor 70 Jahren erfand der norwegische Ingenieur Fredrik R. Bull eine Lochkartenmaschine mit neuer Technik. Damit war der Grundstein für eine europäische Computerindustrie gelegt. Der Name „Bull“ steht seitdem weltweit für fortschrittliche Informationstechnologie.

Daten aus der Chronik:

1921 Fredrik R. Bull reicht in der Schweiz ein Gesuch zur Patentierung einer elektrischen Registriermaschine für statistische Zwecke ein.

1929 Die ersten Bull - Lochkartenmaschinen werden in Zürich fabriziert.

1931 Eine französische Finanzgruppe erwirbt die Bull-Patente, gründet die Compagnie des Machines Bull (CMB), die Muttergesellschaft der heutigen Bull-Gruppe.

1983 Nach der Übernahme verschiedener Unternehmen entsteht die Groupe Bull.

1992 Bull und IBM vereinbaren eine strategische Allianz in den Bereichen Technologie, Offene Systeme, Personalcomputer und Produktion sowie eine Kapitalbeteiligung von IBM bei Bull.

1993 Packard Bell, drittgrößter PC-Hersteller in den USA und die PC-Tochter von Bull, die Zenith Data Systems, vereinbaren eine strategische und technologische Zusammenarbeit.

1994 Im Rahmen der strategischen Neuausrichtung von Bull werden weitere Kooperationen vereinbart, u.a. mit Motorola, Harris Computer Systems, Tandem und Wang.

1995 Die Bull-Gruppe vollzieht den ersten Schritt zu ihrer Privatisierung. Mit NEC, Motorola und France Télécom formiert sich eine Gruppe industrieller Großaktionäre, die für Bull eine Stärkung in den verschiedenen Informationstechnologie-Aktivitäten bzw. bei den Mitteln für Entwicklung und Wachstum bedeutet.

1996 Bull und NEC, die bereits mit je 19,9 Prozent am amerikanischen PC-Hersteller Packard Bell beteiligt sind, beschließen eine Kapitalzuführung von 650 Mio. US-Dollar bei Packard Bell.
Außerdem geben die Technologiepartner Bull, NEC und Packard Bell bekannt, daß Bulls PC-Gesellschaft Zenith Data Systems (ZDS) von Packard Bell übernommen und mit deren weltweiten PC-Aktivitäten kombiniert werden soll. Gemeinsam stellt das Unternehmenstrio stückzahlmäßig den größten PC-Lieferanten der Welt dar.

1997 Die Bull-Gruppe wird im Februar 1997 ein privatisiertes Unternehmen. Die Kapitalanteile des Französischen Staates und der France Télécom sind insgesamt unter die 50 Prozent-Marke gesunken. Die vier industriellen Bull-Aktionäre NEC, Motorola, France Télécom und Dai Nippon Printing Company Ltd. (DNP) haben ihre Beteiligung an der Compagnie des Machines Bull (CMB) erhöht.

Anhang 17

Die Bull AG

Die **Bull AG, Köln,** ist die deutsche Vertriebs- und Servicegesellschaft der Bull-Gruppe, Paris, die als europäischer Informationstechnik (IT-) Konzern weltweite Aktivitäten entfaltet.

Der überwiegende Teil des Bull AG-Jahresumsatzes (1996: 388,3 Mio. DM) stammt aus **Dienstleistungen** wie Beratung, Lösungsentwicklung und -realisierung sowie Services. Umsatzträger bei der Hardware sind Großrechner, Client/Server-Systeme und Arbeitsplatzcomputer für Informationsnetze aller Größenordnungen.

Im deutschsprachigen **Länderverbund „Bull-Zentraleuropa"** (Deutschland, Österreich und Schweiz), für den die Bull AG die Managementverantwortung trägt, wird - einschließlich der Tochtergesellschaften - mit ca. 1.400 Mitarbeiterinnen und Mitarbeitern ein Umsatz von fast 600 Millionen DM erwirtschaftet.

Beim **Projekt- und Lösungsgeschäft** konzentriert sich Bull in Deutschland auf die Branchen Einzelhandel, Fertigungsindustrie, Finanzdienstleistungen, Öffentliche Verwaltung und Telekommunikation.

Als **Systemintegrator** für Wirtschaftsunternehmen und Organisationen realisiert Bull offene Informationssysteme in unterschiedlicher Größe. Nach Erhebungen des Marktforschungsinstituts INPUT belegt Bull bei den führenden Systemintegratoren bereits Platz sechs in Deutschland, europaweit erreichte Bull inzwischen den dritten Platz.

Über ein **Netz von Vertriebs-, Beratungs- und Servicezentren** in Deutschland, Österreich und der Schweiz gewährleistet Bull die Unterstützung für weit über 6.000 mittlere und große Systeme. Großprojekte für die Deutsche Telekom (bundesweites Informationssystem zur Verwaltung der Telefonkunden und Abrechnung), den Deutschen Wetterdienst (Automation des Fernmeldedienstes für Wetterämter und Flugwetterwarten), die Polizei Berlin und die Berliner Feuerwehr (Einsatzleitsysteme) oder den Kaufhauskonzern Kaufhof/Horten (Ausstattung der Warenhäuser mit modernster Informationstechnik) unterstreichen die Bull-Kompetenz bei der Systemintegration.

Im Rahmen der Teamarbeit für erfolgreiche IT-Projekte übernehmen auch **Tochtergesellschaften** der Bull AG eine definierte Aufgabe. Beispiele für strategische Beteiligungen sind die Bull Consulting GmbH, Gevelsberg, als SAP-Systemhaus und kompetenter Partner für Organisationslösungen im Mittelstand oder die NTG Netzwerk und Telematic GmbH, Chemnitz, als Spezialunternehmen für Kommunikationsnetze, zu dem der Geschäftsbereich „Xlink“ für Internet-Dienste gehört.

Den ersten Schritt zur Kundenzufriedenheit sieht Bull im Verständnis für die **Bedürfnisse und Erwartungen der Kunden**. Zu Beginn eines jeden Integrationsprojektes steht eine tiefgreifende Analyse der bestehenden Geschäftsabläufe, die gemeinsam mit den Kunden vorgenommen wird. Dabei arbeitet man in gemischten Teams, denn nur bei einer aktiven Beteiligung beider Seiten entstehen tragfähige Lösungen.

Generell geht es nicht um den Einsatz neuer Technologien um der Technologie willen, sondern um die **Verbesserung der Wettbewerbsfähigkeit von Kunden**. Dazu müssen oft erst organisatorische Veränderungen im Geschäftsablauf vorgesehen werden, bevor die Informationstechnik einsetzt. Hier bietet Bull eigene Berater - oder bei Bedarf auch spezialisierte Unternehmensberater - für die Geschäftsprozeßoptimierung entsprechend der Unternehmensstrategie der Kunden an.

Als Berater und Lieferant von Komplettlösungen integriert Bull die jeweils bedarfsgerechten Komponenten, die nicht immer aus dem eigenen Haus kommen müssen. **Technologie-Partnerschaften** (u.a. mit IBM, Motorola, NEC, Packard Bell), aber auch Kooperationen mit Softwarehäusern und Beratungsunternehmen, helfen bei der Suche nach der besten Lösung im Interesse der Kunden. Kompetenz-Allianzen ermöglichen dabei die Abdeckung eines breiten Leistungsspektrums.

Der **methodische Rahmen** für die Vorgehensweise der Bull AG stellt den Kunden und seine Anforderungen in den Mittelpunkt sämtlicher Aktivitäten. Alle Unternehmensbereiche richten ihre Tätigkeit daran aus. Über das abgestimmte Zusammenwirken der Einheiten sollen qualitative Höchstleistungen für eine größere Kundenzufriedenheit erbracht werden. - Mit Erfolg, wie die jährlichen Kundenbefragungen zeigen, bei denen Bull in vielen Punkten besser als die Mitbewerber am Markt beurteilt wird.

Mit der **Bull-Anwendergemeinschaft BUS (Bull User Society)** verfügen die Kunden über ein wirkungsvolles Instrument des Erfahrungsaustausches. Dort findet nicht nur die Auseinandersetzung mit aktuellen Themen - wie Workflow-Management, Groupware, Client/Server-Computing oder

Image-Processing - statt, auch die Geschäftsleitung der Bull AG stellt sich auf den Tagungen der kritischen Diskussion.

Oberstes Gebot bei allen Aktivitäten und Abläufen ist die **Qualität**. Das Bull-Softwarehaus in Langen bei Frankfurt/M. erhielt z.B. als erstes deutsches Software-Entwicklungsunternehmen das begehrte Qualitäts-Zertifikat ISO 9001. Inzwischen sind der gesamte Kundendienst und alle Dienstleistungsbereiche der Bull AG von unabhängiger Seite nach dieser internationalen Norm zertifiziert.

BULL Aktiengesellschaft
Hauptverwaltung
Theodor-Heuss-Straße 60-66
51149 Köln

Anhang 18

Faktoren erfolgreicher Zusammenarbeit

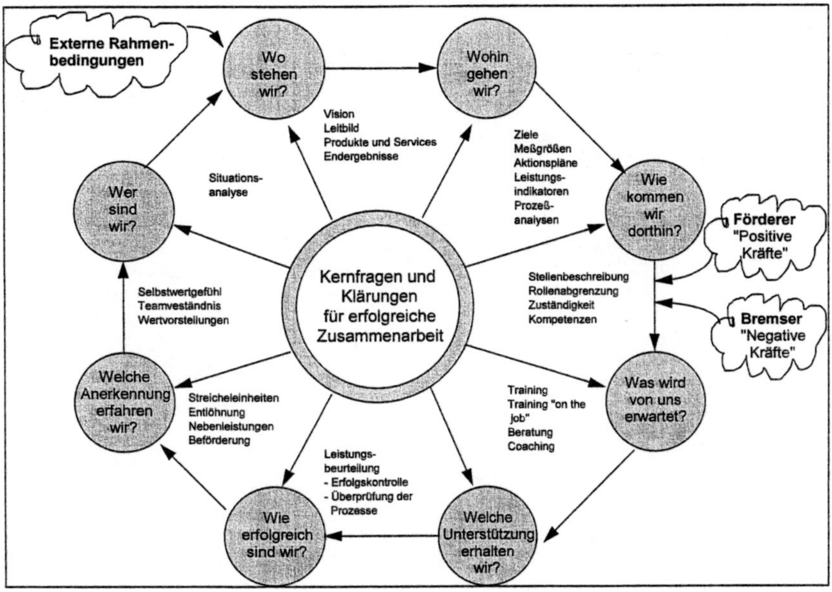

Abb. 60: Faktoren erfolgreicher Zusammenarbeit

Anhang 19

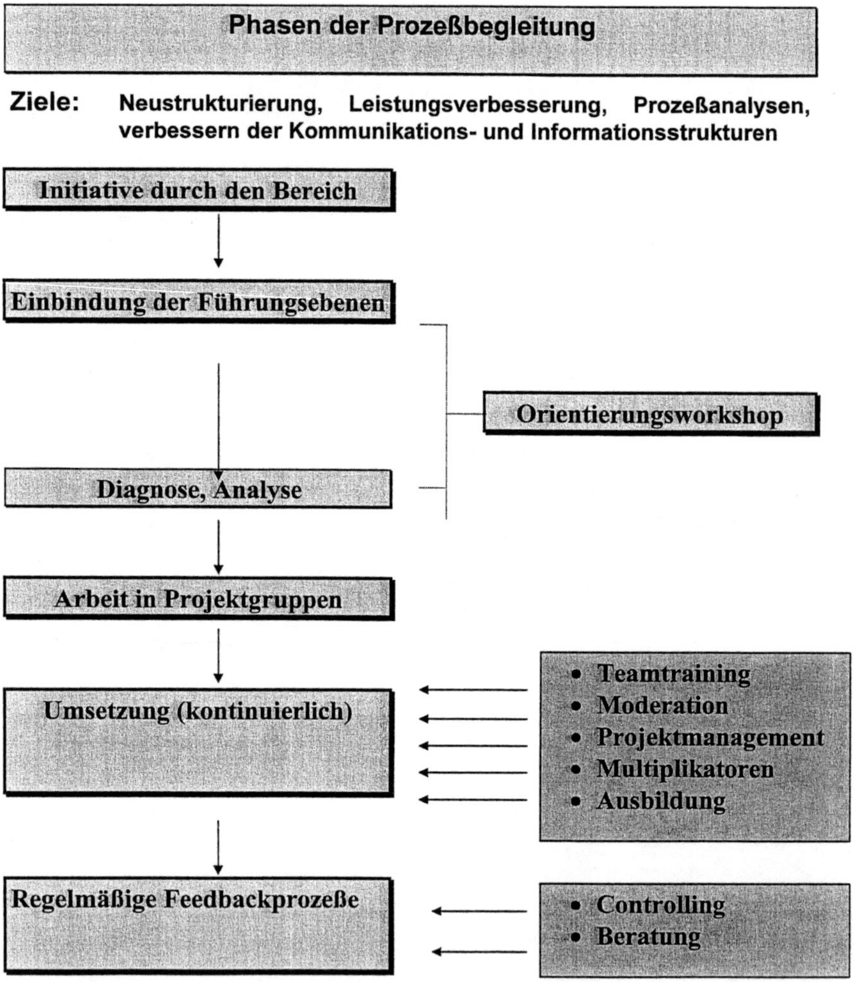

Abb. 61: Phasen der Prozeßbegleitung

Erfurter Studien zur Entwicklung des Bildungswesens

Schriftenreihe der Lehrgebiete für Allgemeine Erziehungswissenschaft
und Empirische Bildungsforschung der Universität Erfurt
herausgegeben von Horst Weishaupt und Peter Zedler

Band 1:
FORSCHUNGSGRUPPE SCHULSTRUKTURWANDEL IN THÜRINGEN:
Schulstrukturwandel in Thüringen. Ergebnisse einer Befragung von Schülern, Eltern und Lehrern in der Stadt Erfurt. 1993 (15,- DM)

Band 2:
PANNKE, R./KUTHE, M.:
Erfurter Praktika-Report. Lehramtsstudenten der Grund- und Regelschulen im Praktikum. Ergebnisse der ersten Praktikaphase des Studienjahres 1991/92. 1993 (10,- DM)

Band 3:
RUDOLF, R./ DÖBERT, H./WEISHAUPT, H.:
Empirische Lehrerforschung in der DDR. Aufarbeitung grauer Literatur und Sicherung der Forschungsinstrumentarien. 1996 (12,- DM)

Band 4:
SCHIMUNEK, F.-P.:
Beobachtungsverfahren in der soziologischen, psychologischen und pädagogischen Forschung. Dokumentation von Instrumentarien zur Beobachtung sozialen Verhaltens in Gruppen-Lernsituationen. 1997 (12,- DM)

Band 5:
ZEDLER, P./FICKERMANN, D. (Hrsg.):
Pädagogik und Recht - Rechtliche Rahmenbedingungen und Handlungsspielräume für eine erweiterte Selbständigkeit von Einzelschulen. 1997 (15,- DM)

Band 6:
HOFMANN, J./WEISHAUPT, H./ZEDLER, P. (Hrsg.):
Organisationsentwicklung in Schulen, Unternehmen und im sozialen Bereich. 1999 (20,- DM)

Band 7:
WEISHAUPT, H. (HRSG.):
Übergang auf weiterführende Schulen. Statistische Analysen und Fallstudien. 1999 (20,- DM)

Band 8:
LEUTNER, D. (Hrsg.):
Abstracts zur 57.Tagung der Arbeitsgruppe für Empirisch-Pädagogische Forschung in Erfurt (08.-10.03.1999). 1999 (15,- DM)

Band 9:
WEISHAUPT, H. (Hrsg.):
Selbständigkeit von Schule in der Bewährung. Vergleich der Erfahrungen in Bremen und Zürich. 1999 (10,- DM)

Band 10:
WEISHAUPT, H./FICKERMANN, D./PLASCHKIES, S./SCHULZECK, U.:

Anwendung von Optimierungsverfahren im Rahmen der Schulnetzplanung. 1999 (25,- DM)

Band 11:

LESANOVSKY, W. (Hrsg.):

Bildungs- und wissenschaftsgeschichtliche Spuren. Beiträge zur Bildungs-, Erziehungs- und Wissenschaftsgeschichte Thüringens. 1999. (25,-DM)

Band 12:

ZEDLER, P./SCHIMUNEK, F.-P.:

Gruppenarbeit in der Berufsausbildung. Bericht über die Ergebnisse eines Modellversuchs beim tbz Eisenach. 1999 (20,- DM)

Band 13:

WEISHAUPT, H. (Hrsg.):

Qualitätssicherung im Bildungswesen – Problemlage und aktuelle Forschungsbefunde. 2000 (17,- DM)

Band 14:

Merkens, H./WEISHAUPT, H. (Hrsg.):

Schulforschung und Schulentwicklung. Aktuelle Forschungsbeiträge. 2001 (19,- DM)

Band 15:

Kuthe, M./Uhl, S.: (Hrsg.):

Theorie und Empirie. Beiträge aus dem Institut für Allgemeine Erziehungswissenschaft und Empirische Bildungsforschung. 2001.

Erfurter Materialien und Berichte zur Entwicklung des Bildungswesens

Schriftenreihe der Lehrgebiete für Allgemeine Erziehungswissenschaft
und Empirische Bildungsforschung der Universität Erfurt
herausgegeben von Horst Weishaupt und Peter Zedler

Band 1:

SCHUCHART, C.:

Probleme des brasilianischen Primarschulwesens. Zwei Fallstudien zur schulischen Alltagskultur 2000 (10,- DM)

Band 2:

BÖHM-KASPER, O./BOS, W./JAECKEL, S./WEISHAUPT, H.:

Skalenhandbuch zur Belastung von Schülern und Lehrern. Das Erfurter Belastungs – Inventar (EBI) 2000 (13,- DM)

Band 3:

LINDNER, U.: **Probleme und Anforderungen von Bildungsbedarfsanalysen in prozeßorientierten Veränderungsprozessen ausgewählter Unternehmen.** 2001 (20,- DM)

Bestellungen sind zu richten an:

Universität Erfurt, Institut für Allgemeine Erziehungswissenschaft
und Empirische Bildungsforschung, Nordhäuser Str. 63, 99089 Erfurt.